机械制造技术

主　编　王　坤　葛　骏　杜紫微

副主编　张　黎　刘　尧　王　颜

参　编　张　泉　赵　慧　王　建

　　　　赵　娜　董　阳　白兆亮

　　　　白　鹤　马春雨

北京理工大学出版社

BEIJING INSTITUTE OF TECHNOLOGY PRESS

内 容 提 要

本书采用项目化课题式构建方式，以减速器制造路线为主线，直接设计知识为主、相关知识为拓展的形式，使知识更加直观，贴合目前的学情需要。本书主要内容包括毛坯的准备、车削加工轴类零件、综合加工箱体和减速器的装配与调试4个项目11个课题。按照减速器的制造过程进行课程排序，更加贴合实际制造过程。

本书作为国家双高专业群重点教材建设项目，以校企深度合作为基础，企业实际工作过程及工作案例为载体，开发教学案例。本书既可以作为针对企业工艺员岗位的培训教材，也可以作为高等院校、高职院校机械制造类相关专业核心课程参考教材。

图书在版编目（CIP）数据

机械制造技术 / 王坤，葛骏，杜紫微主编.--北京：北京理工大学出版社，2023.5

ISBN 978-7-5763-2388-7

Ⅰ.①机… Ⅱ.①王… ②葛… ③杜… Ⅲ.①机械制造工艺 Ⅳ.①TH16

中国国家版本馆CIP数据核字（2023）第085559号

出版发行 / 北京理工大学出版社有限责任公司
社　　址 / 北京市海淀区中关村南大街5号
邮　　编 / 100081
电　　话 / （010）68914775（总编室）
（010）82562903（教材售后服务热线）
（010）68944723（其他图书服务热线）
网　　址 / http://www.bitpress.com.cn
经　　销 / 全国各地新华书店
印　　刷 / 河北鑫彩博图印刷有限公司
开　　本 / 787毫米×1092毫米　1/16
印　　张 / 15
字　　数 / 335千字
版　　次 / 2023年5月第1版　2023年5月第1次印刷
定　　价 / 75.00元

责任编辑 / 高雪梅
文案编辑 / 高雪梅
责任校对 / 周瑞红
责任印制 / 李志强

前 言

党的十九大、二十大报告中连续两次提到产教融合，可以看出产教融合是职教的一项重要基本制度。在产教融合的多途径中，将企业工作案例提升开发成为教学案例是最实用、有效的方式。本书是国家双高专业群重点教材建设项目。本书内容以减速器制造路线为主线，直接设计知识为主、相关知识为拓展的形式，采用项目化课题式构建课程体系，使知识更加直观，贴合目前的学情需要。

本书共分 4 个项目，以减速器的制造为例，主要内容包括毛坯的准备、车削加工轴类零件、综合加工箱体和减速器的装配与调试。在毛坯的准备中详细阐述各种毛坯的制造方法及特点；在车削加工轴类零件中分别以简单轴、阶梯轴和盘套类零件加工为例，主要讲述机械加工的基础知识、加工工艺编制、工件的定位和基本尺寸的检测；在综合加工箱体中主要阐述除车削外的机械加工的方法、设备及相关技术关键点，并阐述相关零件工艺编制、各种加工方案中夹紧机构的设计；在减速器的装配与调试中，以一级减速器为例讲述装配工艺的相关知识，以蜗轮蜗杆减速器的装调为例，讲述机械装配常用的技术与技术要点，并介绍增材制造、三维扫描检测等相关的新技术。

本书由沈阳职业技术学院王坤、葛骏、杜紫微老师担任主编；沈阳职业技术学院张黎、刘尧、王颜老师担任副主编；沈阳职业技术学院张泉、赵慧、王建、赵娜，沈阳创原计量仪器有限公司董阳，中国有色(沈阳)泵业有限公司白兆亮，沈阳传动成套设备有限公司白鹤，沈阳机床集团马春雨参与了编写。

本书力求教学案例来自企业真实生产，但由于编者水平有限，书中仍可能存在一些疏漏和不妥之处，恳请各位读者在使用本书时多提宝贵意见和建议，以便下次修订时改进。

编 者

目 录

项目一 毛坯的准备……001
课题一 铸造加工……002
一、铸造概述……004
二、铸造过程……005
三、铸造工艺……010
四、铸造质量对结构的要求……025
五、铸造工艺对铸件结构的要求……027
课题二 锻造加工……031
一、锻造概述……032
二、锻件的生产过程……034
三、锻压工艺……036
课题三 棒料下料加工……052
一、剪切下料法……053
二、锯切下料法……054
三、车削下料法……054
四、砂轮切割下料法……054
五、热剁切下料法……054
六、冷折下料法……055
七、气割下料法……055
八、等离子切割法……055

项目二 车削加工轴类零件……058
课题一 简单轴加工……058
一、机械制造工艺概述……059
二、机械切削原理基础知识……060
三、车床及车削加工……069
课题二 阶梯轴加工……095
一、机械制造工艺基础知识……096
二、工艺方案确定……097
三、工艺尺寸及其公差的确定……100
四、工艺编制原则……100
五、尺寸链计算……100
六、磨削加工……103

课题三　盘套加工……106
一、定位元件与定位方案……108
二、工艺卡片的填写……115
三、车削加工误差分析……118

项目三　综合加工箱体……122
课题一　视窗盖的加工……123
一、分析减速箱透视窗盖零件工艺技术要求……125
二、确定减速箱透视窗盖零件加工毛坯……125
三、设计减速箱透视窗零件加工工艺路线及加工工序……125
四、填写减速箱透视窗零件加工工艺文件……126
五、零件工艺分析……126
六、铣床与铣削加工……128
七、钻床与钻削加工……134
八、工件的夹紧……138
课题二　分箱减速器箱体加工……166
一、分析分箱减速器箱体零件工艺技术要求……168
二、确定分箱减速器箱体零件加工毛坯……169
三、设计分箱减速器箱体零件加工工艺路线及加工工序……170
四、填写分箱减速器箱体零件加工工艺文件……171
五、刨插床与刨削加工……171
六、机床夹具……176
七、热加工误差分析……180
课题三　机床减速器箱体加工……187
一、分析机床减速器箱体零件工艺技术要求……189
二、确定减速器箱体零件加工毛坯……189
三、设计减速器箱体零件加工工艺路线及加工工序……189
四、填写减速器箱体零件加工工艺文件……191
五、镗床及镗削加工……191
六、拉床及拉削加工……203
七、工艺系统能力……208

项目四　减速器的装配与调试……212
课题一　一级减速器的装调……213
一、概述……215
二、机器装配精度……216
三、保证装配精度的方法……216
课题二　蜗轮蜗杆减速器的装调……224
一、装配尺寸链的建立……225
二、装配工艺规程……226

参考文献……234

项目一　毛坯的准备

项目描述

学习者在本项目中对毛坯准备过程相关技术内容(包括铸造、锻压及下料等知识)进行学习后，能够根据零件分析，制订毛坯的成型工艺过程，并能判定毛坯件工艺结构是否合理。学习者可以通过配套视频动画等素材，更加轻松地完成学习。本项目的具体目标如下：

序号	项目目标	具体描述
1	知识目标	了解毛坯件成型的基础知识，掌握不同毛坯件成型的基本原理及常用的铸造、锻压、下料等工艺和方法，拓展先进铸造、锻压及下料方法
2	能力目标	通过分析毛坯件的特点，整合本项目学习的内容，能灵活制订毛坯成型工艺及方法，并能分析毛坯件工艺结构的合理性
3	素养目标	通过大国重器、大国工匠的学习，激发爱国情怀，提升工匠精神；通过新技术的拓展介绍，培养创新精神

铸造强国

提到中国古代四大发明——造纸术、印刷术、指南针和火药，可谓无人不知。其实与它们并肩齐名的还有我国古代的铸造术。我国是世界冶铸史的发源地，1973 年，陕西临潼发现了一块儿半圆形黄铜片和一块儿黄铜管状物，测定为公元前 4 700 年左右，距今约 6 700 年，是世界上最早的金属器物。

我国铸造不仅历史悠久，而且精品众多，技艺精湛。北京大钟寺的永乐大钟是我国现存的最大青铜钟。它是泥贩铸造而成，经分析，铜钟成分中含金 18.6 千克，用于提高金属在铸造时的流动性；含银 38 千克，用于提高耐腐蚀性。商朝四羊方尊是我国现存的商代青铜方尊中最大的一件，其形态复杂且精美，显示了我国古代高超的铸造水平，被史学界称为臻于极致的青铜典范，位列于中国十大传世之宝之一。

一件件铸造珍品，不仅代表了当时我国铸造技术水平，也体现了我国古代劳动人民的勤劳与智慧。

课题一　铸造加工

【课题内容】

端盖零件是一种常见的机械零件，属于轮盘类零件。这类零件的基本形状是扁平的盘状，主体部分由回转体组成，径向尺寸较大，而轴向尺寸较小，通常还带有各种形状的凸缘，并在径向分布有螺孔、光孔、销孔、键槽轮辐、肋板等局部结构。轮盘类零件大部分是铸件，如各种齿轮、带轮、手轮、减速器的一些端盖、齿轮泵的泵盖等都属于这类零件。

根据图 1. 1 所示的缸盖零件图，选择合适的方法及铸造工艺加工缸盖零件。

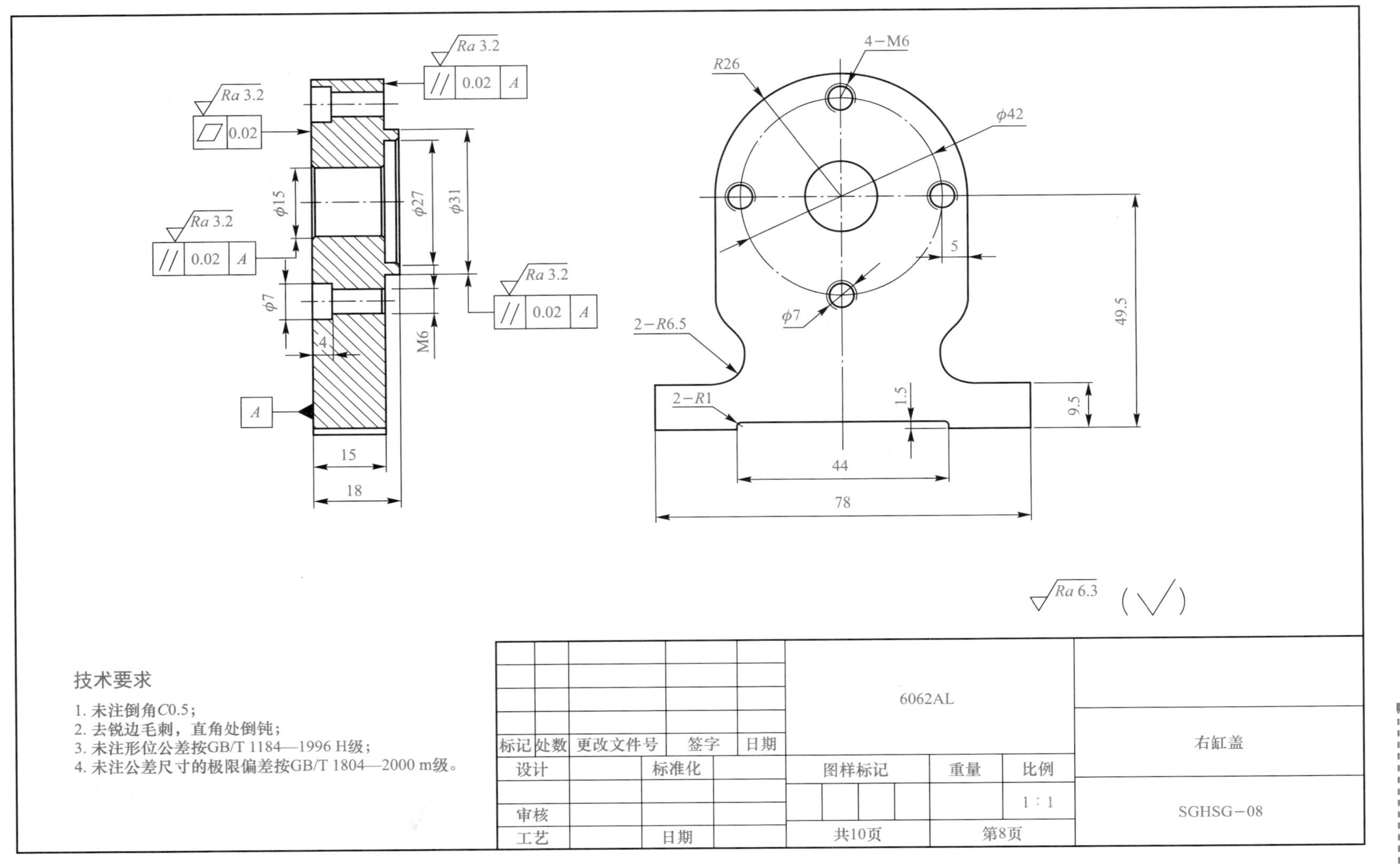
Ra 3.2
0.02 A
0.02
φ15
φ27
φ31
φ7
4
M6
A
15
18
R26
4−M6
φ42
5
φ7
2−R6.5
2−R1
1.5
9.5
49.5
44
78
Ra 6.3
技术要求
1. 未注倒角C0.5；
2. 去锐边毛刺，直角处倒钝；
3. 未注形位公差按GB/T 1184—1996 H级；
4. 未注公差尺寸的极限偏差按GB/T 1804—2000 m级。
标记 处数 更改文件号 签字 日期
设计 标准化
审核
工艺 日期
6062AL
图样标记 重量 比例
1 : 1
共10页 第8页
右缸盖
SGHSG−08

图 1.1 缸盖零件图

【课题实施】

序号	项目	详细内容
1	实施地点	铸造实训室
2	使用工具	砂型铸造相关工具
3	准备材料	模型、型砂等；课程记录单；活页教材或指导书
4	执行计划	分组进行

【相关知识】

一、铸造概述

1. 概念

铸造是将熔融的金属液浇入铸型型腔，待其冷却、凝固后获得所需形状和性能的毛坯或零件的工艺方法。铸造的实质是利用熔融金属的流动性来实现成型，用铸造方法制成的毛坯或零件称为铸件。铸造流程如图 1.2 所示。

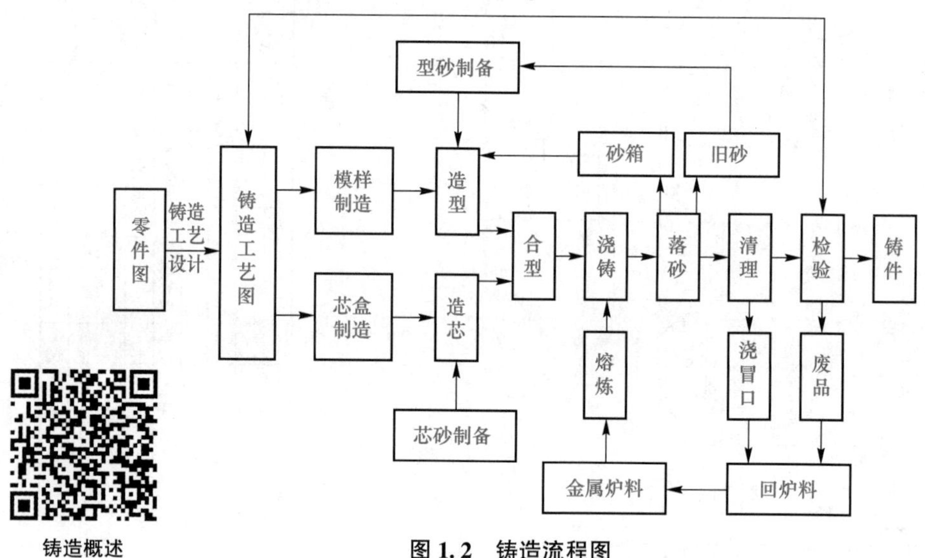

铸造概述

图 1.2　铸造流程图

2. 特点

铸造具有成本低、适应性强等优点，在生产中得到广泛应用，在机械制造中占有很重要的地位。但铸造生产目前还存在着若干问题，如铸件内部组织粗大，常有缩松、气孔等铸造缺陷，导致铸件力学性能不如锻件高；铸造工序多，而且一些工艺过程还难以精确控制；铸件质量不够稳定，废品率高；铸造劳动强度大，劳动条件差等。但随着铸造技术的发展，铸件质量正逐步提高，生产面貌将大大改观。

3. 应用

铸造的方法很多，一般可分为砂型铸造和特种铸造两大类。砂型铸造是最基本、最普遍的方法。

二、铸造过程

1. 合金的熔炼与浇铸

(1)熔炼。熔炼的目的是要获得符合一定成分和温度要求的金属熔液。不同类型的金属，需要采用不同的熔炼方法及设备。如钢的熔炼采用感应炉、电弧炉等；铸铁的熔炼多采用冲天炉；而有色金属(如铝、铜)合金等的熔炼则采用坩埚炉。

(2)浇铸。将液体合金浇入铸型的过程称为浇铸。

1)浇铸系统。将液态金属导入铸型型腔的一系列通道称为浇铸系统。浇铸系统典型结构如图 1.3 所示。它是由浇口杯、直浇道、横浇道、内浇道四个基本部分组成的。

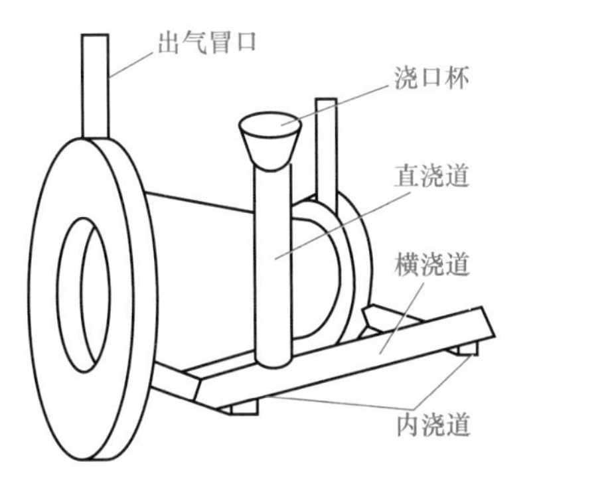

浇铸

图 1.3　浇铸系统典型结构图

①浇口杯。浇口杯的作用是承接和缓冲来自浇包的金属液并将其引入直浇道，以减轻对直浇道底部的冲击并阻挡熔渣、气体进入型腔。

②直浇道。直浇道是浇铸系统中的垂直通道。其作用是从浇口杯向下引导金属液进入横浇道，并提供足够的压力以克服流动过程中的各种阻力，使金属液充满型腔的各个部位。一般直浇道的高度应比铸型内型腔的顶点高 100~200 mm。

③横浇道。横浇道是连接直浇道和内浇道的水平通道。其作用除向内浇道均匀地分配金属液外，还起挡渣的作用。

④内浇道。内浇道是横浇道与铸型型腔的连接部分。其作用是引导金属液进入型腔，控制金属液的速度和方向，调节铸型各部分的温度和铸件的凝固顺序。

合理的浇铸系统对保证铸件质量、降低金属消耗具有重要的意义。若浇铸系统设置不合理，将容易产生冲砂、砂眼、渣眼、浇不足、气孔和缩孔等铸造缺陷。

2)影响浇铸的条件。

①浇铸温度。浇铸温度过高，铁液在铸型中收缩量增大，易产生缩孔、裂纹及黏砂等缺陷；浇铸温度过低，则铁液流动性差，又容易出现浇不足、冷隔和气孔等缺陷。合适的浇铸温度应根据合金的种类、铸件的大小、形状及壁厚来确定。对形状复杂的薄壁灰铸铁件，浇铸温度为 1 400 ℃左右；对形状较简单的厚壁灰铸铁件，浇铸温度为 1 300 ℃左右；而铝合金的浇铸温度一般在 700 ℃左右。

②浇铸速度。浇铸速度太慢，金属液冷却快，易产生浇不足、冷隔及夹渣等缺陷；浇铸速度太快，则会使铸型中的气体来不及排出而产生气孔。同时，易造成冲砂、抬箱和跑

火等缺陷。铝合金液浇铸时勿断流，以防止铝液氧化。

在浇铸过程中应注意挡渣，并应保持外浇口始终充满。这样可防止熔渣和气体进入铸型。

(3)充型。液态合金填充铸型的过程简称充型。液态合金充满铸型型腔，获得形状完整、轮廓清晰铸件的能力，称为液态合金的充型能力。充型能力不足时，会产生浇不足、冷隔、夹渣、气孔等缺陷。

影响充型能力的主要因素有合金的流动性、浇铸条件和铸型填充条件。

1)流动性。液态合金本身的流动能力，称为合金的流动性，是合金主要的铸造性能之一。合金流动性好，充型能力强，容易浇铸出轮廓清晰、薄而复杂的铸件。同时，有利于非金属夹杂物和气体的上浮与排除，还有利于对合金在冷凝过程中所产生的收缩进行补缩。

影响合金流动性的因素很多，但以化学成分的影响最为显著。在常用铸造合金中，灰口铸铁、硅黄铜的流动性最好，铸钢的流动性最差。共晶成分的合金流动性最好。合金成分离共晶成分越远，结晶温度范围越宽，流动性越差。

2)浇铸条件。

①浇铸温度：浇铸温度升高，合金的黏度下降，且因过热度高，合金在铸型中保持流动的时间长，故充型能力强；反之，充型能力差。

对薄壁铸件或流动性较差的合金可适当提高浇铸温度，以防止浇不足和冷隔缺陷。但浇铸温度过高，会使合金产生如缩孔、缩松、黏砂、气孔、粗晶等缺陷。通常，灰口铸铁的浇铸温度为1 250 ℃~1 350 ℃，铸钢为1 520 ℃~1 620 ℃，铝合金为680 ℃~780 ℃。

②充型压力：液态合金的流动方向上所受的压力越大，充型能力越好。如压力铸造、低压铸造时，因充型压力提高，所以充型能力较强。

3)铸型填充条件。

①铸型的蓄热能力：铸型从金属中吸收和储存热量的能力称为铸型的蓄热能力。铸型材料的热导率和比热容越大，对液态合金的激冷能力越强，合金的充型能力就越差，例如，金属型铸造比砂型铸造更容易产生浇不足等缺陷。

②铸型温度：提高铸型的预热温度，减少了铸型与金属液之间的温差，减缓了冷却速度，有助于提高合金的充型能力。

③铸型中气体：如果铸型的排气能力差，则型腔中气体的压力增大，阻碍液态合金的充型。为减小气体的压力，除应设法减少气体来源外，还应使型砂具有良好的透气性，并在远离浇口的最高部位开设出气口。

④铸件结构：铸件结构越复杂，充型能力越差；薄壁铸件的流动阻力大，充型能力降低。

2. 铸件的结晶与质量控制

(1)铸件的收缩。液体合金在凝固和冷却过程中，体积和尺寸减小的现象称为合金的收缩。合金的收缩可分为以下三个阶段：

1)液态收缩是从浇铸温度冷却到凝固开始温度的收缩；

2)凝固收缩是从凝固开始温度冷却到凝固终止温度的收缩；

3）固态收缩是从凝固终止温度冷却到室温的收缩。

合金的液态收缩和凝固收缩表现为金属的体积缩小，通常用体积收缩率表示。体积收缩是产生缩孔、缩松缺陷的主要原因。合金的固态收缩，虽然也是体积变化，但只是引起铸件外部尺寸的变化，通常用线收缩率表示。固态收缩是铸件产生内应力、裂纹和变形等缺陷的主要原因。

在常用合金中，铸钢收缩率最大，灰铸铁最小。灰铸铁收缩很小是由于其中大部分碳是以石墨状态存在的，石墨比热容大，在结晶过程中，析出的石墨所产生的体积膨胀，抵消了部分收缩。

影响合金收缩性的因素主要有化学成分、浇铸温度、铸件结构与铸型条件等。

1）化学成分：不同种类的合金，其收缩率不同。在灰口铸铁中，碳是形成石墨的元素，硅是促进石墨化的元素，所以碳、硅含量越多，收缩越小。硫能阻碍石墨的析出，使铸铁的收缩率增大。

2）浇铸温度：浇铸温度越高，过热度越大，液态收缩越大。一般情况下，温度每提高100 ℃，体积收缩率会增加1.6%左右。

3）铸件结构与铸型条件：由于铸件在铸型中各个部分冷速不同，在冷却过程中互相制约而对收缩产生阻力，又因铸型和型芯对铸件收缩产生机械阻力，因而合金在铸型中并不是自由收缩，而是受阻收缩。

（2）金属的铸态组织。铸锭是一种形状简单的大型铸件，具有最典型的铸造结构，整个体积明显地分为三个各具特征的晶区，如图1.4所示。

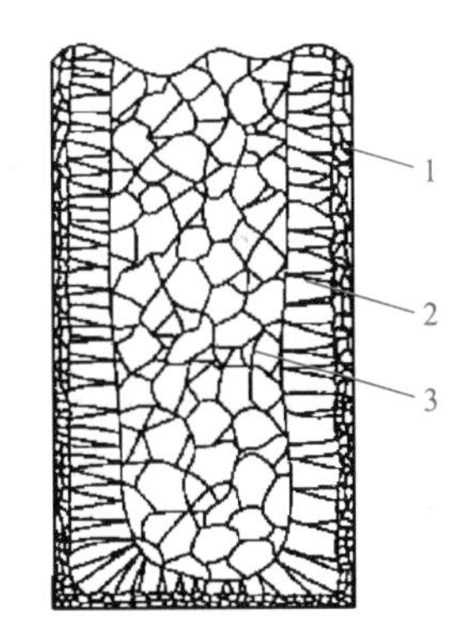

图1.4　铸件组织示意

1—细晶粒；2—柱状晶；3—等轴晶

1）细晶粒区。由于液体金属刚刚注入锭模，模壁温度较低，表层的金属液体被急剧冷却，有较大的过冷度，得到细晶粒层。表面细晶粒层比较致密，杂质含量较少，具有较好的力学性能。对大型铸件来说，因它往往很薄，对铸件的性能影响很小，但对一些薄壁件来说，具有较好的效果。

2）柱状晶区。细晶粒层形成后，锭模温度升高，过冷度减小，同时，液体金属的热量都靠模壁传出，只有紧靠已结晶区的一个薄层的液体金属处于过冷状态，成核率较低，又受到相邻晶粒的限制，所以，晶粒生长方向与散热方向相反，向里生长，形成了垂直于模壁的组织较致密的柱状晶区。但在两排相对生长的柱状晶相遇的接合面上存在着脆弱区，这个脆弱区常存有低熔点杂质与非金属夹杂物积聚，在进行锻造或轧制加工时容易沿该脆弱区开裂。

3）等轴晶区。随着柱状晶区的生长，铸锭的温度下降，铸锭内部的液体金属都降到结晶温度，同时产生了一批晶核，由于它们向各个方向生长，阻碍了柱状晶区的继续发展，在铸锭的中心部分形成等轴晶区，因过冷度很小，形成的晶核数目少，晶粒比较粗大。

等轴晶区各个方向比较均匀，无脆弱的分界面，由于是最后凝固，其组织比较疏松，杂质含量较高，力学性能较低。

（3）铸件的缺陷分析。由于铸造工序繁多，影响铸件质量的因素复杂，难以综合控制，因此，铸件缺陷难以完全避免。因此，进行铸件质量控制，降低废品率，是非常重要的。常见铸件缺陷的特征和产生的主要原因见表 1.1。

表 1.1　常见铸件缺陷的特征和产生的主要原因

铸件缺陷	特征	图形示例	产生原因
气孔	位于铸件内部或表面，孔呈现圆形、梨形，孔内壁较光滑		1. 熔炼时，金属液吸收了较多气体； 2. 铸形中气体侵入金属液； 3. 起模时，刷水过多，型芯通气孔被堵塞，或芯未烘干； 4. 砂型太紧，透气性差； 5. 浇铸温度低； 6. 浇包工具未烘干
缩孔	通常出现在铸件最后凝固处，孔的内壁粗糙，形状不规则		1. 结构不合理，壁厚不均匀； 2. 浇冒口开设位置不正确，或冒口尺寸小，补缩能力差； 3. 浇铸温度过高； 4. 化学成分不合格，收缩量过大
砂眼	位于铸件内部或表面，充满型砂的孔眼	砂眼	1. 砂型、砂芯强度不够，合型时松散或被液态金属冲垮； 2. 型腔或浇口内，散砂未吹净； 3. 铸件结构不合理，无圆角或圆角太小
裂纹	冷裂纹细小，呈连续直线状，有时呈微氧化色；热裂纹短宽，形状曲折，缝内呈氧化色	裂纹	1. 铸件结构不合理，薄厚不均匀； 2. 砂型、砂芯退让性差； 3. 浇铸温度过高，落砂过早； 4. 金属液中，S、P 含量过高
冷隔	通常位于离内浇道较远处、薄壁处或金属汇合处，铸件未完全融合的缝隙和挖坑，呈圆滑状		1. 浇铸温度过低； 2. 浇铸速度过慢或浇铸时发生中断； 3. 浇道过小或位置不当
浇不足	液态金属未充满铸型，铸件形状不完整		1. 铸型散热过快； 2. 合金流动性不好或浇铸温度过低； 3. 浇口小，排气不畅； 4. 浇铸速度过慢； 5. 浇包内金属液不足

(4)铸件的质量控制。铸件缺陷的产生不仅源于不合理的铸造工艺，还与铸型材料、模具、合金熔炼及浇铸等因素密切相关。另外，铸造合金的选择、铸件结构的工艺性、技术要求的制订等设计因素是否合理，对于能否获得合格铸件也具有重要的影响。就一般机械设计和制造人员而言，应从以下几个方面来控制铸件质量：

1)铸造合金和铸件结构。在进行设计选材时，在能保证铸件使用要求的前提下，应尽量选用铸造性能好的合金。同时，还应结合合金铸造性能要求，合理设计铸件结构。

2)铸件的技术要求。具有缺陷的铸件并不都是废品，若其缺陷不影响铸件的使用要求，则为合格铸件。

3)模样质量检验。如模样(模板)、型芯盒不合格，可造成铸件形状或尺寸不合格、错型等缺陷。因此，必须对模样、型芯盒及其有关标记进行认真检验。

4)铸件质量检验。检验铸件质量是控制铸件的重要措施，最常用的方法是宏观法。

5)铸件热处理。为了保证工件质量要求，有些铸件铸造后必须进行热处理。如为消除内应力而进行时效处理；为改善切加工性，降低硬度，对铸件进行软化处理；为保证力学性能，对铸钢件、球墨铸铁件进行退火或正火处理等。

3. 铸件的落砂、清砂除芯与去除浇冒口飞边

(1)落砂。用手工或机械使铸件与型砂、砂箱分开的操作过程称为落砂。落砂时铸件的温度不得高于 500 ℃，如果过早取出，则会产生表面硬化或发生变形、开裂等缺陷。

在大量生产中应尽量采用机械方法落砂，常用的方法有振动落砂机落砂和水爆清砂。水爆清砂即将浇铸后尚有余热的铸件，连同砂型、砂芯投入水池，当水进入砂中时，由于急剧气化和增压而发生爆炸，使砂型和砂芯振落，以达到清砂的目的。

(2)清砂除芯。铸件经过落砂，外部型砂基本剥离，部分溃散性好的砂芯也都留在落砂系统上，但砂芯落砂往往不彻底，特别是溃散性差的砂芯，需经过清砂除芯工序处理。铸件清砂除芯工序可分为手工操作、机械操作和水力清砂三种方式。

(3)去除浇冒口、飞边。对脆性材料，可采用锤击的方法去除浇冒口。为防止损伤铸件，可在浇冒口根部先锯槽然后击断。对于韧性材料，可用锯割、氧气切割和电弧切割的方法。

铸件由铸型取出后，还需进一步清理表面的黏砂、浇冒口、氧化皮等，使铸件表面达到要求。手工清除时一般采用钢刷和扁铲，这种方法劳动强度大，生产率低，且妨害健康。因此，现代化生产主要是采用振动机和喷砂、喷丸设备来清理表面，使铸件达到标准要求。所谓喷砂和喷丸，就是用砂子或铁丸，在压缩空气作用下，通过喷嘴喷射到被清理工件的表面进行清理的方法。

(4)铸件缺陷修补。铸件缺陷修补的常用方法有电焊焊补、气焊焊补、工业修补剂修补和浸渗修补。其中，电焊焊补应用最为广泛。

(5)铸件去除应力处理。

1)铸铁件。将铸铁件加热到 500 ℃~600 ℃，经过 6~10 h，随炉缓冷至 200 ℃出炉空冷。

2)铸钢件。铸钢件去除内应力回火温度比同钢种钢件热处理同火温度低 30 ℃~50 ℃。升温速度小于 60 ℃/h。保温时间按如下方法计算：均温时间为 2 h，铸件壁厚每 25 mm 保

温 1 h。采用炉内冷却，300 ℃以下出炉。

3)非铁合金铸件。

①铝合金铸件：缓慢加热至 290 ℃~310 ℃，保温 2~4 h，出炉空冷或随炉冷却至室温。

②锡青铜铸件：加热至 650 ℃，保温 2~3 h，随炉冷却至 300 ℃以下出炉空冷。

③磷青铜铸件：加热至 500 ℃~550 ℃，保温 1~2 h，随炉冷却至 300 ℃以下出炉空冷。

④普通黄铜铸件：α 黄铜加热至 500 ℃~600 ℃、α+β 黄铜加热至 600 ℃~700 ℃，保温 1~2 h，随炉冷却至 300 ℃以下出炉空冷。

三、铸造工艺

1. 砂型铸造

(1)造型材料。用来制造砂型和砂芯的材料统称为造型材料。型砂、芯砂是由原砂、胶粘剂和其他附加物按一定比例配合，经混合制成符合造型、制芯要求的混合料。

砂型在浇铸和凝固的过程中要承受熔融金属的冲刷、静压力和高温的作用，并要排放出大量气体；型芯则要承受铸件凝固时的收缩压力，因此造型材料应具有以下主要性能要求：

1)可塑性。可塑性是指型(芯)砂在外力的作用下可以成型，外力消除后仍能保持其形状的特性。可塑性好，易于成型，能获得型腔清晰的砂型，从而保证铸件的轮廓尺寸精度。

2)强度。强度是指型(芯)砂抵抗外力破坏的能力。砂型应具有足够的强度，在浇铸时能承受熔融金属的冲击和压力而不致发生变性和毁坏(如冲砂、塌箱等)，从而避免铸件产生夹砂、结疤和砂眼等缺陷。

3)耐火性。耐火性是指型砂在高温熔融金属的作用下不软化、不熔融烧结及不黏附在铸件表面上的性能。耐火性差会造成铸件表面黏砂，使清理和切削加工困难，严重时则造成铸件的报废。

4)透气性。砂型的透气性用紧实砂样的孔隙度表示。透气性差，熔融金属浇入铸型后，在高温的作用下，砂型中产生的及金属内部分离出的大量气体就会滞留在熔融金属内部不易排出，从而导致铸件产生气孔等缺陷。

5)退让性。退让性是指铸件冷却收缩时，砂型与砂芯的体积可以被压缩的能力。退让性差时，铸件收缩时会受到较大阻碍，使铸件产生较大的内应力，从而导致变形或裂纹等铸造缺陷。

在砂型铸造的生产过程中，芯砂应比型砂具有更高的强度、耐火性、透气性和退让性。

(2)胶粘剂。胶粘剂根据其种类不同，可分为黏土砂、水玻璃砂、油砂、合脂砂和树脂砂。

1)黏土砂。黏土砂是由砂、黏土、水和附加物(煤粉、木屑等)按比例混合制成的。黏土砂在铸型制作完成后按浇铸时的干燥程度可分为湿型砂和干型砂两大类。

①湿型铸造的优点：生产率高、生产周期短、便于组织流水生产；节约燃料、设备和车间生产面积；砂型不变形，铸件精度高；落砂性好，砂箱寿命长；铸件冷却速度快，组织致密。但湿型铸造易使铸件产生砂眼、气孔、黏砂、胀砂、夹砂等缺陷。

②干型铸造对原砂化学成分和耐火度要求较低，提高了砂型的强度和透气性，减少了发气量，对于预防砂眼、胀砂和气孔等缺陷比较有利。但干型铸造砂型的退让性和溃散性较差，散热慢，造成铸件晶粒粗大，烘干操作恶化了劳动条件和环境卫生。

2)水玻璃砂。水玻璃砂是用水玻璃做胶粘剂的型(芯)砂，它的硬化过程主要是化学反应的结果，目前用于生产的化学硬化砂有二氧化碳硬化水玻璃砂、硅酸二钙水玻璃砂、水玻璃石灰石砂等。其中二氧化碳硬化水玻璃砂用得最多。

水玻璃砂的优点是砂型硬化快、强度高、尺寸精确、便于组织流水生产。但溃散性差，导致铸件清理困难和旧砂回用性差。

改善水玻璃砂溃散性的措施有减少水玻璃加入量，应用非钠水玻璃，加入溃散剂，应用改性水玻璃。

3)油砂、合脂砂和树脂砂。油砂的胶粘剂是植物油，包括桐油、亚麻油等。合脂砂的胶粘剂是合脂，是制皂工业的副产品，来源广，价格低，是植物油的良好代用品。其优点是烘干后强度高，不吸潮；退让性和溃散性好；铸件不黏砂、内腔光洁。但存在发气量大、价格高的缺点。树脂砂的胶粘剂是树脂。其优点是不需烘干，强度高，表面光洁，尺寸精确，退让性和溃散性好，易于实现机械化和自动化生产。但生产中会产生甲醛、苯酚、氨等刺激性气体。

(3)造型方法。铸型主要包括外型和型芯两大部分。在砂型铸造中，外型也称砂型，用来形成铸件的外轮廓；型芯也称砂芯，用来形成铸件的内腔。

模样是用来形成铸型型腔的工艺装备，按组合形式，可分为整体模和分开模。芯盒是制造砂芯或其他种类耐火材料所用的装备。

模样和芯盒由木材、金属或其他材料制成。木模样具有质轻、价格低和易于加工等优点，常用于单件、小批量生产。金属模样强度高、尺寸准确、表面光洁、寿命长，但制造较困难、生产周期长、成本高，常用于机器造型和大批量生产。

造型是砂型铸造中最基本、最重要的工序，直接关系到铸件的质量和成本，砂型铸造一般可分为手工造型和机器造型两大类。

1)手工造型。手工造型主要是用手或手动工具来完成，操作灵活，模样、芯盒等工艺装备简单，同时，无论铸件大小、结构复杂程度如何，它都能适应。因此，在单件、小批量生产中，特别是重型复杂铸件的铸造中，手工造型应用较广。常用的手工造型方法有下列几种：

①整模造型。用整体模样进行造型的方法称为整模造型。图 1.5 所示为整模造型的基本过程。整模造型的模样为一整体，分型面为平面，铸型型腔全部在下砂箱内，造型简单，制得的型腔形状和尺寸精度较高，铸件不会产生错位缺陷。它适用于形状简单而且最大截面在一端的铸件。

②分模造型。将模型沿截面最大处分为两半，使型腔位于上下两个半型内，这种方法称为分模造型，如图 1.6 所示。分模造型的两半模样分开的平面(分模面)常常作为造型时

的分型面。分模造型操作简便，是应用最广的一种造型方法，常应用于筒类、管类、阀体等形状比较复杂的、大批量生产的铸件，特别是最大截面在中部的铸件。

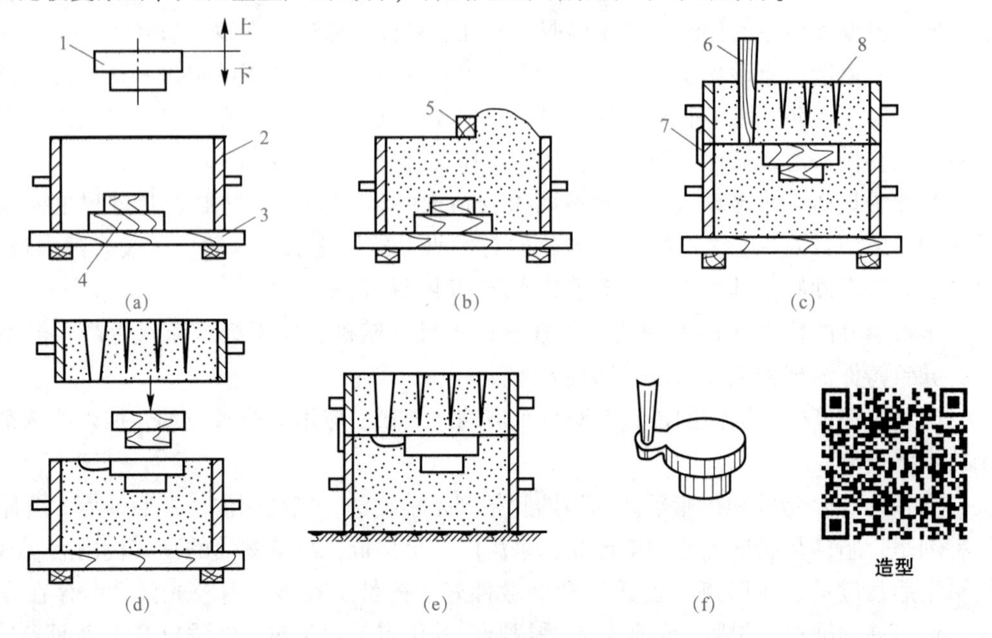

图 1.5 整模造型

(a)整体模样和砂型；(b)制下砂型；(c)制上砂型；(d)翻箱、起模、开外浇道；(e)合型；(f)带浇铸系统的铸件

1—铸件；2—砂箱；3—底板；4—模样；5—刮板；6—直浇道棒；7—记号；8—气孔

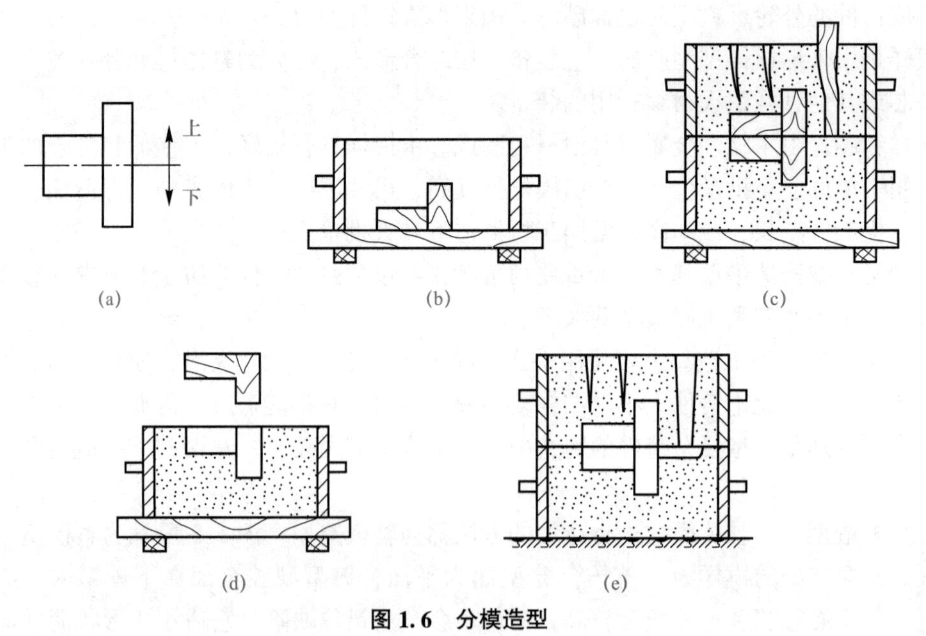

图 1.6 分模造型

(a)铸件；(b)制下砂型；(c)制上砂型；(d)起模；(e)合型

③挖砂造型。当铸件最大截面不在端部、模样又不方便分成两个半型时，常将模样做

成整体，造型时挖出阻碍起模的型砂，这种造型方法称为挖砂造型，如图 1.7 所示。其特点是模样形状较为复杂，模型虽然是整体，但铸件分型面是曲面，合型操作难度较大；要求准确挖至模样的最大截面处，比较费工费时，生产效率低，仅适用于单件、小批量生产且分型面不是平面的铸件。

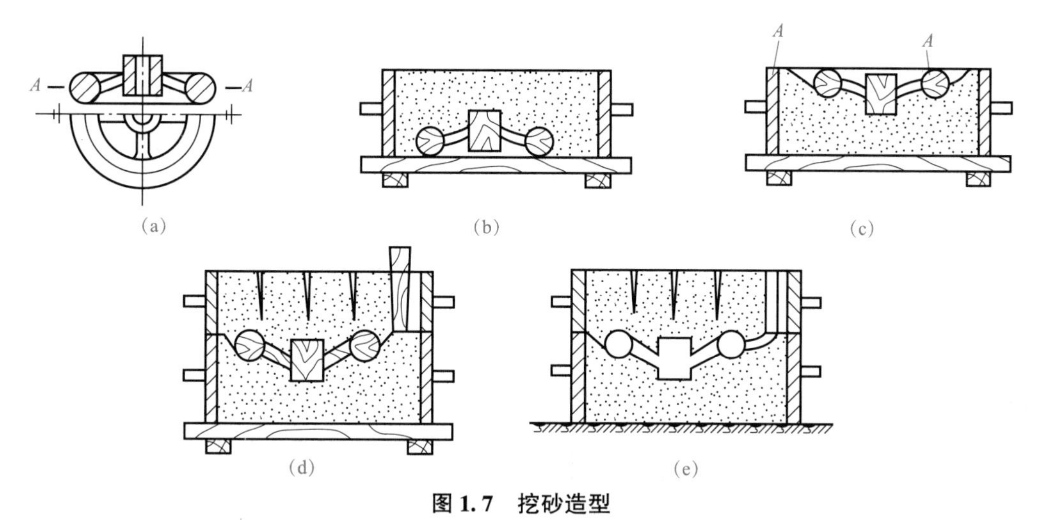

图 1.7　挖砂造型

(a)铸件；(b)制下砂型；(c)挖砂、挖出分型面；(d)制上砂型；(e)起模、合型

④刮板造型。用刮板代替木模样，即用与铸件截面形状相适应的特制刮板刮制出所需砂型的造型方法称为刮板造型，如图 1.8 所示。其特点是可以降低木模样成本，缩短生产准备时间；但刮板造型只能用手工进行，生产效率低，铸件尺寸精度较低，要求工人技术水平高。刮板造型常用于尺寸较大的回转体或等截面形状的铸件，适合单件或小批量生产。

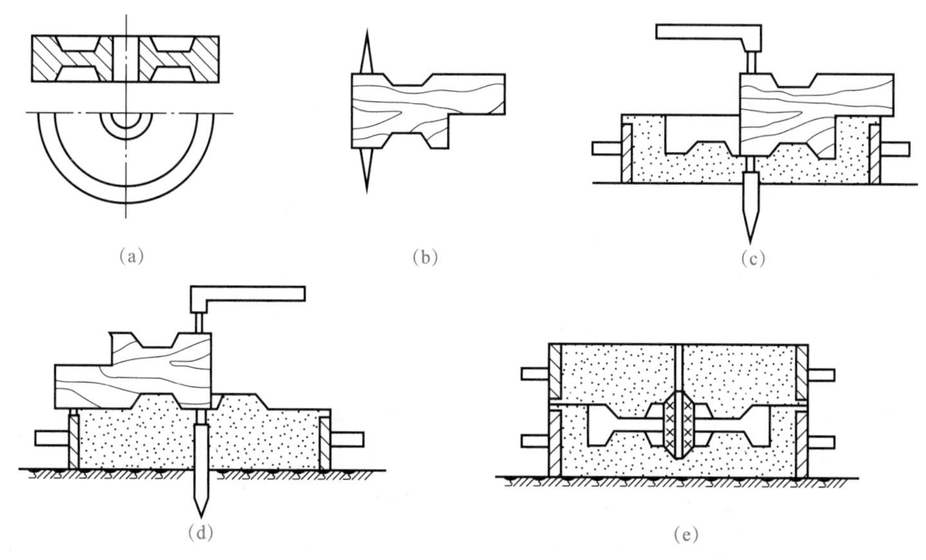

图 1.8　刮板造型

(a)铸件；(b)刮板；(c)刮制下型；(d)刮制上型；(e)下型芯、合型

⑤活块造型。铸件上有妨碍起模的小凸台、肋条等时，可将这些妨碍起模的凸起部分做成活块。造型时，先起出主体模样，再从侧面起出活块，这种造型方法称为活块造型，如图 1.9 所示。活块造型要求工人技术水平高，生产效率低，铸件精度低，主要适用于单件、小批量生产带有凸起部分的铸件，当大批量生产时，可用外型芯代替活块，使造型容易。

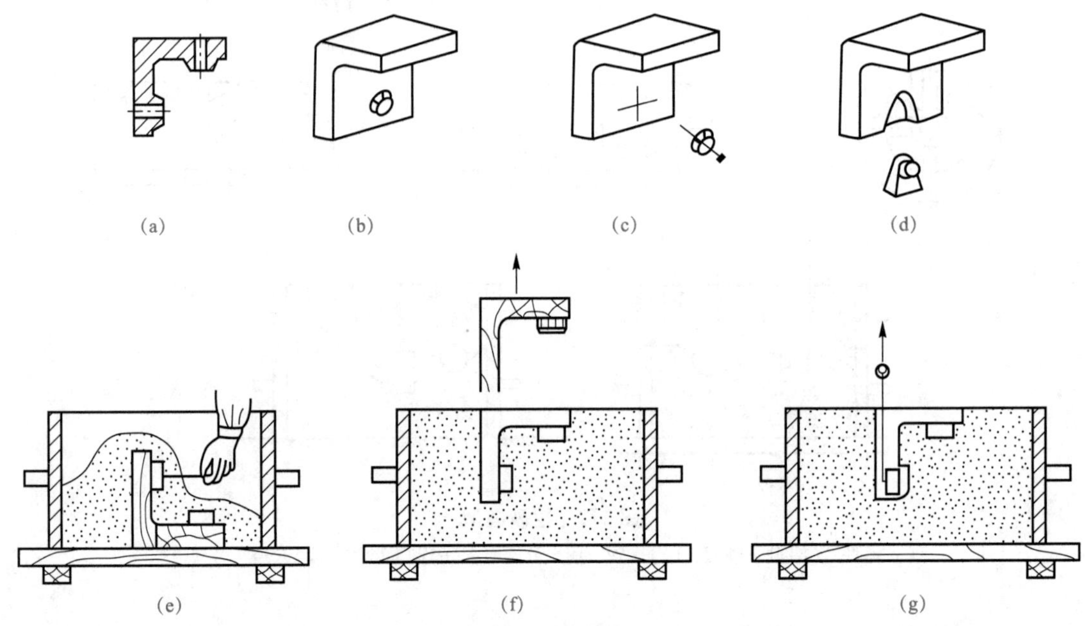

图 1.9　活块造型

(a)零件；(b)铸件；(c)活块用钉子连接；(d)活块用燕尾槽连接；
(e)造下砂型、拔出钉；(f)取出主体模样；(g)取出活块

⑥三箱造型。有些形状较复杂的铸件，往往具有两头截面大而中间截面小的特点，用一个分型面起不出模样，需要使用两个分型面、三个砂箱的造型方法称为三箱造型，如图 1.10 所示。其特点是：铸型由上、中、下三箱组成，中箱的上、下两面均为分型面，且中箱高度应与中箱中的模样高度相近，模样必须采用分模。三箱造型操作较复杂，生产率低，故只适用于单件、小批量生产。

2)机器造型。机器造型是指用机器全部完成或至少完成紧砂操作的造型方法。与手工造型相比，机器造型的生产率高，铸件质量稳定，不受工人技术水平限制，劳动强度低，但设备和工艺装备费用高，生产准备周期长。它适用于大量和成批生产，如图 1.11 所示。

机器造型多以压缩空气或液压为动力，按照紧砂方法区分，常见的机器造型有以下几种：

①振实造型。振实造型多以压缩空气为动力，利用型砂向下运动的动能和惯性，使型砂紧实。使用该方法在砂箱顶部的型砂紧实度不足，常需要手工补压加以紧实后，砂箱才可翻转。它适用于小批量生产中大型、高度较大的铸件。

②压实造型。压实造型依靠压力使型砂紧实，多以压缩空气为动力。由于压力小，只能得到中等紧实度的砂型，其砂型上表面较紧实，底部较松。它适用于成批生产高度小于 200 mm 的铸件。

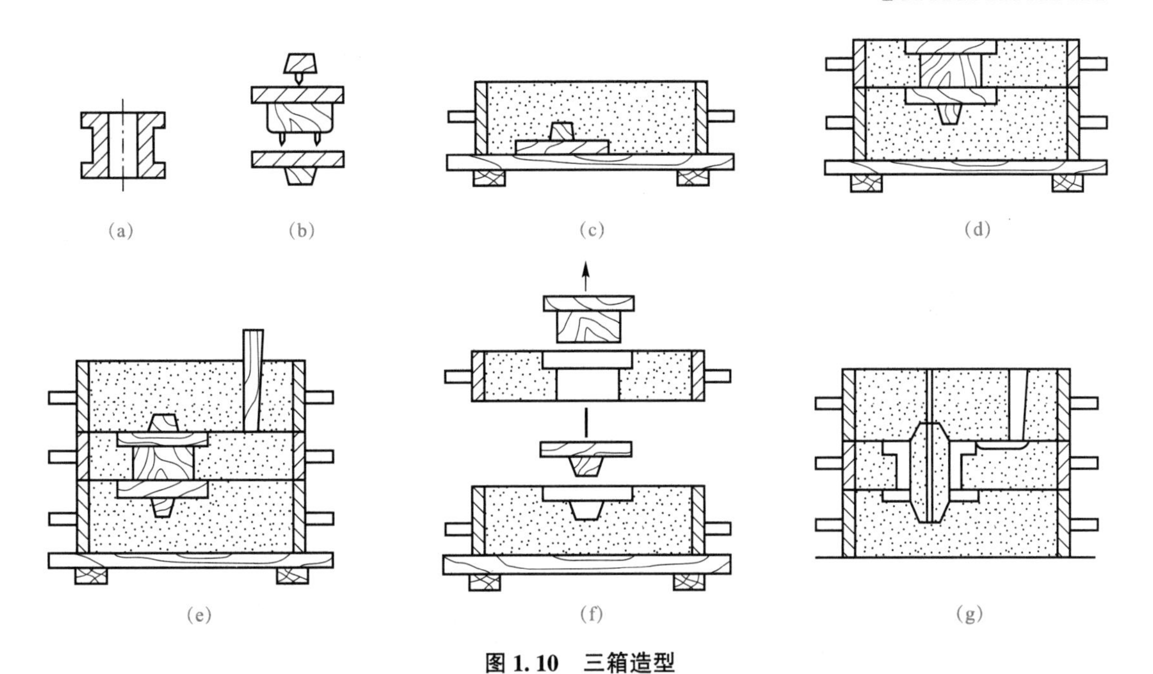

图 1.10　三箱造型

(a)铸件；(b)模样；(c)造下砂型；(d)造中砂型；(e)造上砂型；(f)起模；(g)下芯、合模

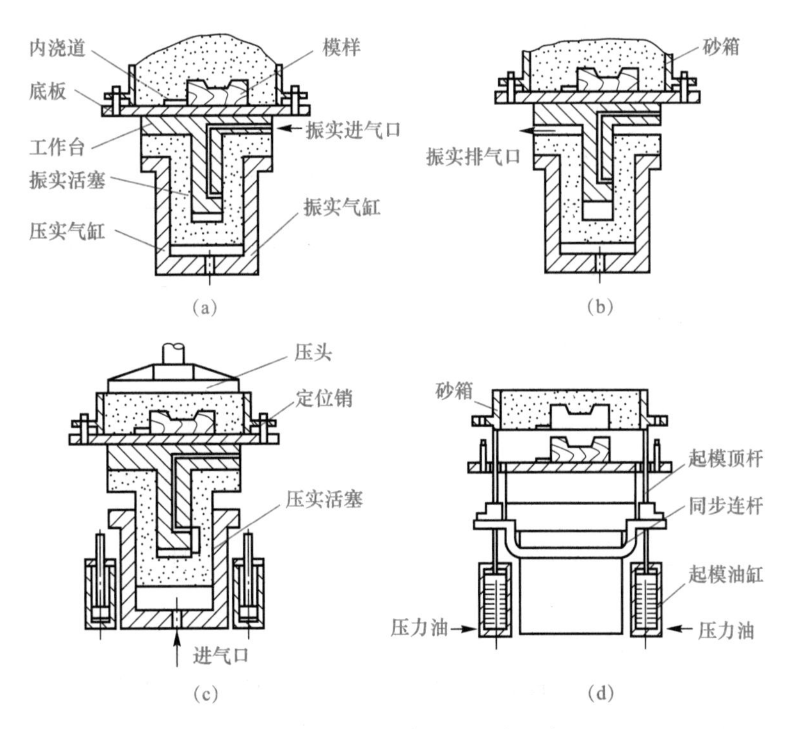

图 1.11　振压式造型机工作示意

(a)填砂；(b)振实；(c)压实；(d)起模

③振压造型。振压造型经多次振击后再加压，紧实型砂。这种方法紧实度较均匀，但紧实度较低，噪声大，适用于大批量生产中小型铸件。

(4)造型操作过程。为了对造型操作的过程有所了解，下面以整体模两箱造型的操作过程为例说明。

1)安放模样。选择平直的底板和大小适当的砂箱，将模样和砂箱放在底板上(图 1. 12)，安放模样要注意模样斜度方向，便于拔模，同时应使模样、浇道、箱壁三者之间的间隙适当(一般为 30~100 mm)。

2)舂砂。舂砂是使砂箱内型砂紧实的操作。先加砂，并用舂砂锤尖头舂紧(图 1. 13)。加最后一层填充砂后，用舂砂锤平头舂平(图 1. 14)，再用刮砂板刮去多余的型砂。

3)撒分型砂。为了防止上、下砂型粘连，在下型造好后，翻转 180°，放浇口棒，用镘刀修光分型面，并在分型面上撒一层分型砂(分型砂是不含黏土的细颗粒干砂)，用手风箱将模样上的分型砂吹掉，以免影响铸件表面质量，然后加砂造上型(图 1. 15)。

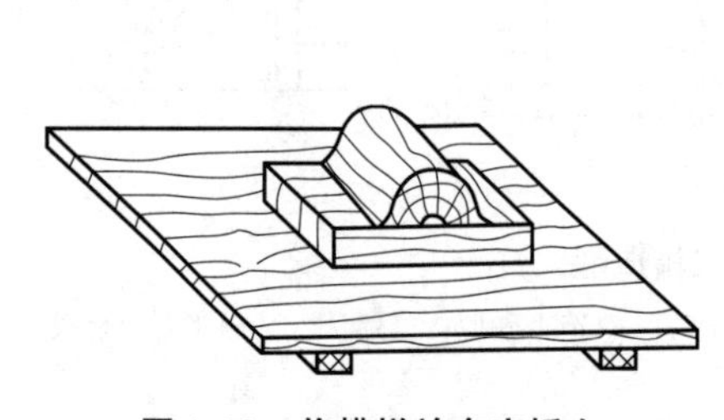

图 1. 12　将模样放在底板上

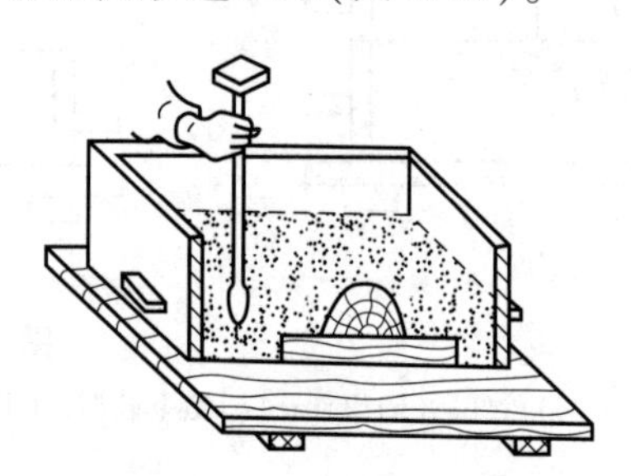

图 1. 13　用舂砂锤尖头舂紧

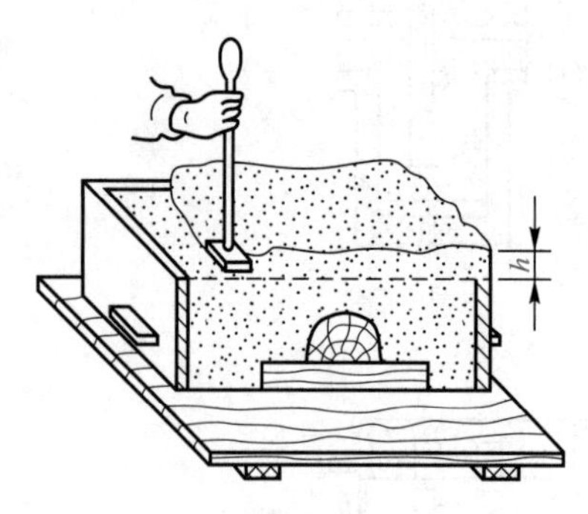

图 1. 14　用舂砂锤平头舂平

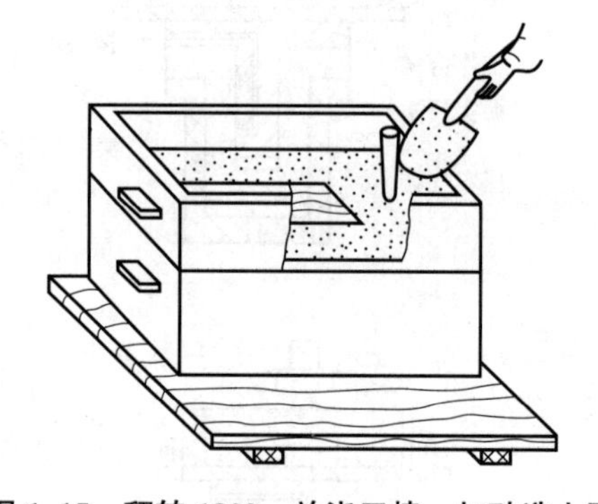

图 1. 15　翻转 180°、放浇口棒、加砂造上型

4)开外浇口。在上型的型砂舂紧刮平后，拔出浇口棒，在直浇道上部挖出漏斗形外浇口，如图 1. 16 所示。

5)扎通气孔。浇铸后，铸型中会产生大量气体，为防止铸件产生气孔等缺陷，在上、下型砂舂紧刮平后，用直径为 3 mm 左右的通气针扎出通气孔，通气孔的深度要适当，分布力求均匀，如图 1. 16 所示。

6)画合型线。合型时，上砂型必须与下砂型对准，否则，在浇铸后铸件会产生错型缺陷。如果砂箱上没有定位装置，上砂型舂紧刮平后，在砂箱壁上要做出合型线。做合型线的方法是先用粉笔或泥浆水涂敷在砂箱的三个侧面上，然后用镘刀或划针划出细而直的线条，使合型时能准确定位，如图 1. 17 所示。

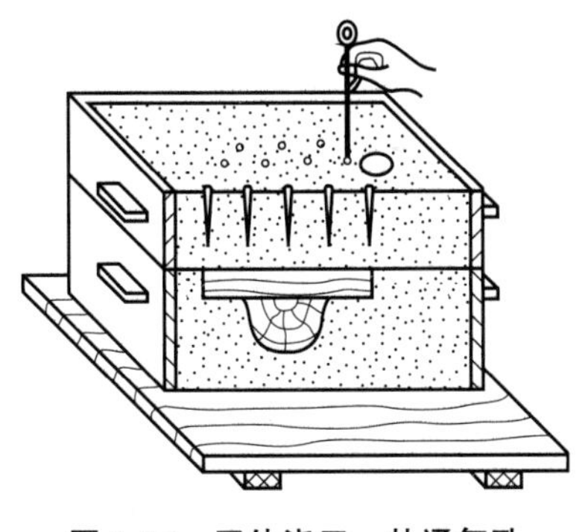

图 1.16　开外浇口、扎通气孔

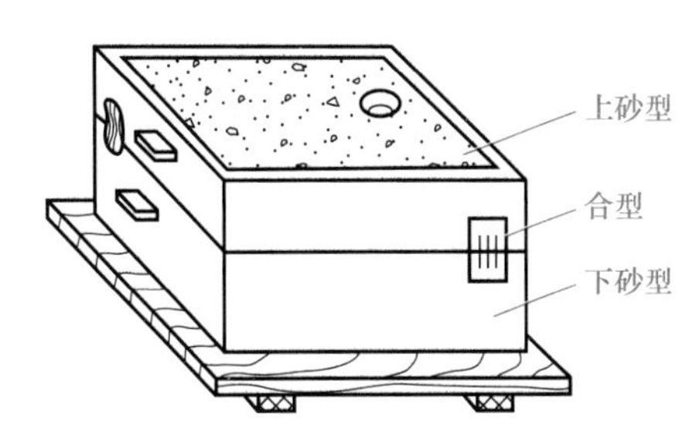

图 1.17　画合型线

7)起模(拔模)。上砂型造好后，揭开上型，在模样周围的型砂上刷水，以增加这部分型砂的强度，防止在起模时型腔边缘损坏，刷水不宜过多，否则，铸件可能产生气孔。起模时，将起模针钉在木模样的重心上，并从前后左右轻轻敲打起模针的下部，使模样和砂型之间产生小的间隙，然后，轻轻敲打模样的上方并将模样向上提起。起模动作开始时要慢，当模样即将拔出时，动作要迅速，避免模样撞坏砂型(图 1.18)。

8)修型、开内浇道。由于模样形状复杂或舂砂、起模操作不当，起模后砂型中有的地方紧实度不够，有的地方损坏，需选用适当工具用面砂进行修补，同时应开出内浇道(图 1.19)。

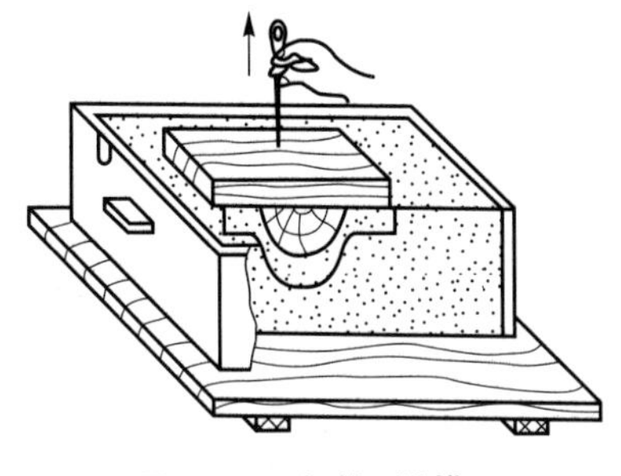

图 1.18　起模(拔模)

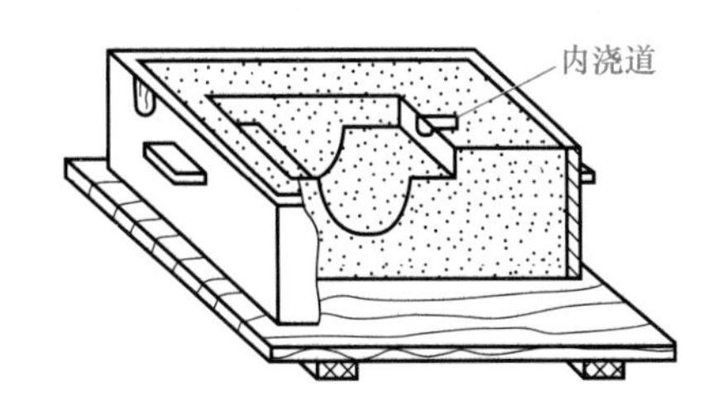

图 1.19　修型、开内浇道

9)撒涂料、合型(图 1.20)。为防止铸件产生夹砂缺陷，使铸件表面较光洁，合型前在分型面上撒涂料，湿型型砂用石墨粉作涂料。合型前，砂型应无损坏，型腔内无灰、砂等杂物；如果要下型芯，先要检查型芯是否烘干，有无破损，通气孔道是否畅通，芯头与芯座是否吻合良好。型芯在砂型中的位置应准确、稳固，型芯的通气孔道和砂型上的排气道对准，合型时应注意使上砂型保持水平下降，上、下砂型按定位装置或合型线定位。浇铸后得到的铸件如图 1.21 所示。

(5)制芯。砂芯主要用于形成铸件的内腔及尺寸较大的孔，也可以用来成型铸件的外形。型芯在浇铸过程中受到金属液的冲击，浇铸后型芯大部分被金属液包围，因此，要求型芯具有高的强度、耐火度、透气性。

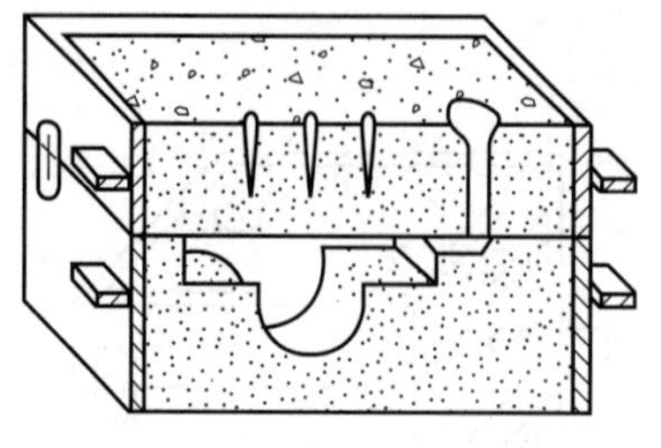
图 1.20　撒涂料、合型

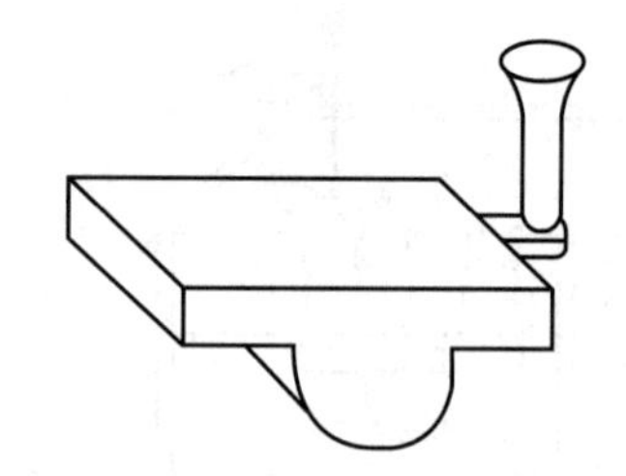
图 1.21　浇铸后得到的铸件

制芯方法也有手工制芯和机器制芯两大类；按其成型的方法不同，可分为芯盒制芯和刮板制芯两大类，其中芯盒制芯是最常用的方法。

1）芯盒制芯。芯盒制芯是采用内腔与型芯外形相同的芯盒（通常沿轴线分成两块）进行制芯，如图 1.22 所示。为了增加型芯的强度和透气性，常在制芯时插入型芯骨和扎出通气孔道。为了提高型芯表面的粗糙度和耐火性，应在表面涂上涂料，以免铸件产生黏砂，不易清理。

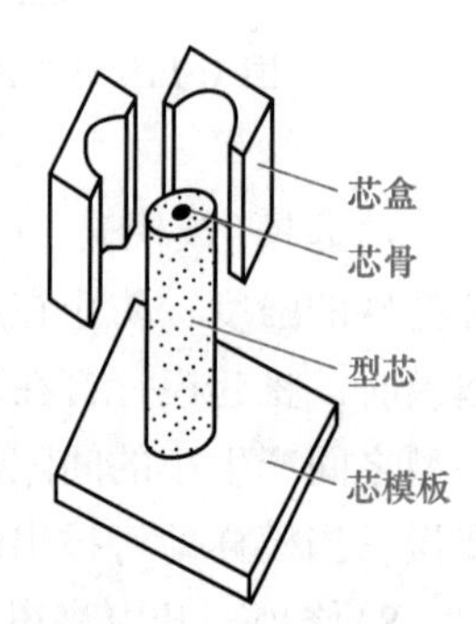

图 1.22　芯盒制芯

①放置芯骨。砂芯中放入芯骨不仅可以提高其整体强度和刚度，而且便于吊运和下芯。芯骨应根据砂芯的结构形状和工作条件设计制造，芯骨要有足够的强度和刚度，避免妨碍铸件的收缩，大型芯骨还要设吊运装置，为了不妨碍铸件凝固时的收缩，芯骨与砂芯工作表面之间应有一定的距离，这段距离称为吃砂量。

②开通气孔道。在浇铸过程中，为使砂芯中的气体能顺利地排出，砂芯中必须开通气孔道。

对于简单圆柱形或方形的小砂芯，通常在紧实砂芯、开启芯盒之前用气孔针扎出通气眼。对于细长的砂芯，在造芯时将气孔针埋在芯盒内的芯砂中，紧实砂芯开启芯盒前将气孔针拔出，这样便在砂芯中留下通气孔道。当砂芯细薄且形状复杂时，一般在制芯时埋入蜡线，砂芯烘烤时蜡线熔烧消失，留下通气孔道。用对开式芯盒制芯时，可用制芯工具在两半芯盒的砂芯中挖出或刮出通气孔道后再粘合。当大批量生产时，可用通气模板压出通气孔道。截面厚大的砂芯，只做出通气孔道是不够的，还需要在砂芯内放入焦炭或炉渣等加强通气的材料。

2）刮板制芯。先在底板上放置芯骨和芯砂，捣实后用镘刀切出大致的形状，然后用带有与型芯外形相同的内凹刮板沿底板边缘往复运动，刮削出型芯的形状，烘干后再把两半个泥芯粘合成一个整体。弯管的刮板制芯如图 1.23 所示。

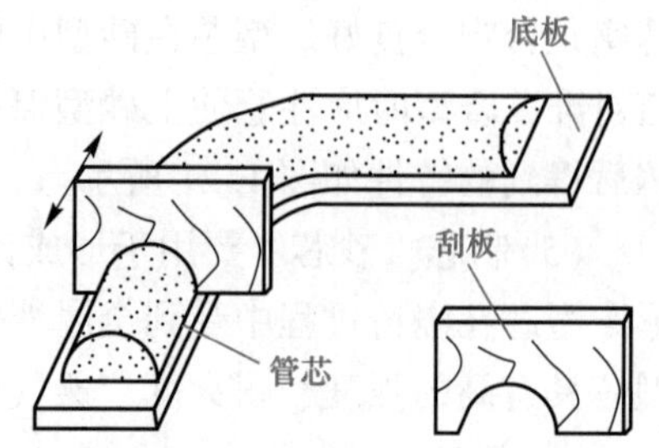

图 1.23　弯管的刮板制芯

（6）工艺设计。砂型铸造是工序繁多的综合性生产过程，从零件图开始一直到铸件成品验收入库，要经过很多道工序，涉及造型（制芯）材料的准备、工装的准备、铸型的制造、合型、熔炼浇铸、落砂和清理等方面，这一系列的生产过程称为铸造工艺。在砂型铸造的生产准备过程中，必须合理地制订出铸造工艺方案，绘制出铸造工艺图。

在确定铸造工艺方案时，首先应考虑的是铸件的浇铸位置及分型面。

1）确定浇铸位置。浇铸位置是指金属浇铸时铸件在铸型中所处的位置。浇铸位置的选择取决于合金种类、铸件结构和轮廓尺寸、铸件质量要求及生产条件。选择铸件浇铸位置时，首先以保证铸件质量为前提，同时尽量做到简化造型工艺和浇铸工艺。

浇铸位置的选择原则如下：

①铸件的重要加工面或工作面应朝下或呈直立状态，个别加工表面必须朝上时，应适当放大加工余量，以保证机械加工后不出现缺陷。

②铸件的大平面应朝下。大平面朝下既可避免气孔和夹渣，又可防止在大平面上形成砂眼缺陷。

③应有利于铸件的补缩。厚大部分应尽可能位于上部，以便于安放冒口补缩。而对于局部处于中、下位置的厚大处，应采用冷铁或侧冒口等工艺措施解决其补缩问题。

④应保证铸件有良好的金属液导入位置，保证铸件能充满。较大而壁薄铸件部分应朝下、侧立或在内浇道以下，以保证金属液的充填，避免出现浇不到和冷隔缺陷。

⑤应尽量少用或不用砂芯。若确需使用砂芯时，应保证砂芯定位稳固、排气通畅及下芯和检验方便，还应尽量避免用吊芯或悬臂式砂芯。

⑥应使合型、浇铸和补缩位置相一致。为了避免合型后或浇铸后翻转铸型，引起砂芯移动、掉砂甚至跑火等，应尽量使合型、浇铸和补缩位置相一致。

2）选择分型面。分型面是指两半铸型相互接触的表面，它是制作铸型时从铸型中取出模样的位置。分型面在铸造工艺图上应明显标注出来。

分型面一般在确定浇铸位置后再选择，但分析各种分型面方案的优劣之后，可能需要重新调整浇铸位置。在生产中，浇铸位置和分型面有时是同时考虑确定的，分型面的优劣，在很大程度上影响铸件的尺寸精度、成本和生产率，应仔细地分析、对比，选择出最适合技术要求和生产条件的铸型分型面。

铸型分型面的选择原则如下：

①应便于起模，使造型工艺简化。尽量使铸型只有一个分型面，以便采用工艺简便的两箱造型。多一个分型面，铸型就增加一些误差，使铸件精度降低。另外，应尽量使分型面平直，避免不必要的活块和型芯等。

②为保证铸件精度，应尽量使铸件的全部或大部分置于同一箱铸型内，如达不到该要求，应尽可能把铸件的加工面和加工基准面放在同一半型内。

③为便于造型、下芯、合型及检验铸件壁厚，应尽量使型腔及主要型芯位于下箱。

3）工艺参数确定。在铸造工艺方案初步确定后，还要选择有关工艺参数。铸造工艺参数与铸件形状、尺寸、技术要求和铸造方法有关，主要参数有铸造收缩率、机械加工余量、拔模斜度等，工艺设计时应结合实际情况选取。

①铸造收缩率。由于合金的线收缩，铸件在冷却过程中各部分尺寸都要缩小，所以，必须将模样及芯盒的工作面尺寸比铸件放大一个该合金的收缩量，放大的收缩量要根据合金的铸造收缩率来确定。铸造收缩率定义如下：

$$铸造收缩率=\frac{L_1-L_2}{L_1}\times 100\%$$

式中　L_1——模样长度；

L_2——铸件长度。

铸造收缩率主要与合金的收缩大小和铸件收缩时受阻条件有关，如合金种类、铸型种类、砂芯退让性、铸件结构、浇冒口等。一般砂型铸造灰口铸铁件的收缩率取 0.7%~1.0%；铸钢件取 1.0%~2.0%，具体数据可查相关手册。

②机械加工余量。机械加工余量是指为了保证铸件加工表面尺寸精度，工艺设计时，在铸件待加工面上预先增加的而在机械加工时切削掉的金属层厚度。

机械加工余量的具体数值取决于铸件生产的批量、合金的种类、铸件结构和尺寸及加工面在铸型内的位置等。大量生产时，因采用机器造型，铸件精度高，故余量可减小；反之，用手工造型误差大，余量应加大。铸钢件因表面粗糙，余量应加大；有色合金铸件价格较高，且表面粗糙度较低，所以余量应比铸铁小。铸件的尺寸越大或加工面到基准面的距离越大，铸件的尺寸误差也越大，故余量也应随之加大。另外，浇铸时朝上的表面因产生缺陷的概率较大，其加工余量应比底面和侧面大。铸件的机械加工余量数值可查相关手册。

③拔模斜度。为了使造型、芯时起模方便，在模样、芯盒的出模方向留有一定斜度，以免损坏砂型或砂芯，这个斜度称为拔模斜度或起模斜度。拔模斜度一般用角度 α 或宽度 a 表示。

拔模斜度应设计在铸件没有结构斜度并垂直于分型面的表面上。其大小依起模高度、模样材料及表面粗糙度值与造型、芯的方法而定。中小型木模样的拔模斜度通常为 $\alpha=0.5°$ 或 $a=0.5\sim3.5$ mm，关于拔模斜度大小的具体数值详见《铸件模样-起模斜度》(JB/T 5105—2022)的规定。

拔模斜度的形式有三种，如图 1.24 所示。一般在铸件加工面上采用增加铸件厚度法[图 1.24(a)]；在铸件不与其他零件配合的非加工表面上，可采用三种形式的任何一种；在铸件与其他零件配合的非加工表面上，采用减小铸件厚度法[图 1.24(b)]或减小铸件壁厚法[图 1.24(c)]。原则上，在铸件上留出拔模斜度后，铸件基本尺寸不应超出铸件的尺寸公差。

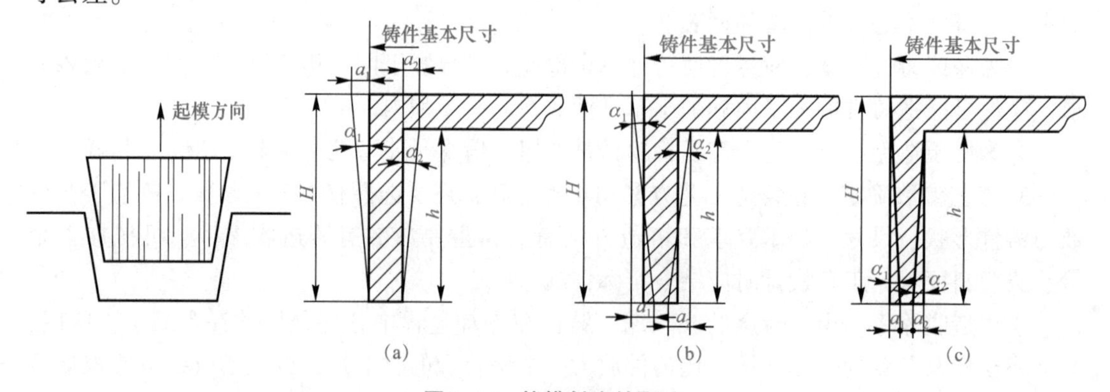

图 1.24　拔模斜度的取法

(a)增加铸件厚度；(b)减小铸件厚度；(c)减小铸件壁厚

④最小铸出孔和槽。零件上的孔、槽、台阶等型面是否铸出，要根据工艺、质量及成本等方面综合考虑。一般来说，较大的孔、槽应铸出，不但可减少机械加工工时，还可避免铸件局部过厚所形成的热节，提高铸件质量；较小的孔和槽，则不宜铸出，直接进行机械加工反而方便经济。一般灰铸铁件成批生产时，最小铸出孔直径为 15~30 mm，单件、小批量生产时最小铸出孔直径为 30~50 mm；铸钢件最小铸出孔直径为 30~50 mm，薄壁铸件取下限，厚壁铸件取上限。对于有弯曲形状等特殊的孔，无法机械加工时，则应直接铸造出来，难于加工的合金材料，如高锰钢等铸件的孔和槽应铸出。铸件的最小孔和槽的数值可查相关手册。

4)绘制铸造工艺图和铸件图。铸造工艺图是用铸造工艺规定的各种工艺符号、文字及颜色，将铸造工艺方案、工艺参数、型芯等绘制在零件图上形成的图形，作为生产准备、指导生产和铸件及模样验收的依据。

一般铸造工艺图应包括浇铸位置、铸型的分型面、型芯及型芯头的形状和大小、铸件机械加工余量、拔摸斜度、冒口、铸造圆角及合金的收缩率等方面的内容，其中收缩率在图形外统一标注。

铸件图是检验铸件的依据，其形状和大小与去掉铸造工艺图轮廓上的型芯与型芯头后的形状及大小相同。

铸造工艺图和铸件图如图 1. 25 所示。

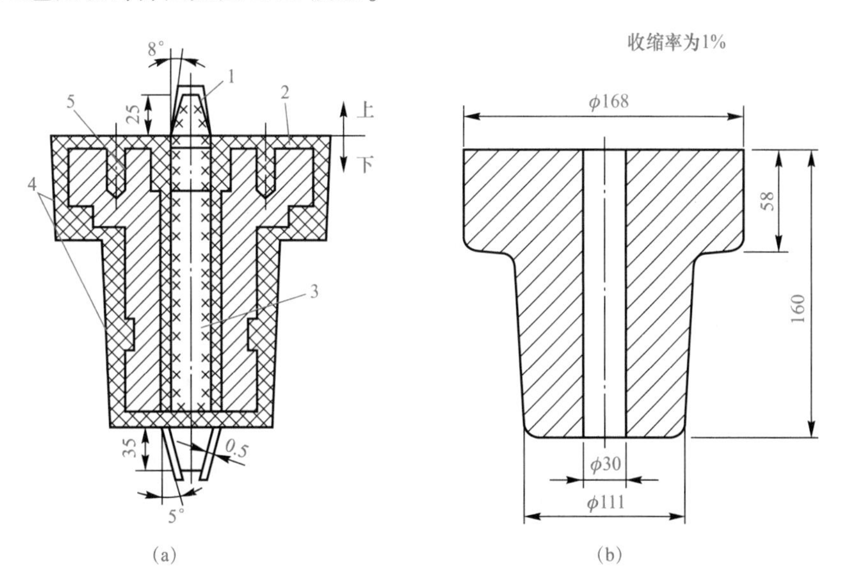

图 1. 25　铸造工艺图和铸件图

(a)铸造工艺图；(b)铸件图

1—型芯头；2—分型面；3—型芯；4—拔模斜度；5—加工余量

2. 特种铸造

特种铸造是指与砂型铸造方法不同的其他铸造方法，如金属型铸造、压力铸造、熔模铸造和离心铸造等。这些铸造方法在提高铸件精度、降低表面粗糙度，改善合金性能、提高生产率、改善工作环境和降低材料消耗等方面各有优势。

(1)金属型铸造。金属型铸造是指在重力作用下将熔融金属浇铸金属铸型获得铸件的方法。金属型是指由金属材料制成的铸型，不能称作金属模。

1)金属型铸造过程。常见的垂直分型式金属型如图 1.26 所示，由定型和动型两个半型组成，分型面位于垂直位置。浇铸时先使两个半型合紧，凝固后利用简单的机构使两半型分离，取出铸件。

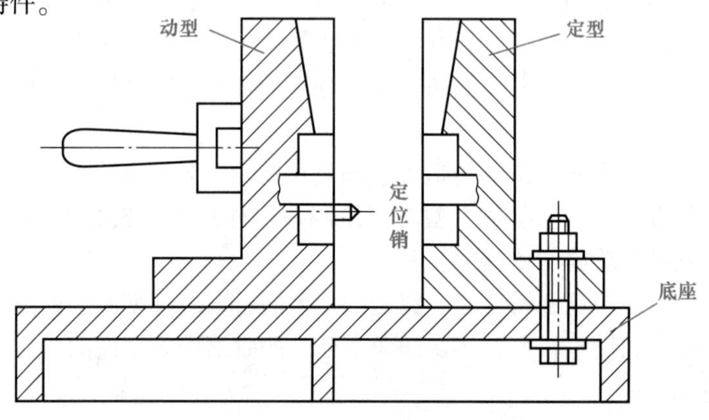

图 1.26　垂直分型式金属型

2)金属型铸造特点及应用。金属型铸造实现了“一型多铸”，从而克服了砂型铸造用“一型一铸”而导致的造型工作量大、占地面积大、生产率低等缺点。

金属型的精度较砂型高得多，从而使金属型铸件精度也高。例如，金属型灰铸铁件的精度可以达到 IT9~IT7，而手工造型砂型铸件只能达到 IT13~IT11。另外，金属型导热性能好，过冷度较大，铸件组织较细密。金属型铸件的力学性能比砂型铸件要提高 10%~20%。但是，熔融金属在金属型中的流动性较差，容易产生浇不到、冷隔等缺陷。另外，使用金属型铸出的灰铸铁件容易出现局部的白口铸铁组织。

在大批量生产中，常采用金属型铸造方法铸造有色金属铸件，如铝合金活塞、汽缸体和铜合金轴瓦等。

(2)压力铸造。压力铸造是指将金属在高压下高速充型，并在压力下凝固的铸造方法。

1)压力铸造过程。压力铸造使用的压铸机如图 1.27(a)所示，由定型、动型、压室等组成。首先使动型与定型紧合，用活塞将压室中的熔融金属压射到型腔，如图 1.27(b)所示；凝固后打开铸型并顶出铸件，如图 1.27(c)所示。

2)压力铸造的特点及应用。压力铸造以金属型铸造为基础，又增加了在高压下高速充型的功能，从根本上解决了金属的流动性问题。压力铸造可以直接铸出零件上的各种孔眼、螺纹、齿形等。压铸铜合金铸件的尺寸公差等级可以达到 IT8~IT6。

压力铸造使熔融金属在高压下结晶，铸件的组织更细密。压力铸造铸件的力学性能比砂型铸造提高 20%~40%。但是，由于熔融金属的充型速度快，排气困难，常常在铸件的表皮下形成许多小孔。这些皮下小孔充满高压气体，受热时因气体膨胀而导致铸件表皮产生凸起缺陷，甚至使整个铸件变形。因此，压力铸造铸件不能进行热处理。

在大批量生产中，常采用压力铸造方法铸造铝、镁、锌、铜等有色金属件。例如，在汽车、电子、仪表等工业部门中使用的均匀薄壁且形状复杂的壳体类零件，常采用压力铸造铸件。

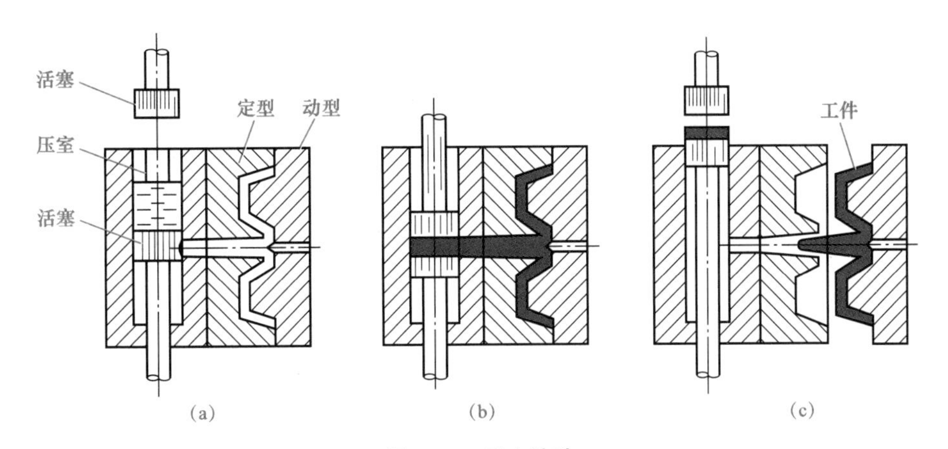

图 1.27　压力铸造

(a)合型浇铸；(b)压射；(c)开型顶件

(3)熔模铸造。在铸造生产中用易熔材料(如蜡料)制成模样；在模样上包覆若干层耐火材料，制成型壳；模样熔化流出后经高温焙烧成为壳型。采用这种壳型浇铸的铸造方法称为熔模铸造。

1)熔模铸造的过程。熔模铸造过程如图 1.28 所示。

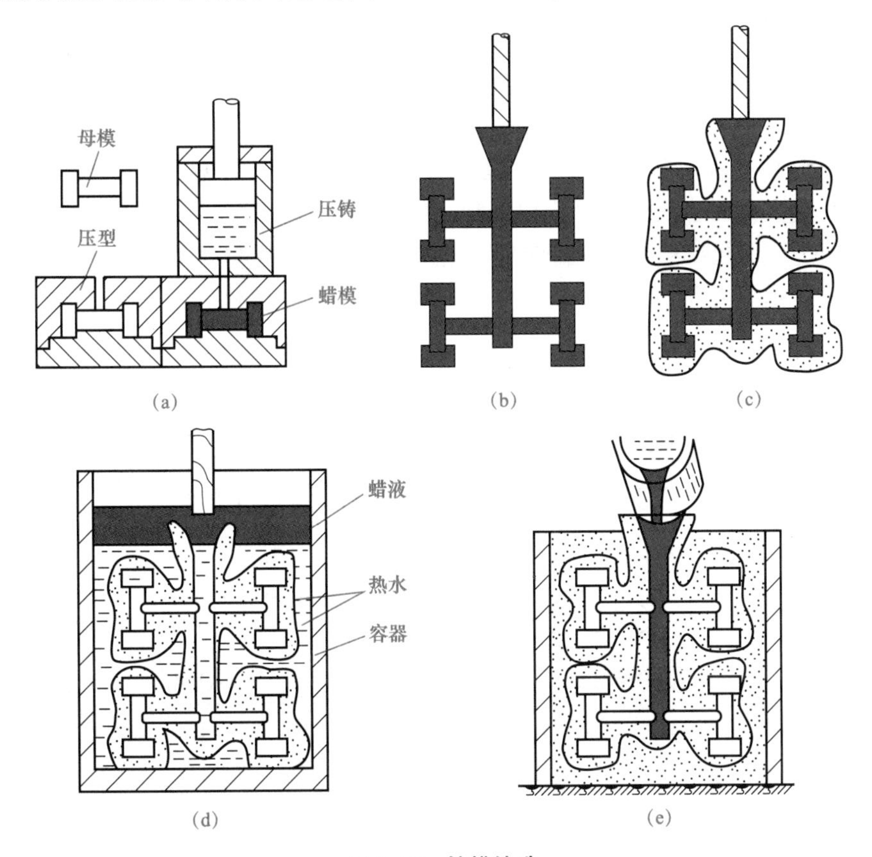

图 1.28　熔模铸造

(a)压铸蜡模；(b)组合蜡模；(c)黏制型壳；(d)脱蜡；(e)浇铸

①压铸蜡模。首先根据铸件的形状尺寸制成比较精密的母模；然后根据母模制出比较精密的压型；再用压力铸造的方法，将熔融状态的蜡料压射到压型中，如图 1.28(a)所示。蜡料凝固后从压型中取出蜡模。蜡模实际上是一种压力铸造铸件。

②组合蜡模。为了提高生产率，通常将许多蜡模黏在一根金属棒上，成为组合蜡模，如图 1.28(b)所示。

③黏制型壳、脱蜡。在组合蜡模浸挂涂料(多用水玻璃和石英配制)后，放入硬化剂(通常为氯化铵溶液)中固化。如此重复涂挂 3~7 次，至结成 5~10 mm 的硬壳为止，即成型壳，如图 1.28(c)所示。再将硬壳浸泡在 85 ℃~90 ℃的热水中，使蜡模熔化而脱出，制成壳型，如图 1.28(d)所示。

④浇铸。为提高壳型的强度，防止浇铸时变形或破裂，常将壳型放入铁箱，在其周围用砂填紧；为提高熔融金属的流动性，防止浇不到缺陷，常将铸型在 850 ℃~950 ℃焙烧，趁热进行浇铸，如图 1.28(e)所示。

2)熔模铸造的特点及应用。熔模铸造使用的压型经过精细加工，压铸的蜡模又经逐个修整，造型过程无起模、合型等操作。因此，熔模铸出的铸钢件的尺寸公差等级可达 IT7~IT5。熔模铸造通常为精密铸造。

熔模铸造的壳型由石英粉等耐高温材料制成，因此，各种金属材料都可用于熔模铸造。但目前主要用于生产高熔点合金(如铸钢)及难切削合金的小型铸件。

(4)离心铸造。离心铸造是指将熔融金属浇入绕着水平、倾斜或立轴回转的铸型，使其在离心力的作用下成型并凝固的铸造方法。这类铸件多是简单的圆筒形，铸造时不用砂芯就可形成圆筒的内孔。

1)离心铸造的过程。离心铸造的过程如图 1.29 所示。当铸型绕垂直轴线回转时，浇铸铸型的熔融金属的自由表面呈抛物线形状，如图 1.29(a)所示。因此，不宜铸造轴向长度较大的铸件。当铸型绕水平轴回转时，浇铸铸型的熔融金属的自由表面呈圆柱形，如图 1.29(b)所示。因此，常用于铸造要求均匀壁厚的中空铸件。

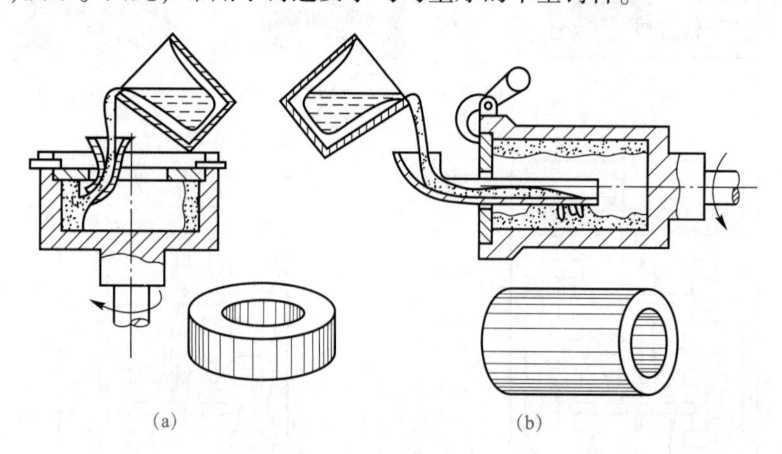

图 1.29　离心铸造

(a)立式；(b)卧式

2)离心铸造的特点及应用。离心铸造时，熔融金属受离心力的作用容易充满型腔；在离心力的作用下结晶能获得组织致密的铸件，但是，铸件的内表面质量较差，尺寸也不准确。

离心铸造主要用于铸钢、铸铁、有色金属等材料的各类管状零件的毛坯。

四、铸造质量对结构的要求

1. 铸件壁厚应合理

壁厚合理是指按合金流动性设计铸件壁厚。常用合金的最小允许壁厚见表 1.2。

表 1.2　铸件的最小允许壁厚　　mm

铸件尺寸	铸钢	灰铸铁	球墨铸铁	可锻铸铁	铝合金	铜合金	镁合金
<200×200	6~8	5~6	6	5	3	3~5	
200×200~500×500	10~12	6~10	12	8	4	6~8	3
>500×500	15	15	—	—	5~7	—	—

壁厚均匀是指铸件具有冷却速度相近的壁厚。如内壁(隔墙)冷却慢应薄一点，外壁冷却快应厚一点。壁厚均匀有利于减少应力、变形和产生裂纹的倾向，并避免因金属局部聚集而产生缩孔缺陷。显然，铸件的厚度应包括加工余量。例如，图 1.30(a)所示的壁厚不均匀铸件在其厚大部分形成许多小缩孔；图 1.30(b)所示的改进设计结构壁厚均匀，避免了产生缩孔缺陷。

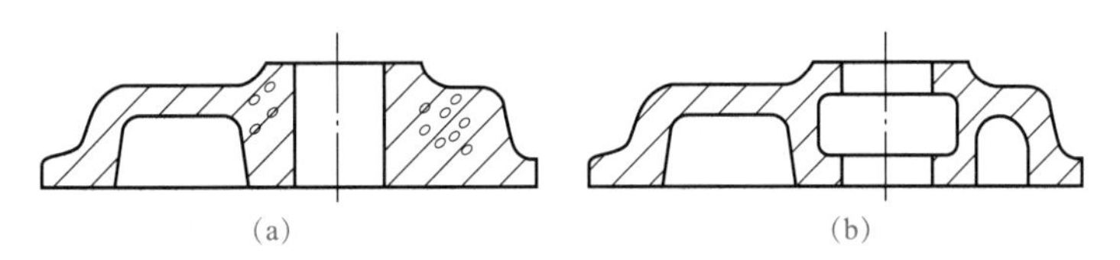

图 1.30　铸件的壁厚

(a)不均匀壁厚；(b)均匀壁厚

2. 壁间连接要合理

(1)结构圆角。以铸件为毛坯的零件结构应尽可能把壁间连接设计成结构圆角，以免局部金属聚集产生缩孔、应力集中等缺陷。例如，图 1.31(a)所示的结构直角处可以画一个较大的内接圆，表明金属在这里聚集，可能产生缩孔；直角处的线条表示应力分布情况，靠近内直角处的线条密集表示应力集中，可能产生裂纹。而图 1.31(b)所示的结构圆角处则没有金属聚集及应力集中现象。结构圆角是铸件结构的基本特征之一。

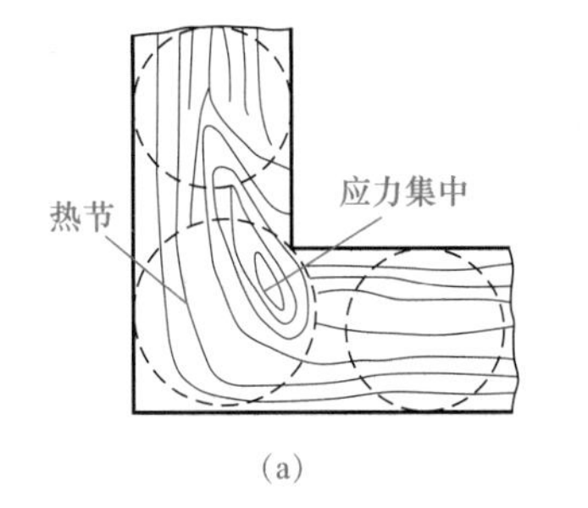

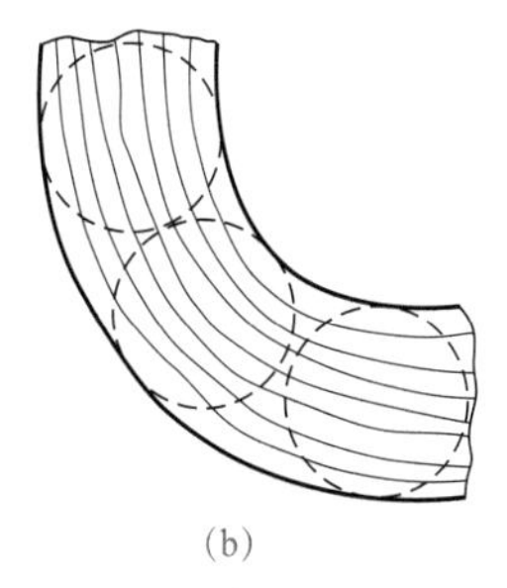

图 1.31　结构圆角

(a)结构直角；(b)结构圆角

(2)过渡接头。铸件各部分之间的连接都要考虑逐步过渡。例如，图 1.32(a)所示肋的交叉接头在交叉处有金属聚集，可能形成缩孔；小型铸件的肋应设计成图 1.32(b)所示的交错接头；大型铸件的肋应设计成图 1.32(c)所示的环状接头，以改善金属的分布。

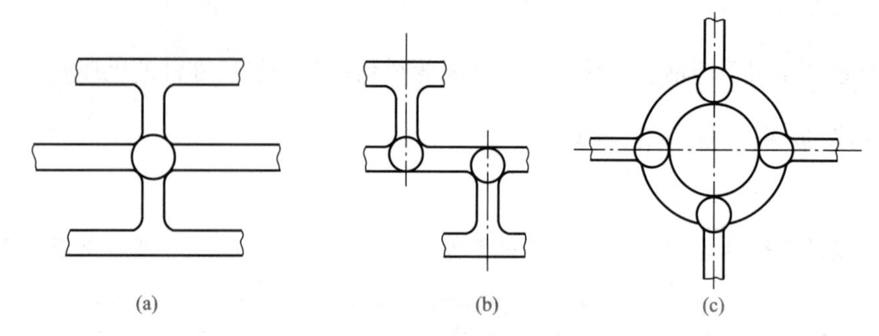

图 1.32　肋的连接

(a)交叉；(b)交错；(c)环状

铸件壁间连接应避免形成锐角。例如，图 1.33(a)所示的锐角连接容易形成金属聚集；图 1.33(b)所示的大角度连接改善了金属的分布。

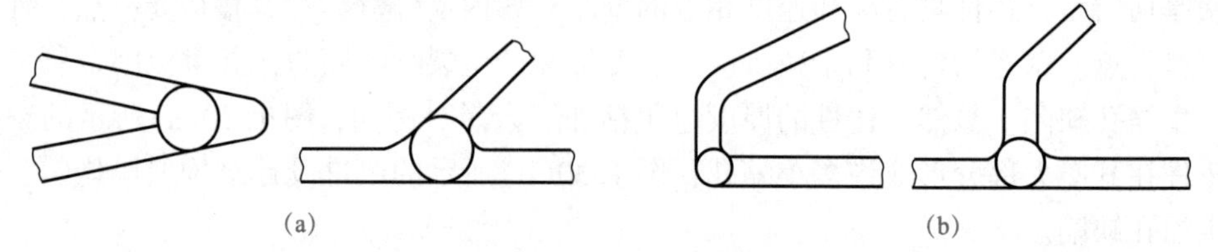

图 1.33　壁间连接

(a)锐角连接；(b)大角度连接

铸件的薄壁、厚壁之间的连接可采用圆角过渡、倾斜过渡、复合过渡等形式，如图 1.34 所示。过渡连接可防止因壁间突然变化而产生应力、变形和裂纹。

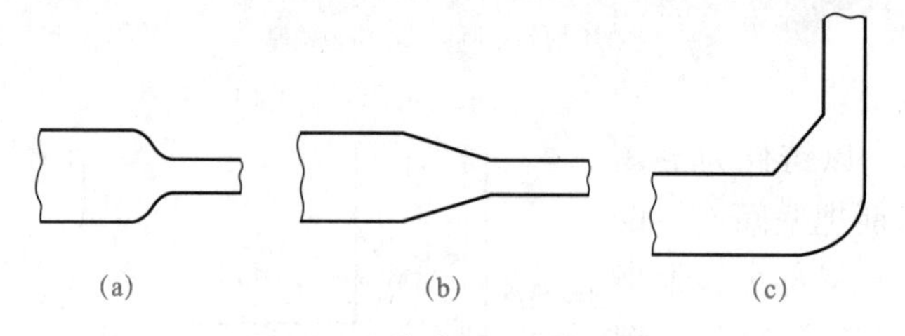

图 1.34　薄壁与厚壁的连接

(a)圆角过渡；(b)倾斜过渡；(c)复合过渡

3. 铸件应避免大的水平面

铸件的大平面设计成倾斜结构形式，有利于熔融金属填充和气体、夹杂物排除。例如，图 1.35 所示大带轮的倾斜式辐板可以避免产生浇不到、气孔、夹渣等铸件缺陷。

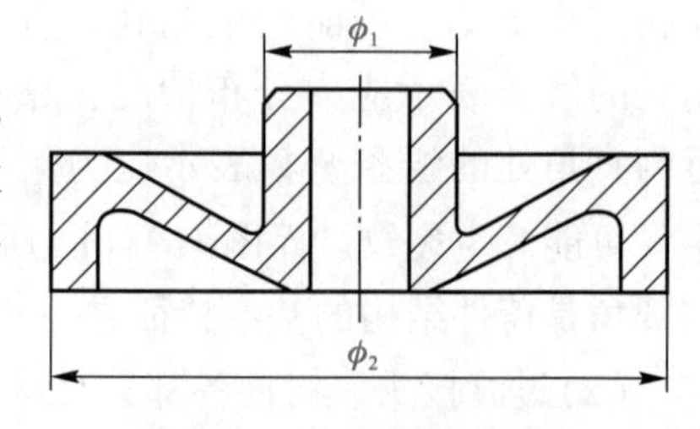

图 1.35　大平面倾斜结构

4. 应避免产生变形

壁厚均匀的细长铸件和面积较大的平板类铸件容

易产生变形，通常设计成对称结构或增设加强肋，以防止变形。例如，图 1. 36(a)所示的 I 形梁铸件常设计成对称结构；图 1. 36(b)所示的平板铸件底面上增设了加强肋结构。

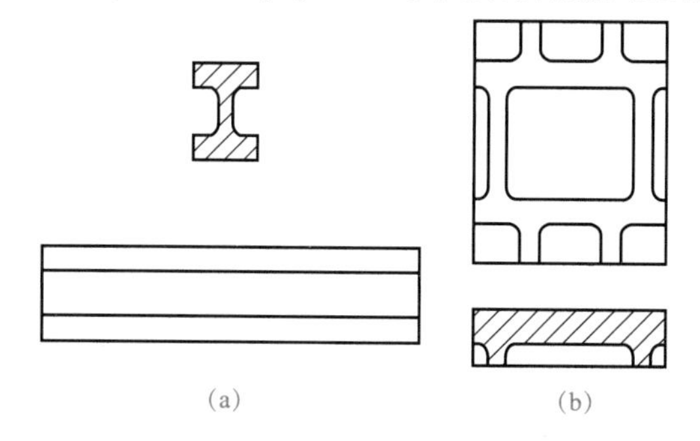

图 1. 36　防变形结构

(a)对称结构；(b)加强肋结构

5. 避免收缩受阻

铸件在冷却过程中，固态收缩受阻是产生应力、变形和裂纹的根本原因。铸件结构设计应尽可能使其各部分能自由收缩。例如，图 1. 37(a)所示弯曲的轮辐设计使轮辐在冷却时可以产生一定的自由收缩；图 1. 37(b)所示的奇数轮辐设计使轮辐在冷却过程中可以产生一定的自由收缩。

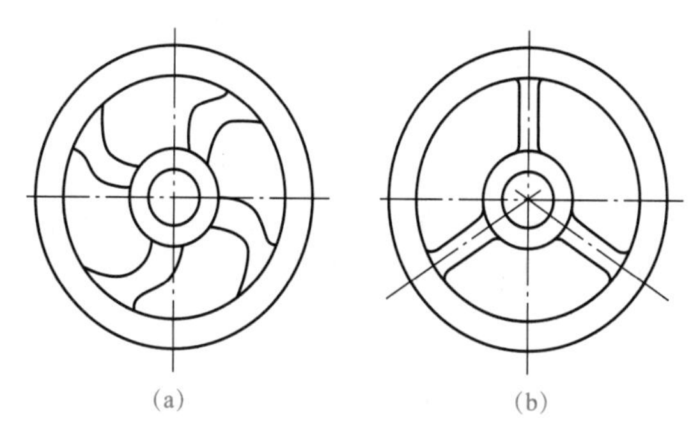

图 1. 37　自由收缩结构

(a)弯曲轮辐；(b)奇数轮辐

五、铸造工艺对铸件结构的要求

(1)简化铸件结构，减少分型面。铸件结构设计时应考虑铸造工艺方便，使其尽可能具有一个简单的平直分型面。

(2)尽量少用或不用型芯。型芯形状简单且数量少是简化铸造工艺的另一重要方面。为此，铸件结构设计时应尽量采用“省芯”结构。

1)开式结构。图 1. 38(a)所示为悬臂支架的内腔，必须制作一个具有较大芯头的悬臂砂芯才能铸出。若改进设计成图 1. 38(b)所示具有开式结构的悬臂支架，就省去了砂芯。

2)凸缘外伸结构。图 1. 39(a)所示零件的内腔下端有向内伸的凸缘，只能使用砂芯铸出。若将向内伸的凸缘用向外伸的凸缘代替，如图 1. 39(b)所示，则造型时可以用砂垛代替砂芯。但这时的砂芯高 H 与砂芯直径 D 之比应小于1，即 $H/D<1$。

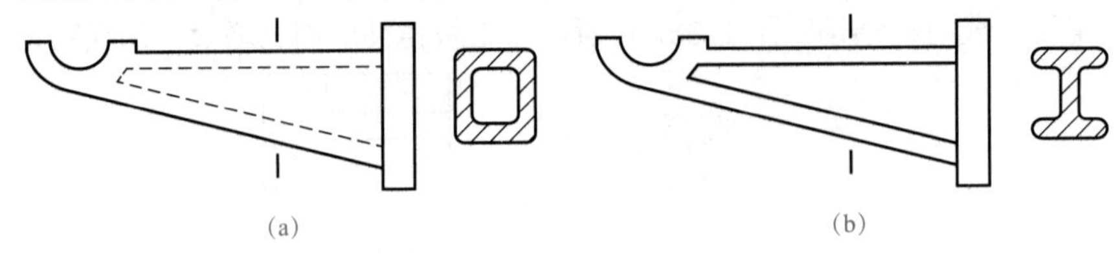

图1.38 悬臂支架

(a)闭式结构；(b)开式结构

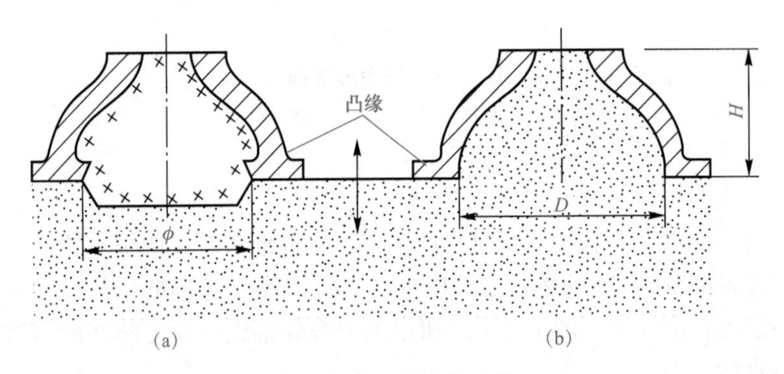

图1.39 以砂垛代砂芯

(a)凸缘内伸；(b)凸缘外伸

(3)尽量避免造型时取活块。在与铸件分型面相垂直的表面上具有凸台时，通常采用活块造型，如图1.40(a)所示。若凸台距离分型面较近，则可将凸台延伸到分型面，这样，造型时就可以省掉活块，如图1.40(b)所示。

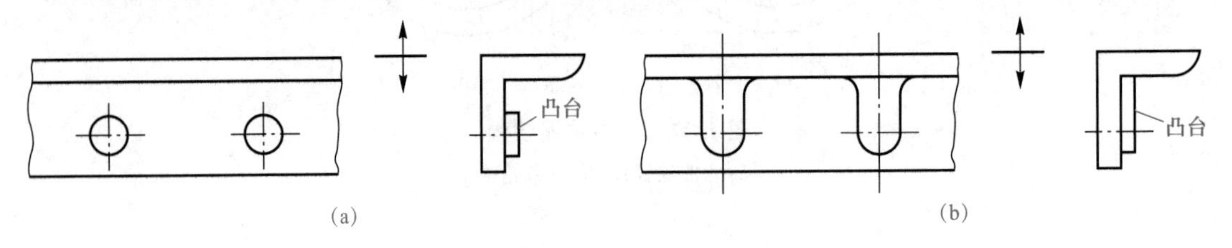

图1.40 避免使用活块

(a)未延伸凸台；(b)延伸凸台

(4)铸件的结构斜度。铸件上凡垂直于分型面的不加工表面，均应设计结构斜度，如图1.41所示。

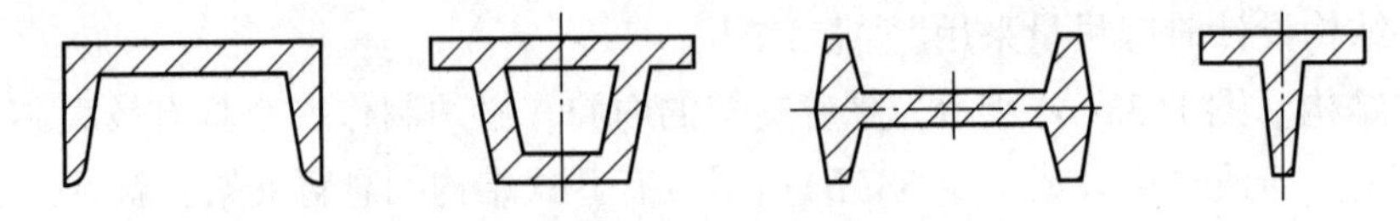

图1.41 结构斜度

设计结构斜度不仅使起模方便，而且零件也更加美观；具有结构斜度的内腔常常可以采用砂垛代替砂芯。零件上垂直于分型面的不加工表面越低，结构斜度应设计得越大。例如，凸台的结构斜度常设计成 30°~45°。

【知识拓展】

一、铸造技术的新发展

1. 定向凝固技术

定向凝固技术是使液态金属的热量沿着一定的方向排出，或通过对液态金属施行深过冷，从而使晶粒的生长(凝固)向着一定的方向进行，最终获得具有单方向晶粒组织或单晶组织铸件的一种工艺方法。定向凝固技术的最新发展是制取单晶体铸件，其突出的代表是单晶涡轮叶片，它比一般定向凝固柱状晶叶片具有更高的工作温度、抗热疲劳强度、抗蠕变强度和耐腐蚀性，定向凝固技术已广泛应用于铸造高温合金燃气轮机叶片的生产中。

2. 快速凝固技术

快速凝固技术通常是指以大于 10^5 K/s 级的冷却速度或以数米/秒级的固液界面前进速度使液相凝固成固相的工艺方法。

利用快速凝固技术可获得优异的组织和性能，可使液态金属脱开通常的结晶过程，直接形成非晶结构的固体，即所谓金属玻璃。此类非晶合金具有特殊的电学性能、磁学性能、电化学性能和力学性能，目前已得到广泛的应用，如用作变压器铁芯材料、计算机磁头及外围设备中零件的材料、钎焊材料等。

3. 消失模铸造

消失模铸造又称气化模铸造或实型铸造。其实质是采用泡沫聚苯乙烯塑料模样代替普通模样，造好型后不取出模样就浇入金属液，在灼热液体金属的热作用下，泡沫聚苯乙烯塑料模样气化、燃烧而消失，金属液取代了原来泡沫聚苯乙烯塑料模样所占据的空间位置，冷却凝固后即可获得所需要的铸件，铸型无分型面，采用无水分、无胶粘剂和附加物的干砂造型。消失模铸造尺寸精度高，增大零件设计自由度，简化生产工序，减少材料消耗，但浇铸时塑料模气化有异味，铸铁件易产生皱皮、积碳，铸钢件也会积碳。消失模铸造适用于生产批量较大的中小型铸件。

4. 连续铸造

连续铸造是一种先进的铸造方法。其原理是将熔融的金属液不断地浇入结晶器(特殊的金属型或石墨铸型)，当凝固层达到一定厚度时，连续不断地从结晶器的另一端拉出铸件，它可获得任意长度和特定长度的铸件。连续铸造在连续铸造机上进行。连续铸造已被广泛应用，如连续铸锭、连续铸管等，水管和煤气管都是由连续铸管机铸出的。

二、快速成型(RP)技术

快速成型(RP)技术是基于离散/堆积原理，由零件数字模型(CAD 模型)直接驱动，可成型任意复杂形状三维实体零件的技术总称。它是 CAD/CAM(计算机辅助设计/计算机辅助制造)技术、激光技术、数控技术、材料技术等各种新技术的综合应用。其原理是根据三维CAD模型进行分层切片(离散化)，得到各层截面的二维轮廓，按照这些二维轮廓信息对层面进行选择性加工形成一层截面轮廓，重复进行一层层加工，并顺序叠加(堆积)成三维工件。

快速成型的设备通用，不需专用的工具、模具，制造成本与批量无关，能快速、准确地成型任意复杂形状三维实体零件。在工业领域中，快速成型技术被广泛用于制造样品样机、工具、模具和产品性能的校验与分析。在金属液态成型中，制造模样、型芯及其他工装要花相当长的时间和相当高的制造费用，采用快速成型(RP)技术，能大大缩短翻造周期，降低制造成本。

采用快速成型的离散—堆积成型原理与工艺完成铸型制造的技术和方法称为RP铸型制造。RP铸型制造又可分为间接RP铸型制造和直接RP铸型制造。前者运用RP技术，所完成的仅是铸型的原型(模样)，需经进一步地翻制和转换才能获得用于浇铸的铸型(芯)，制成的原型(模样)可以是硅胶型、石膏型和陶瓷型等；后者运用RP技术直接完成可供浇铸的铸型，如砂型、树脂砂型、金属型、纸质模型等。

三、计算机在铸造中的应用

计算机的应用正从各方面推动着铸造业的发展和变革，促使新技术和新工艺的不断出现，从计算机辅助设计到计算机辅助制造，直至计算机组织和性能模拟等，计算机在铸造生产中的逐步应用，使得铸件产品质量大幅度提高，原材料、能源消耗明显减少，经济效益逐步提高。

1. CAD/CAM在零件设计、模样制造与铸型设计的应用

根据铸件的结构参数(最小壁厚、最小铸孔、铸件圆角半径、最小拔模斜度、筋肋的合理布置)运用CAD软件作出铸件图。

完成铸件图设计后，将产品图自动生成铸造工艺图及有关的工艺装备图。对于一些典型零件，如轮形类、机架类、叶片类部件，可将实际铸件图样输入专家系统，自动输出铸造工艺图及模样工艺图，专家系统是根据长期生产经验积累的典型铸造工艺数据并经优化和综合提高到一定的理论高度而形成的CAD软件。利用CAM技术，可将铸型实体造型直接借助于高效计算机数控机床制造出来。

2. 铸造成型过程的计算机数值模拟

铸造成型过程的计算机数值模拟包括凝固温度场的数值模拟和流动及充型数值模拟。通过数值模拟技术的研究，对凝固过程中可能出现的各种过程和缺陷进行预测，如温度场、缩孔、缩松和热裂等，并且可以直观地查看凝固中某些过程的进程，如温度场、充型过程、组织演化等，为铸件质量的提高及进行宏观和微观探讨、层次研究提供了新的手段。

3. 铸造过程和设备运行的计算机控制

对于铸造这样一个工序繁多、劳动条件相对恶劣、影响因素复杂的行业来说，用计算机控制生产过程可带来技术、经济、环保诸多方面的好处。

以计算机为基础的自控系统已用于铸造各道工序和设备中，如熔化控制、造型、浇铸、型砂处理、清理、质量检验、管理等工序和压铸机、定向凝固设备等，对提高生产效

率和获得稳定、优良质量的铸件具有重大的作用。

【学习评价】

学习效果考核评价表

评价类型	权重	具体指标	分值	得分		
				自评	组评	师评
职业能力	65	能根据条件选择合理的铸造方法	15			
		能选择合理的造型方法	25			
		能完成简单零件的砂型铸造过程	25			
职业素养	20	坚持出勤，遵守纪律	5			
		协作互助，解决难题	5			
		按照标准规范操作	5			
		持续改进优化	5			
劳动素养	15	按时完成，认真填写记录	5			
		工作岗位“7S”处理	5			
		小组分工合理	5			
综合评价	总分					
	教师					

【相关习题】

1. 特种铸造有哪些方法？
2. 分别简述金属型铸造、压力铸造、熔模铸造、离心铸造方法的特点及应用范围。
3. 下列铸件在大批量生产时，采用什么铸造方法为宜？

铝活塞、气缸套、大口径铸铁管、汽轮机叶片、车床床身。

课题二　锻造加工

【课题内容】

自由锻是用简单的通用工具，或在锻造设备的上、下砧间直接使坯料变形而获得所需要的几何形状和内部质量锻件的方法。根据坯料及经过自由锻后的锻件图（图 1.42），确定自由锻的变形工序，其中 $d_0=2d_1=4d_2$，d_0 为坯料的直径。

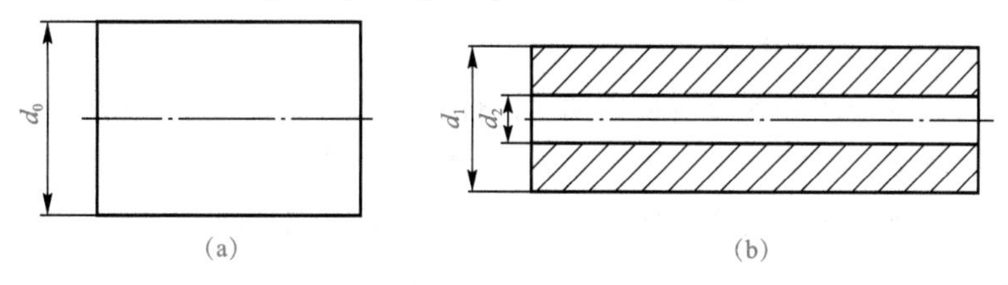

图 1.42　坯料及经过自由锻后的锻件图

(a)坯料；(b)锻件

【课题实施】

序号	项目	详细内容
1	实施地点	锻造实训室
2	使用工具	锻造用相关工具
3	准备材料	坯料、课程记录单、活页教材或指导书
4	执行计划	分组进行

【相关知识】

锻压概述及锻压过程

一、锻造概述

1. 概念

锻造是指在外力作用下，使坯料或铸锭产生局部或全部塑性变形，以获得一定几何尺寸、形状的锻件的加工方法。锻造的本质是利用固态金属的塑性变形能力实现成型加工。

2. 特点

锻造成型与其他成型方法相比主要具有以下特点。

(1)锻件的组织性能好。坯料通过锻造可消除疏松组织，提高金属致密度，能使晶粒细化，并能形成合理的锻造流线，提高力学性能。因此，大多数受力复杂、承载大的重要零件，如齿轮、曲轴等常采用锻件毛坯。

(2)节省材料，生产率高。特别是模锻件，形状与尺寸接近零件，实现少、无切削。

(3)成型困难，对材料的适应性差。锻造是在固态下成型，与铸造相比，金属的流动受到限制。形状复杂的工件难以锻造成型，塑性差的金属材料难以进行锻造。

3. 应用

锻造加工在机械制造、汽车、仪表、冶金工程及国防等工业生产过程中占举足轻重的地位，获得广泛应用。锻造生产能力及其工艺水平是一个国家工业、农业、国防和科技发展水平的重要指标。通常对于受力较大、工作环境差的重要机械零件，大多采用锻造的方法来制造。

4. 金属的锻造性能

金属的锻造性能又称为可锻性，是指金属材料在受压力加工时，获得优质零件的难易程度。金属的可锻性是衡量材料压力加工难易程度的工艺性能。可锻性的好坏，一般常用金属的塑性和变形抗力两个指标来度量。金属的可锻性取决于金属自身的化学成分及组织结构和变形条件。

(1)化学成分与组织结构。

1)化学成分。纯金属一般具有良好的可锻性。加入合金元素后，可锻性变差。合金元素的种类、含量越多，特别是加入W、Mo、V和Ti等提高高温强度的元素，则可锻性显著下降。因此，低碳钢的可锻性比高碳钢好，低合金钢的可锻性比高合金钢好，但比相同碳含量的碳素钢要差。

2)组织结构。纯金属及其固溶体(如奥氏体)组织可锻性好；而化合物(如渗碳体)组织可锻性差。金属在单相状态下的可锻性比多相状态下的可锻性好，铸态组织和粗晶粒的可锻性不如经过压力加工后的均匀细晶粒组织的可锻性好。

(2)变形条件。变形条件是指变形时的温度、速度、应力状态和坯料表面状况等。

1)变形温度。在一定的变形温度范围内，随着温度的升高，金属内原子动能升高，滑移变形阻力减小，金属的可锻性升高。热变形抗力通常只有冷变形的 1/10 左右，故生产中得到广泛应用。

2)变形速度。变形速度是指在单位时间内的变形程度。在金属变形过程中，随着变形速度的提高，回复和再结晶来不及完全消除加工硬化现象，使金属的塑性下降，变形抗力增大，可锻性变坏。若变形速度超过了临界值，则金属塑性变形所产生的热效应会明显地提高金属的变形温度，可锻性反而得到改善。在一般压力加工方法中，由于变形速度较低，热效应不显著。对于可锻性较差的金属，如高合金钢，更适合采用较低的变形速度加工。

3)应力状态。金属在经受不同方法变形时，所产生的应力大小和性质(压应力或拉应力)是不同的。例如，挤压变形时为三向受压状态，而拉拔时为两向受压、一向受拉状态。

实践证明，三个方向中压应力的数目越多，则金属的塑性越好；拉应力的数目越多，则金属的塑性越差。

4)坯料表面状况。坯料表面粗糙或存在刻痕、微裂纹和粗大夹杂物等，都会因应力集中而容易开裂。因此，压力加工前应对坯料表面进行清理，消除表面缺陷。

5. 纤维组织和锻造比

(1)纤维组织。通常，压力加工所用金属坯料是铸锭。铸锭在借助塑性变形进行压力加工时，基体金属的晶粒形状和沿晶界分布的杂质形状都产生了变形。沿着变形方向被拉长呈纤维状，这种结构称为纤维组织。

纤维组织的存在使金属材料的力学性能出现了各向异性。纤维组织的明显程度与金属的变形程度有关，纤维组织越明显，金属在纵向即平行于纤维方向上的塑性和韧性越高；而横向即垂直于纤维方向上的塑性和韧性降低。纤维组织的稳定性很高，不能用热处理方法予以消除。只有经过压力加工才能改变其方向和形状。

在设计和制造零件时，必须注意避开纤维组织的不利影响，一般应遵守下列两点：

1)使纤维方向与零件的轮廓相符合而不被切断；

2)使零件所受的最大拉应力与纤维方向一致，最大切应力与纤维方向垂直。

(2)锻造比。锻造比(Y)是表示锻造过程中金属材料变形程度大小的参数。

1)拔长加工时，锻造比为

$$Y_{拔}=S_0/S$$

式中　S_0——坯料变形前的横截面面积(mm^2)；

S——坯料变形后的横截面面积(mm^2)。

2)镦粗加工时，锻造比为

$$Y_{镦}=H_0/H$$

式中　H_0——坯料变形前的高度(mm)；

H——坯料变形后的高度(mm)。

不同材料的塑性及变形抗力不同，故锻造性能不同。增大锻造比可使锻件组织细化、均匀、致密、力学性能提高，但过大的锻造比会造成明显的各向异性。

二、锻件的生产过程

各种锻造的工艺过程都包括备料、加热、锻造成型、冷却和锻后处理等工艺环节。

1. 备料

锻造大、中型锻件时多使用钢锭；锻造小型锻件时则使用钢坯。用于锻造的金属材料必须具有良好的塑性，以便锻造时容易产生塑性变形而不破坏。低碳钢、中碳钢、合金钢及铜、铝等非铁合金均具有较好的塑性，是生产中常用的锻造材料。受力大的或要求有特殊物理、化学性能的重要零件需用合金钢。铸铁塑性很差，属于脆性材料，不能锻造。

2. 加热

(1)加热目的。加热可以提高金属的塑性，降低金属变形抗力，使之易于成型，并获得良好的锻后组织和力学性能。

(2)加热规范。锻件加热规范是指锻件在加热过程中各阶段的炉温和时间的关系。加热规范具体包括以下内容：

1)始锻温度。开始锻造时金属表面的温度叫作始锻温度。其主要受过烧温度的限制而不能太高，一般应低于金属熔点 150 ℃~250 ℃。

2)终锻温度。停止锻造时金属表面的温度叫作终锻温度。终锻温度过低会使塑性降低、变形抗力增大，并可能导致出现裂纹，终锻温度过高会使金相组织粗大。

3)锻造温度范围。始锻温度和终锻温度之间的温度区间叫作锻造温度范围。在此温度范围内，金属有良好的可锻性(足够的塑性)、低的变形抗力和合适的金相组织。为了减少加热次数，一般力求扩大锻造温度范围。各种钢的锻造温度范围参见表 1.3。

表 1.3　各种钢的锻造温度范围　℃

钢种	始锻温度	终端温度	锻造温度范围差	钢种	始锻温度	终端温度	锻造温度范围差
普通碳素钢	1 280	700	580	高速工具钢	1 100~1 150	900	200~250
优质碳素钢	1 200	800	400	耐热钢	1 100~1 150	850	250~300
碳素工具钢	1 100	770	330	弹簧钢	1 100~1 150	800~850	300
合金结构钢	1 150~1 200	800~850	350	轴承钢	1 080	800	280
合金工具钢	1 050~1 150	800~850	250~300	高温合金	1 120~1 180	950~1 050	110~230

4)加热速度。加热速度是指金属被加热时的表面升温速度，常用℃/min 或℃/h 表示。

(3)加热设备。在锻造生产中，根据热源的不同，可分为火焰加热和电加热。常用的加热设备有反射炉和箱式电阻加热炉。

3. 锻炼成型

金属加热后，就可锻造成型。按照锻造时所用的设备、工具、模具及成型方式的不同，锻造可分为自由锻和模锻。

4. 冷却

锻件冷却时，表面降温快，内部降温慢，表里收缩不同，会产生温度应力；若金属有同素异构转变，则冷却时有相变发生。相变前后组织的比热容会发生变化，而锻件表面相变时间不同，会产生组织应力。在这两种应力及锻件在锻压成型过程保留下来的残余应力的叠加作用下，如果超过材料的屈服强度，便会导致锻件产生变形，如果超过材料的抗拉强度，便会导致锻件产生裂纹。为保证锻件质量，应采用正确的锻后冷却方法进行冷却。

锻件的冷却方法如下：

(1)风冷：将锻件放在通风处，用风机吹风冷却，冷却速度最快。

(2)空冷：将锻件放在地面上，自然冷却，冷却速度快。

(3)坑冷：将锻件放在地坑或铁箱中冷却，冷却速度较慢。

(4)灰砂冷：将锻件用有一定厚度(大于 80 mm)的干燥的砂或灰埋起来冷却，所用的砂或灰最好事先也要加热到一定温度(500 ℃～700 ℃)。缓慢冷却到 100 ℃～150 ℃后再出灰空冷，冷却速度慢。

(5)炉冷：将锻件装入炉温为 600 ℃左右的加热炉，随炉缓慢冷却到 100 ℃后再出炉空冷，冷却速度最慢。进行退火，以消除白点，也称扩氢处理。

常用钢锻件的冷却规范见表 1.4。

表 1.4　常用钢锻件的冷却规范

钢种	钢号举例	锻件截面尺寸/mm	
		<100	100～300
碳素结构钢	Q235、Q275	空冷	空冷
优质碳素结构钢	10、25、35、45、50		
低碳低合金钢	16Mn、20Cr、20MnV、35Cr		
中碳低合金钢	45Mn、40CrSi、55Cr		
弹簧钢	60Si2Mn、65Mn、55Si2Mn	空冷	坑冷
轴承钢	GCr6、GCr15	坑冷	灰砂冷
特种合金结构钢	34CrNi3Mo/22CrMnMo	灰砂冷	炉冷或退火
碳素工具钢	T7、T8、T10	空冷	坑冷
低合金工具钢	CrWMn、Cr5Mo、5CrMnMo	坑冷	灰砂冷
高合金工具钢	Cr12Mo、Cr12MoV、3Cr2W8V	灰砂冷	炉冷
高速工具钢	W18Cr4V、W9Cr4V	灰砂冷	炉冷
铁素体不锈钢	Cr17、Cr25	空冷	坑冷
马氏体不锈钢	2Cr13、3Cr13、4Cr13、9Cr18	灰砂冷	炉冷
奥氏体不锈钢	1Cr18Ni9Ti、2Cr18Ni9	风冷或空冷	空冷或风冷

5. 锻后处理

锻造是机械零件在生产中的第一道工序，为了给后续的机加工、热处理等工序做好准备，应消除锻件内的应力，并使其具有合适的硬度和稳定、细小的组织。

锻件热处理的目的是调整锻件硬度，以利于对锻件进行切削加工；消除锻件内应力，以免在后续加工时变形；改善锻件内部组织，细化晶粒，为最终热处理做好组织准备；对于不再进行最终热处理的锻件，应保证达到所要求的组织和力学性能。

结构钢锻件采用退火或正火处理，工具钢锻件采用正火+球化退火处理，对于不再进行最终热处理的中碳钢或合金结构钢锻件可进行调质处理。

三、锻压工艺

自由锻

1. 自由锻

自由锻是用简单的通用工具，或在锻造设备的上、下砧间直接使坯料变形而获得所需要的几何形状和内部质量锻件的方法。自由锻可分为手工锻和机器锻。机器锻是自由锻的基本方法。

(1) 自由锻的特点。

1) 自由锻件的形状和尺寸主要由工人的操作技术控制，通过局部锻打逐步成型。

2) 自由锻适应性强，灵活性大，成本低。

3) 锻件尺寸精度低，加工余量大，生产率低，劳动强度大。要求操作者的技术水平较高，适用于单件、小批量和大型锻件的生产。

(2) 自由锻的设备。自由锻的设备按对金属的作用力性质可分为自由锻锤(冲击力作用)和压力机(静压力作用)两类。其中，自由锻锤有空气锤和蒸汽-空气锤；压力机有水压机和油压机等。

1) 空气锤。空气锤是一种利用电动机直接驱动的锻造设备。其结构外形及工作原理如图 1.43 所示。在空气锤上既可自由锻，也可胎模锻。

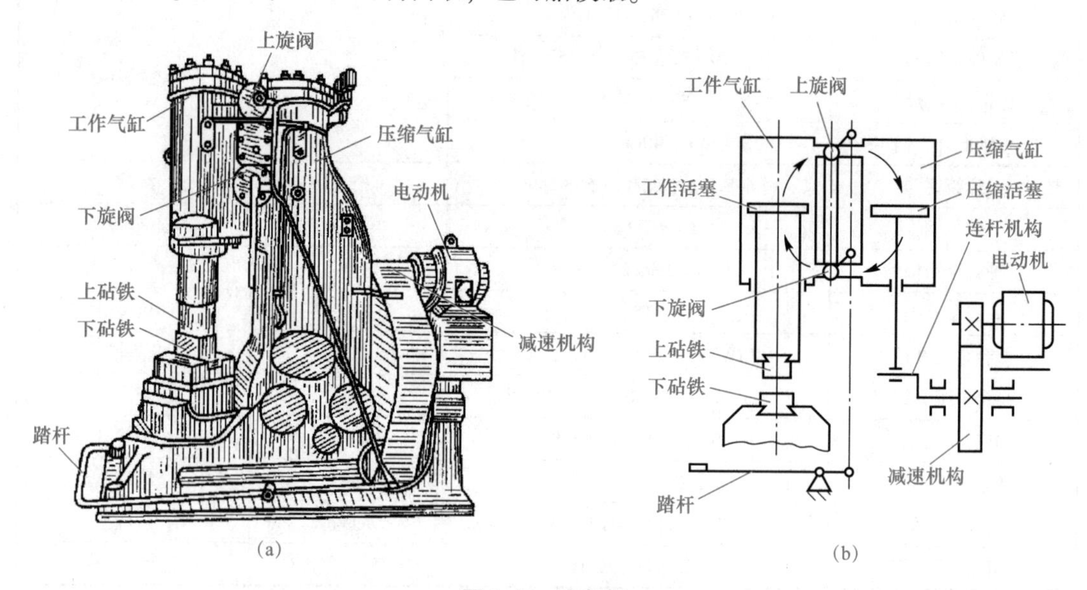

图 1.43　空气锤

(a)外形；(b)工作原理示意

空气锤由电动机带动压缩活塞上下往复运动。压缩气缸里的空气被压缩后，通过上、下旋阀交替进入工件气缸的上部和下部，使工作活塞连同锤杆和上砧铁一起上下运动，对放在下砧铁上的金属坯料进行打击，操纵上、下旋阀，可使上砧铁实现上悬、单击或连续打击等动作。

空气锤的吨位以落下部分的质量来表示，常见的规格有 65 kg、75 kg、250 kg、750 kg 等，广泛地应用于小型锻件的锻造。空气锤具有结构简单、工作行程短、打击速度快、价格低等优点。

2) 蒸汽-空气锤。蒸汽-空气锤是以压力为 0.7~0.9 MPa 的蒸汽或压缩空气为动力来源，可锻造各种不同的锻件，应用广泛。

3) 水压机。水压机以静压力作用在坯料上，具有工作时振动小、坯料变形大、变形速度慢、有利于坯料锻透和金属的再结晶等优点；但其设备庞大，价格高。

水压机主要适用于大型锻件和高合金钢的锻造，其吨位以其产生的最大静压力来表示，一般为 5~125 MN，可锻钢锭的质量为 1~300 t。

(3) 自由锻的基本工序。自由锻工序可分为基本工序、辅助工序和精整工序。基本工序包括镦粗、拔长、切割、冲孔和弯曲等；辅助工序包括倒棱、压肩等；精整工序包括校直弯曲、平整端面和修整鼓形等。

1) 镦粗。镦粗是使毛坯高度减小、横截面面积增大的锻造工序，主要用于圆盘类零件。镦粗时，坯料的两个断面与上、下砧铁间产生的摩擦力具有阻止金属流动的作用，故圆柱形坯料镦粗后呈鼓形。坯料高度 H_0 与直径 D_0 的比值小于 2.5($H_0/D_0 < 2.5$)，否则，不仅难以锻造，而且容易镦弯或出现双鼓形。

将坯料的某一部分镦粗称为局部镦粗。图 1.44 所示为使用辅助工具的局部镦粗。

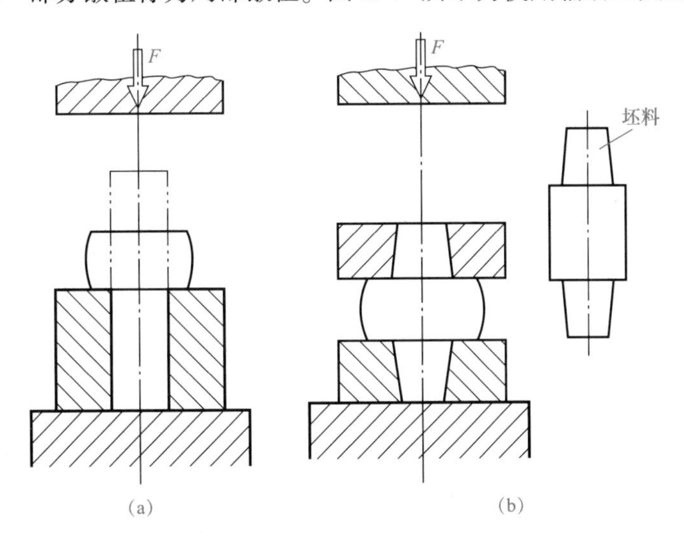

图 1.44 局部镦粗

(a) 一端镦粗；(b) 中部镦粗

2) 拔长。拔长是使毛坯横截面面积减小、长度增加的锻造工序，如图 1.45 所示。其主要用于杆轴类零件。当拔长量不大时，通常采用平砧拔长；当拔长量较大时，常用赶铁拔长；对于空心轴套类工件，必须使用芯棒拔长。

拔长时每次送进量 $L=(0.4\sim0.8)B$，B 为砧宽。送进量太大变形不均匀，太小又容易产生折叠。

3) 切割。切割是将坯料分成两部分的锻造工序，如图 1.46 所示。其常用于切除锻件料头、分段等。对于厚度不大的工件，常采用剁刀进行单面切割；对于厚度较大的工件，需双面切割；用于拔长的辅助工序，需先切口再拔长。

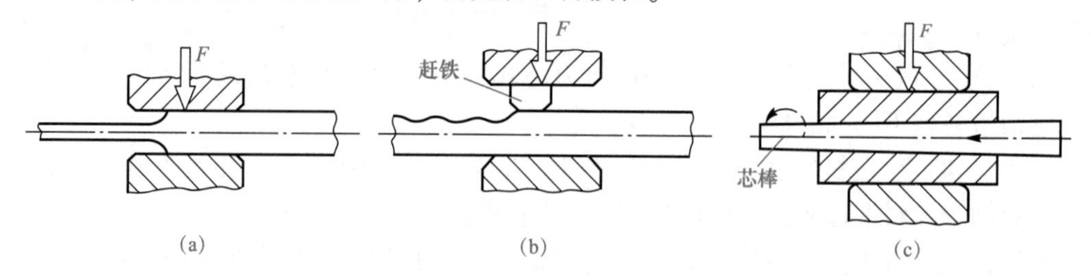

图 1.45　拔长

(a)平砧拔长；(b)赶铁拔长；(c)芯棒拔长

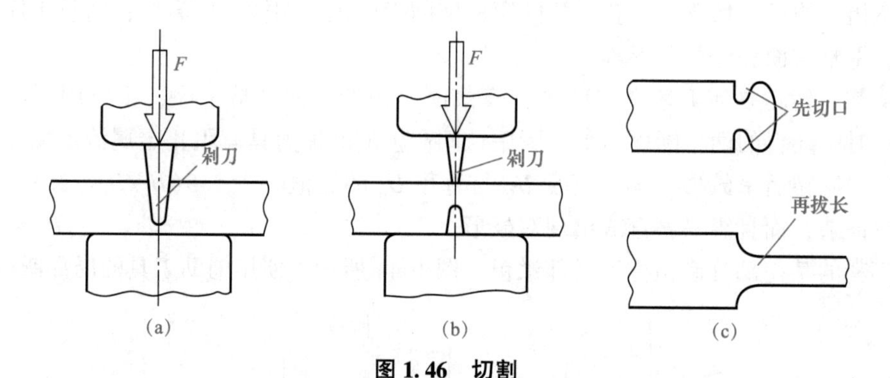

图 1.46　切割

(a)单面切割；(b)双面切割；(c)局部切割后拔长

4)冲孔。冲孔是在坯料上冲出透孔或不透孔的锻造工序，如图 1.47 所示。其常用于锻造环套类零件的毛坯。对于薄的坯料，常采用实心冲头冲孔；厚的坯料常采用双面冲头冲孔；当孔径大于 400 mm 时，常采用空心冲头冲孔。

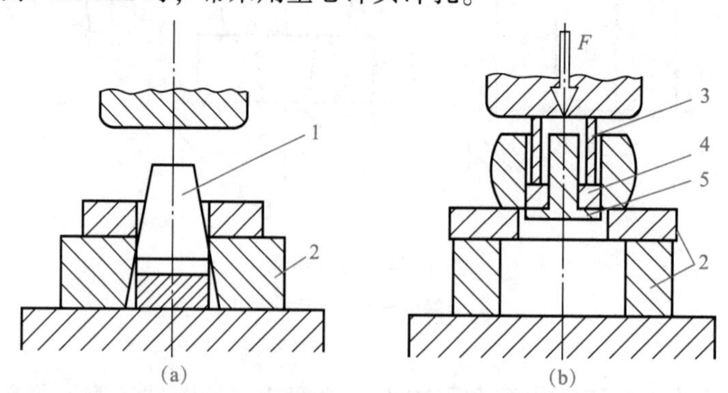

图 1.47　冲孔

(a)实心冲头冲孔；(b)空心冲头冲孔

1—冲头；2—漏盘；3—上垫；4—空心冲头；5—芯料

5)弯曲。弯曲是采用一定的工具、模具将坯料弯成所需要外形的锻造工序，如图 1.48 所示。其主要用于锻造吊钩、弯板、角尺等毛坯。

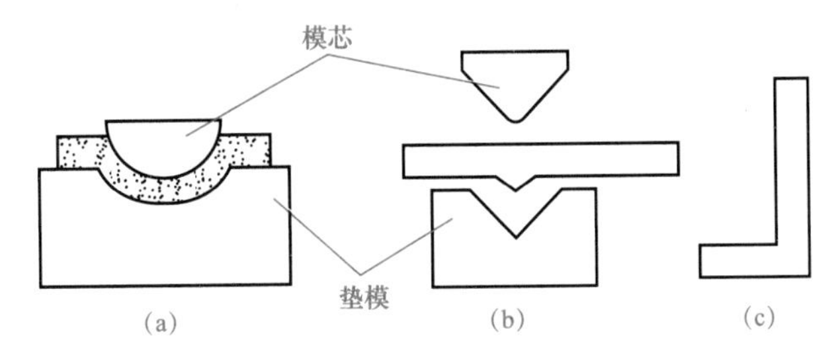

图 1.48　弯曲

(a)板料弯曲；(b)角尺弯曲；(c)成型角尺

(4)自由锻件结构工艺性。自由锻主要生产形状简单的毛坯，这是设计自由锻件结构时首先要考虑的因素。同时，还要在保证零件使用性能的前提下，考虑锻打方便，节约金属，保证锻件质量，提高生产效率。

1)避免锥体和斜面。锻造具有锥体或斜面结构的锻件，需要制造专用工具，锻件成型也比较困难，从而使工艺过程复杂，不便于操作，影响设备使用效率，应尽量用圆柱体代替锥体，用平行平面代替斜面，如图 1.49 所示。

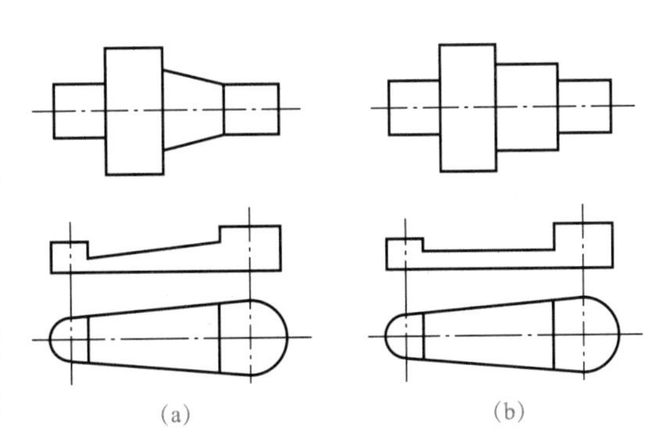

图 1.49　避免倾斜结构

(a)不合理；(b)合理

2)避免复杂相贯线。避免几何体的交接处形成复杂曲线，图 1.50(a)所示的圆柱面与圆柱面相交，锻件成型十分困难。改成图 1.50(b)所示的平面与圆柱、平面与平面相交，交线为直线和圆，有利于锻造成型。

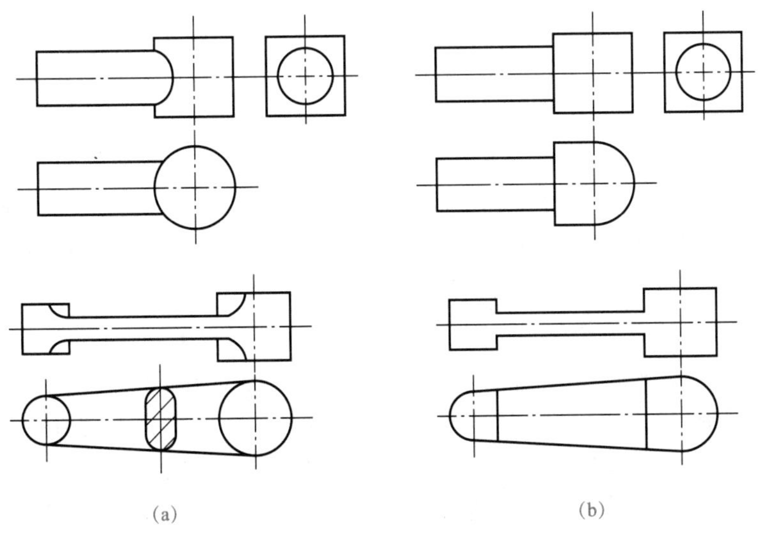

图 1.50　避免曲面交接

(a)不合理；(b)合理

3)避免凸台和肋筋。凸台、肋筋、椭圆形或其他非规则截面及外形的结构，如图1.51(a)所示，难以用自由锻方法获得，若采用特殊工具或特殊工艺来生产，会降低生产率，增加产品成本。改进后的结构如图1.51(b)所示。

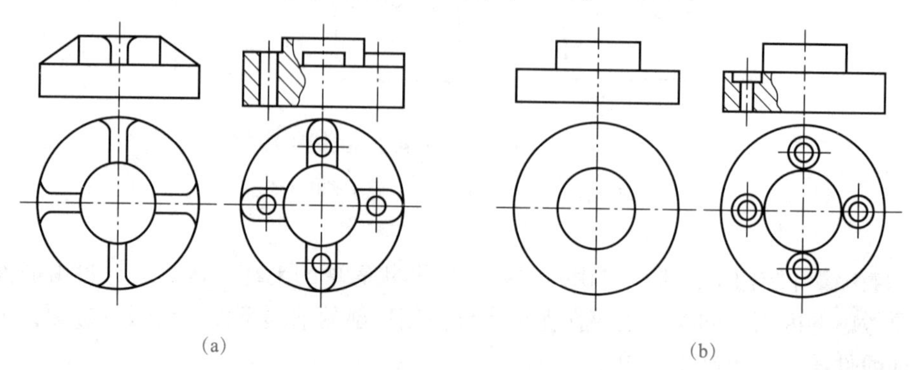

图1.51　避免凸台和肋筋

(a)不合理；(b)合理

模锻

2. 模锻

模锻是利用模具使坯料变形而获得锻件的锻造方法。

(1)模锻的特点。模锻与自由锻相比具有以下特点：

1)锻件尺寸精度高，表面粗糙度小，节省金属材料和机械加工工时。

2)生产率高，易于实现机械化，可成批大量生产。

3)坯料在镗模内整体锻打成型，需要变形力较大，只适用于生产中、小型锻件。

4)设备吨位较大，模具的成本高。

(2)模锻的分类。根据所使用的设备不同，模锻可分为锤上模锻、胎模锻及精密锻造、辊锻等。

1)锤上模锻。锤上模锻是常用的模锻方法，设备常采用蒸汽-空气锤。它是将带有燕尾的上模和下模分别紧固在锤头与砧座上，金属坯料在模膛内被迫流动成型。锤上模锻有多种方式，按模间间隙方向与模具运动方向不同，可分为开式模锻和闭式模锻。

①开式模锻。开式模锻是指两模间隙的方向与模具运动的方向垂直，在模锻过程中间隙不断减小的模锻方式，如图1.52所示。将加热好的坯料放入固定模膛，然后落下活动模，使两模间隙不断减小。变形开始时部分金属流入模膛与飞边槽之间狭窄通道(过桥)。由于过桥处金属冷却较快，过桥处的阻力逐渐增大，进而保证金属充满型腔。变形结束后，多余金属仍会因变形力加大而挤出模腔流入飞边槽成为飞边。因此，开式模锻时，坯料质量应略大于锻件质量。锻件成型后，用专用模具切除飞边。

②闭式模锻。闭式模锻是指两模间隙的方向与模具运动方向平行，在模锻过程中间隙大小不发生变化的模锻方式。由于闭式模锻不设置飞边槽，也称为无飞边模锻。在坯料的变形过程中，模膛始终处于封闭状态，固定模与活动模之间的间隙不变，而且很小，不会形成飞边。因此，闭式模锻必须严格遵守锻件与坯料体积相等原则。若坯料不足，模腔的边角处未被充满；若坯料有余，则锻件高度将大于规定尺寸。

图1.53所示为弯曲连杆锻造模膛和变形工序。

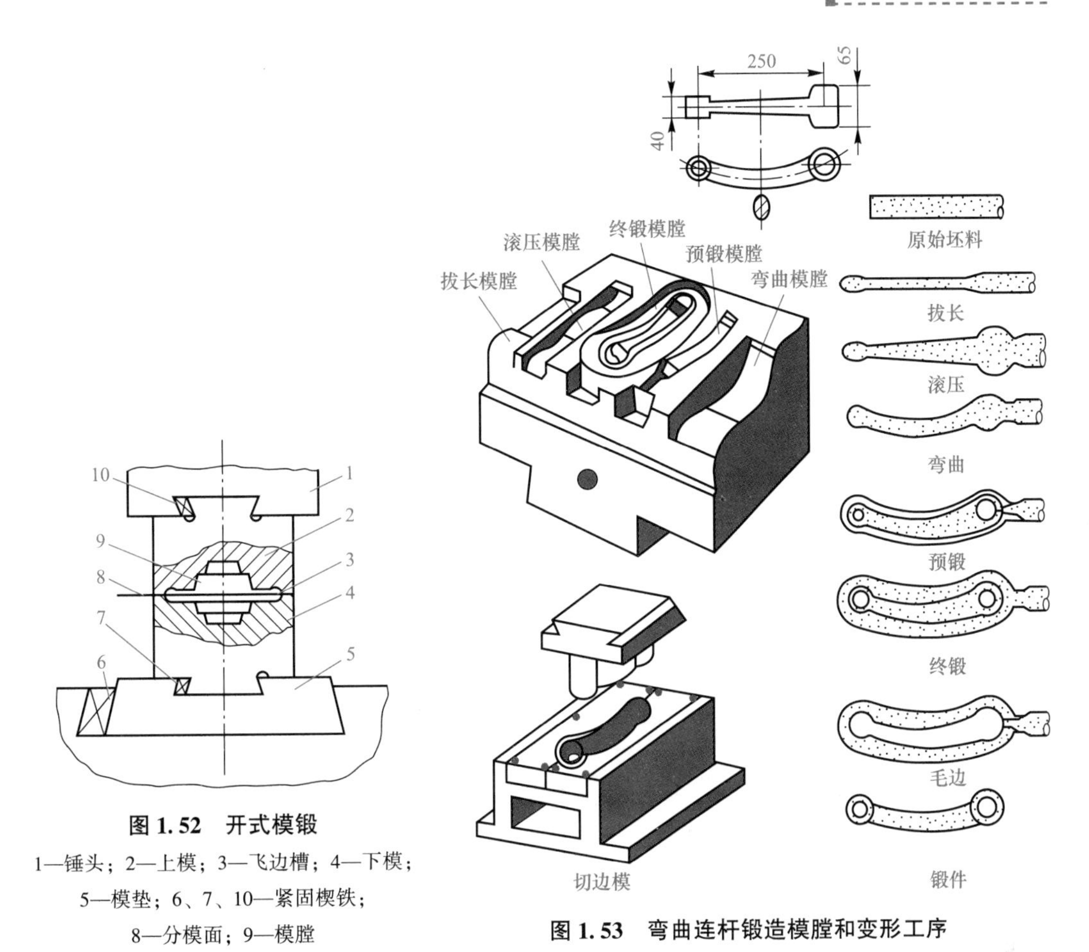

图 1.52　开式模锻

1—锤头；2—上模；3—飞边槽；4—下模；5—模垫；6、7、10—紧固楔铁；8—分模面；9—模膛

图 1.53　弯曲连杆锻造模膛和变形工序

闭式模锻的最大优点是没有飞边槽，减小了金属的损耗，金属坯料所处的应力状态有利于塑性变形。但闭式模锻对锻件坯料体积计算要求精确，锻模寿命短，设备吨位要求高。因此，闭式模锻的应用不如开式模锻广泛，主要用于模锻低塑性合金材料。

2) 胎模锻。胎模锻是指在自由锻设备上使用可移动模具生产模锻件的锻造方法。通常先采用自由锻方法对坯料预锻，再将预锻坯放入胎模，锤击胎模使锻件成型，如图 1.54 所示。

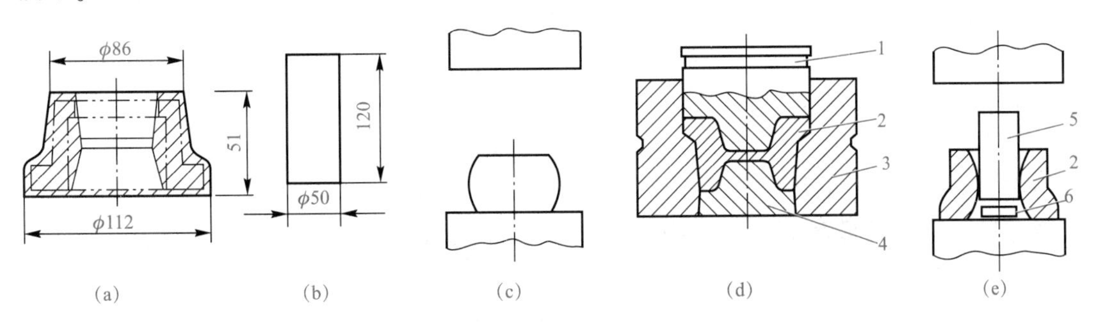

图 1.54　法兰盘胎模锻工艺过程

(a) 锻件；(b) 下料、加热；(c) 镦粗；(d) 终极成型；(e) 冲掉连皮

1—冲头；2—锻件；3—模筒；4—模垫；5—冲子；6—连皮

胎模锻有扣模和套模之分。图 1.55(a)所示为由上扣和下扣组成的扣模，主要用于锻造非回转体零件。图 1.55(b)是只有下扣的扣模，其上扣由上砧代替。使用扣模锻造，锻件成型后转 90°，用上砧平整锻件侧面。因此，扣模用于锻造杆状非回转体锻件的全部或局部扣形。

套模由套筒及上模垫、下模垫组成。图 1.55(c)所示的套模主要用于锻造端面有凸台或凹坑的回转体锻件。图 1.55(d)所示的套模无上模垫，由上砧代替。锻造成型后，锻件上端面为平面，并且形成横向毛边。

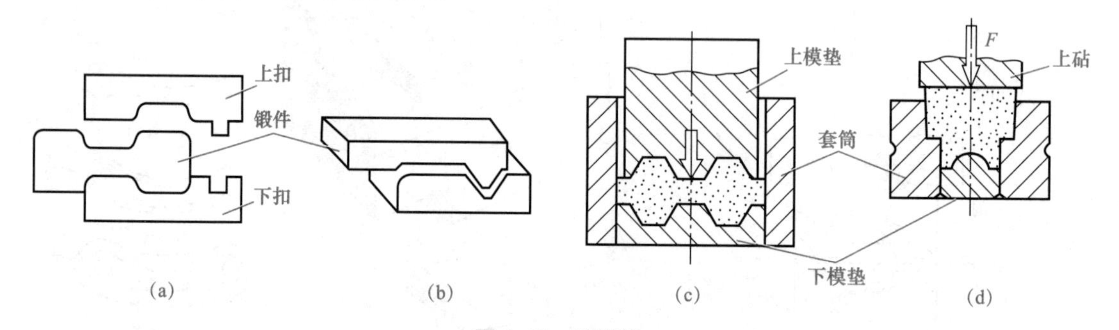

图 1.55　胎模锻

(a)扣模；(b)无上扣扣模；(c)套模；(d)无上模垫套模

胎模锻与自由锻相比，生产率较高，锻件精度较高；与模锻相比，工艺灵活，不需要较大吨位设备。但工人的劳动强度大，模具寿命低，适用于没有模锻设备的中小型工厂，生产批量不大的模锻件。

3)其他锻造方法。

①精密锻造。精密锻造是指在一般模锻设备上锻造高精密度锻件的方法。其主要特点是使用两套不同精度的锻模。锻造时，先采用粗锻模锻造，锻件留有 0.1～1.2 mm 的精锻余量，然后切下飞边并酸洗，重新加热到 700 ℃～900 ℃，再用精锻模锻造。

②辊锻。辊锻是指用一对相向旋转的扇形模具使坯料产生塑性变形，从而获得所需锻件的锻造工艺，如图 1.56 所示。辊锻实质是把轧制工艺应用于锻造的一种方法。辊锻时，坯料被扇形模具挤压成型，常作为模锻前的制坯工序，也可直接制造锻件。

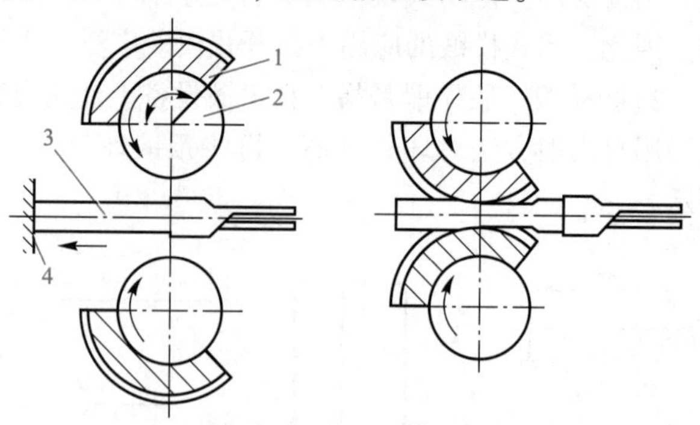

图 1.56　辊锻成型

1—扇形模块；2—轧辊；3—坯料；4—挡板

③挤压成型。挤压是指坯料在三向不均匀压应力作用下从模具的孔口或缝隙挤出，使其横截面面积减小、长度增加的成型方法，如图 1.57 所示。挤压成型生产率高，锻造流线分布合理，但变形抗力大，多用于有色金属的加工。

(3)模锻件结构工艺性。与自由锻件相比，模锻件成型条件好。因此，模锻件的形状可以比自由锻件复杂，允许有曲线交接、合理的凸台及 I 形截面等轮廓形状。设计模锻件时，应根据模锻特点和工艺要求，使其结构符合下列原则，以便于模锻件生产并降低成本。

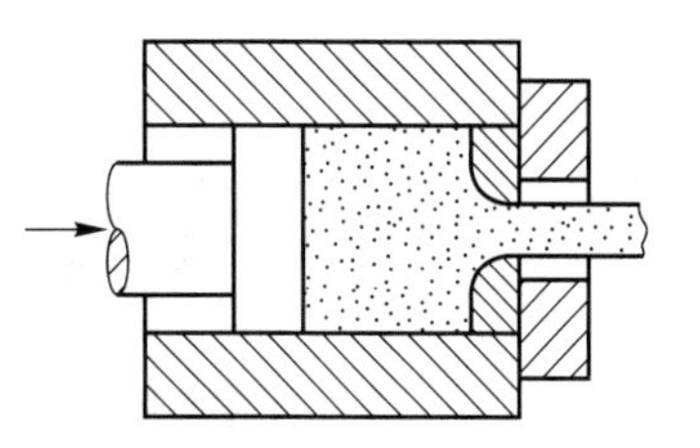
图 1.57　挤压成型

1）要求合理的分模面，是为保证模锻件易于从锻模中取出，余块（敷料）最少，锻模容易制造。

2）有与其他零件配合的表面才留有加工余量；非配合面一般不需要加工，不留加工余量。锻件非加工表面与模膛侧壁接触部分需要设计出模锻斜度，两个非加工表面所形成的角应按圆角设计。

3）外形简单对称。为使金属容易充满模膛并减少锻造工序，模锻件的外形仍需力求简单平直、对称，避免模锻件截面间差别过大，或具有薄壁、高肋、凸起等不良结构。一般来说，零件的最小截面面积与最大截面面积之比不要小于 0.5，而图 1.58（a）所示的零件的凸缘太薄、太高，中间下凹太深，金属不易充型。图 1.58（b）所示的零件过于扁薄，薄壁部分金属模锻时冷却快，不易充满模膛，对锻模也不利。图 1.58（c）所示的零件有一个高而薄的凸缘，使锻模的制造和锻件的取出都很困难，改成图 1.58（d）所示的形状则较易锻造成型。

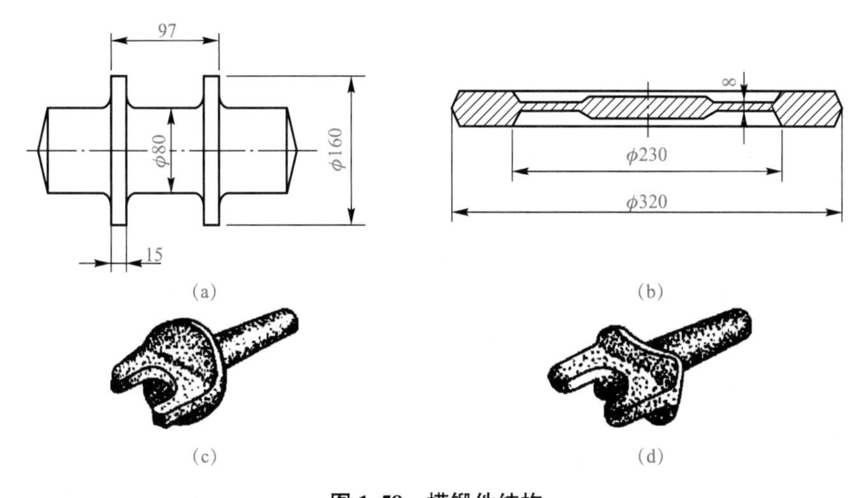

图 1.58　模锻件结构

（a）~（c）不适合模锻的结构；（d）适合模锻的结构

4）避免深孔与多孔。为提高模具寿命、模锻件的质量，在零件结构允许的条件下，应尽量避免有深孔或多孔结构。孔径小于 30 mm 或孔深大于直径两倍的孔，锻造困难。如图 1.59 所示，零件上 4 个 $\phi40$ mm 的孔，选择锻造成型是不恰当的。

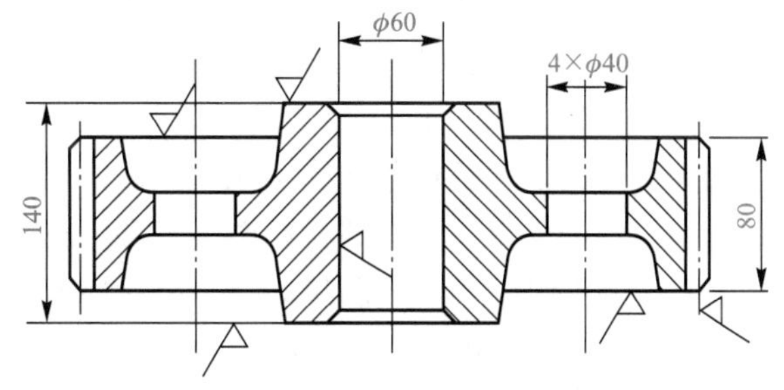

图 1.59　多孔齿轮模锻件

5）化繁为简再组合。对复杂锻件，在可能条件下，应采用锻造—焊接或锻造—机械连接组合工艺，以减少余块(敷料)，简化模锻工艺，如图 1.60 所示。

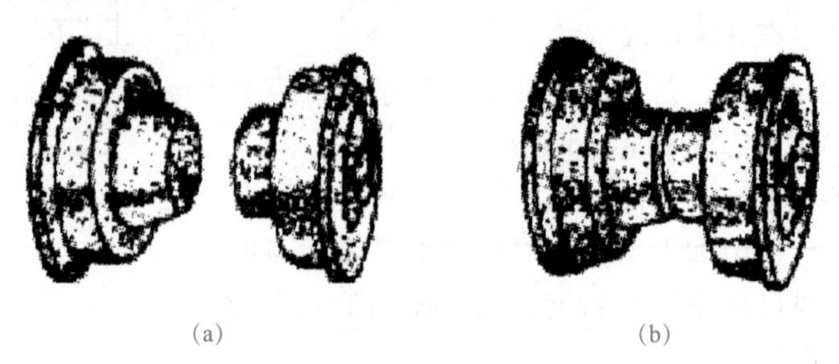

(a)　　　　　　　　　　(b)

图 1.60　锻造—焊接结构模锻件

(a)模锻件；(b)焊合件

3. 冲压

板料冲压是使板料经分离或成型而得到制件的工艺。冲压一般在室温下进行，又称冷冲压。冲压的坯料是塑性较好的轧制板料、成卷的条料及带料，厚度一般不超过 10 mm。板料冲压时，仅使坯料上某些局部产生塑性变形。

冲压成型的生产率高，冲压件精度较高，表面质量好，可以加工各种平板类和空心类零件。占全世界钢产量 60%以上的板材、管材及其他型材，经过冲压制成成品。小零件的质量可以不足 1 g，尺寸不到 1 mm，如手表指针；大零件的质量可以达数万克，尺寸达数米，如汽车的厢板、外壳等。冲压广泛用于汽车、航空航天、仪表、电器等各类机械产品的制造。

(1)冲压的特点。冲压具有下列特点：

1)冲压生产操作简单，易于实现机械化和自动化，生产率高，成本低。

2)制件尺寸精度高、互换性好，一般不需切削，可直接作为零件使用。

3)可加工形状复杂的制件，且材料利用率高。

4)制件具有结构轻巧、强度高、刚性好的优点。

5)冲模结构复杂，精度要求高，制造费用高，只有在大批量生产时，冲压工艺的优越性才得以彰显。

6)用作冲压的原材料必须具有良好的塑性，如低碳钢、不锈钢、高塑性合金钢、铜或铝及其合金。

(2)板料冲压的基本工序。

1)冲裁工序。冲裁是利用冲模将板料以封闭的轮廓与坯料分离的一种冲压方法。落料与冲孔都属于冲裁工序。落料是利用冲裁取得一定外形制件的冲压方法，落下部分是成品，剩余部分是废料；冲孔是按规定的封闭轮廓将坯料分离，得到带孔制件的冲压方法，落下部分是废料，如图 1.61 所示。

①冲裁过程。冲裁过程如图 1.62 所示。凸模和凹模刃口间有一定的间隙。当凸模压下后，凸模、凹模刃口附近的材料产生变形。凸模继续下压时，在凸模、凹模刃口的作用下板料将产生裂纹。裂纹不断扩展，当板料的上、下裂纹汇合时，冲裁件与坯料分离，完成冲裁过程。冲裁件的断口由光亮带和剪裂带组成。无论是冲孔件还是落料件均以光亮带的尺寸为实际尺寸，如图 1.63 所示。

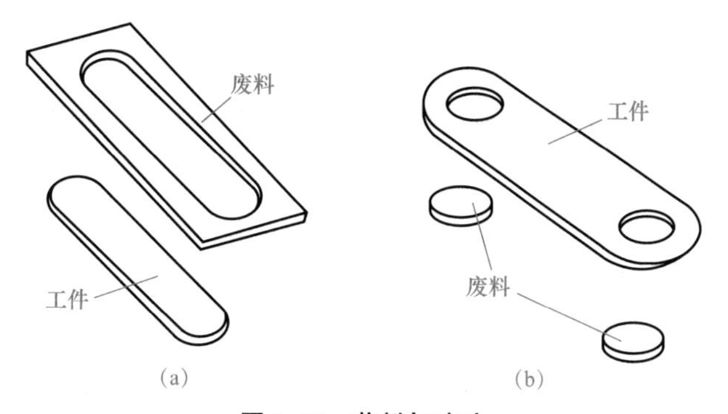

图 1.61　落料与冲孔

(a)落料；(b)冲孔

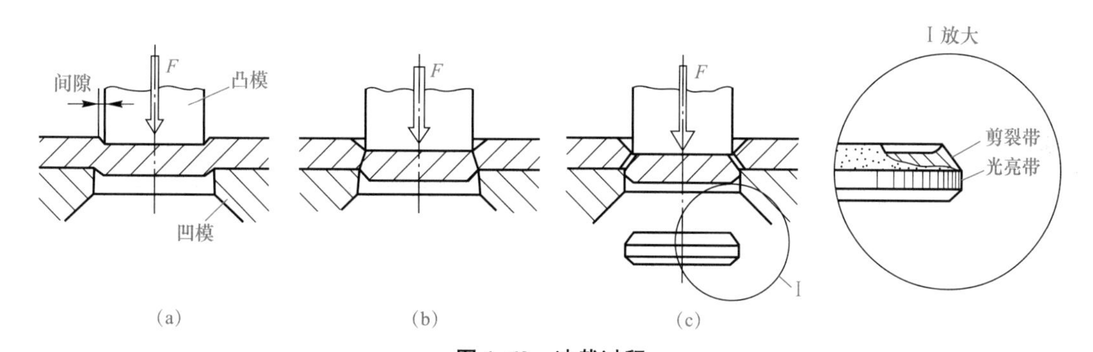

图 1.62　冲裁过程

(a)变形；(b)产生裂纹；(c)断裂

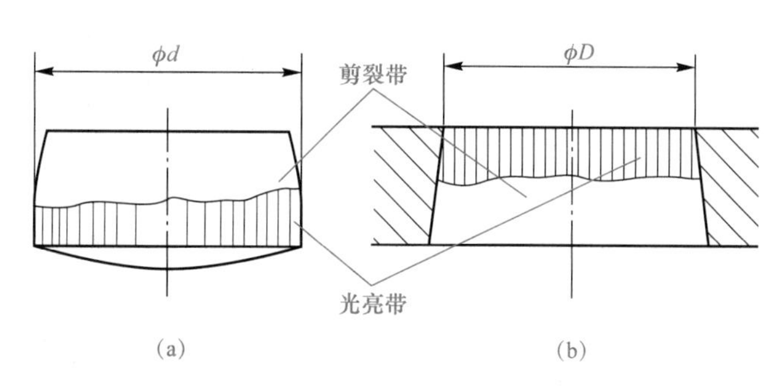

图 1.63　冲裁件的尺寸标注

(a)落料件；(b)冲孔件

冲孔过程实质是裂纹形成和扩展的过程。光亮带是在变形开始阶段由刃口切入并挤压成型，表面光洁；剪裂带则是在变形后期由裂纹扩展形成，表面较粗糙。

设计落料模时，应使凹模尺寸等于落料件尺寸，凸模尺寸等于落料件的尺寸减去 2 倍间隙值；设计冲孔模时，应使凸模尺寸等于孔的尺寸，凹模尺寸等于孔的尺寸加上 2 倍间隙值。

②冲裁间隙对冲裁件质量的影响。冲裁模的间隙直接影响冲裁件的质量。间隙合理能使上、下裂纹自然汇合，断口质量较好，形成的光亮带为板厚的 1/3 左右。间隙过大时，

光亮带较窄，断口粗糙；间隙过小时，光亮带较宽，断口较光洁，但冲裁模刃口极易磨损钝化。冲裁软钢、铝合金、铜合金板料时，间隙常取板厚的5%~8%；冲裁硬钢板时，间隙取板厚的8%~12%。

精度要求较高的冲裁件需要在专用修整模上修整，如图1.64所示。修整模的间隙比冲裁模小。修整后的冲裁件尺寸公差等级可达IT7~IT6，断口表面粗糙度 Ra 值可达0.8~1.6 μm。

2）变形工序。

①拉深。拉深是指板料的变形区在一拉一压的应力状态作用下，使板料成为空心件而厚度基本不变的加工方法。板料的拉深过程如图1.65所示。凸模将坯料向凹模压下时，与凸模底部接触的板料在拉深过程中基本不变形，最后成为空心件的底部，其余环形部分的坯料经变形成为空心件的侧壁。

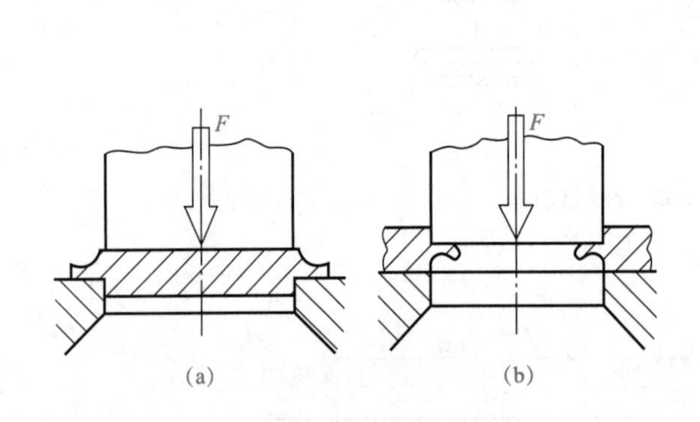

图1.64　冲裁件的修整

（a）落料件；（b）冲孔件

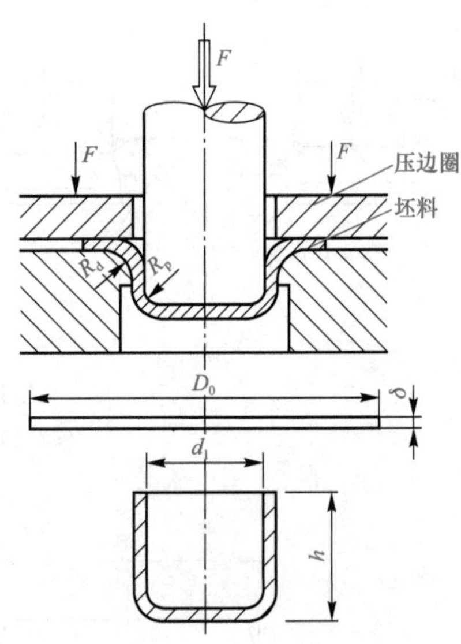

图1.65　板料的拉深过程

坯料被拉深时的变形如图1.66所示。凸模周围的环形坯料在拉深时被强制拉入凹模，如同强迫环形坯料上每个小扇形部分通过“楔形通道”，使环形坯料承受着相当大的径向拉应力和切向压应力。

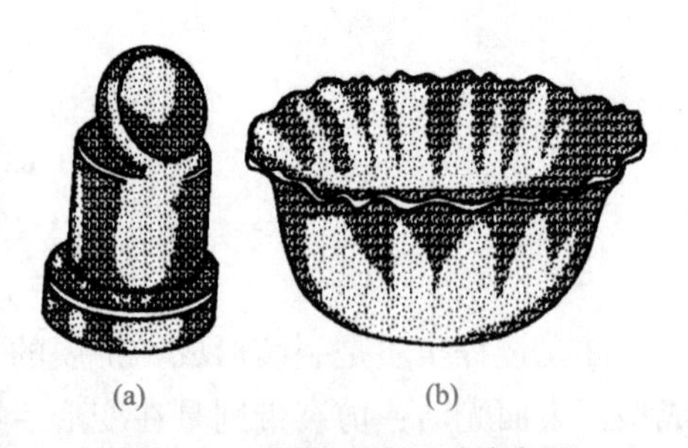

图1.66　坯料被拉深时的变形

（a）拉裂；（b）褶皱

拉深模的顶角必须是圆角，以免损伤坯料，减小变形时金属流动的阻力。凹模的顶角圆弧半径 R_d 常取（5~30）δ，δ 为板厚；凸模顶角的圆弧半径 R_p 应不小于 R_d。拉深模的模具间隙比冲裁模大得多，常取（1.1~1.5）δ。拉深前应在坯料上涂油，以便拉深顺利进行。

为防止拉深时坯料的变形区皱褶，必须用压边圈将坯料压住，如图1.65所示。压力的大小应以工件不起皱为宜。压力过大将导致拉裂，成为废品。图 1. 66 所示为拉深废品。

拉深时坯料的变形程度通常以拉深系数 m 表示。拉深系数是指拉制件的直径 d_1 与其毛坯直径 D_0 之比，即 $m=d_1/D_0$。显然拉深系数越小，变形程度越大。制订拉深工艺时，必须使实际拉深系数 m 大于极限拉深系数 m_{min}。极限拉深系数与材料的性质、板料的相对厚度 δ/D_0 及拉深次数有关。例如，低碳钢板料相对厚度为 0. 001~0. 02 时，第一次拉深的极限拉深系数 $m_{min}=0.63\sim0.5$；第二次拉深 $m_{min}=0.82\sim0.75$；以后每增加一次拉深，m_{min} 增加 0. 02~0. 03。

②弯曲。弯曲是将板料或型材在弯矩作用下弯成一定曲率和角度制件的成型方法。弯曲过程如图 1. 67 所示。当凸模压下时，板料内侧受压应力产生塑性变形；板料的外侧受拉应力作用并产生拉伸变形。板料外表面受拉应力最大。当拉应力超过材料的抗拉强度时，将产生弯裂现象。为防止弯裂，弯曲模的圆角半径必须大于限定的最小弯曲半径 r_{min}，通常取 $r_{min}=(0.25\sim1)\delta$。

在弯曲过程中，材料产生的变形包括弹性变形和塑性变形。外荷载去除后，塑性变形保持下来，弹性变形消失，使制件的形状和尺寸发生与加载时变形方向相反的变化，从而抵消了一部分变形，该现象称为回弹(图 1. 68)。为抵消回弹现象，弯曲模的角度小于制件的角度。

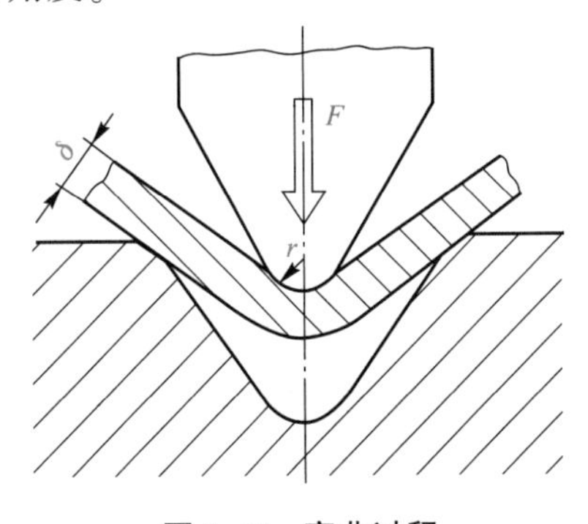

图 1. 67　弯曲过程

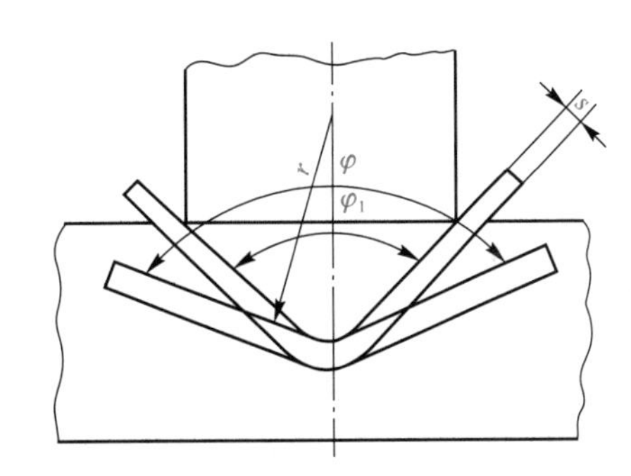

图 1. 68　弯曲件的回弹

③翻边。翻边是带孔坯料周围获得凸缘的工序，如图 1. 69 所示。图中 d_0 为坯料上孔的直径，s 为坯料厚度，d 为凸缘平均直径，h 为凸缘的高度。

④成型。成型是利用局部变形使坯料或半成品改变形状的工序。图 1. 70 所示为鼓肚容器成型简图，用橡皮芯来增大半成品的中间部分，在凸模轴向压力作用下，对半成品壁产生均匀的侧压力而成型。凹模是可以分开的。

(3)零件结构的冲压工艺性。冲裁件的工艺性是指从冲压工艺角度来衡量其设计是否合理。一般来说，在满足工件使用要求的前提下，能以最简单、最经济的方法将工件冲制出来，表明该工件的冲压工艺性好。工艺性的好坏是相对的，它涉及材料的选择、制件结构、冲压技术水平、设备条件等因素。综合考虑提出以下限制：

1)尽量选择塑性好、变形抗力小的材料。

2)冲裁件的形状应力求简单、规则，以便减少工序数目，提高模具寿命，降低成本。

3)冲裁件的内、外形转角应避免尖角，一般应有 $R>0.5\delta$(δ 为板料厚度)的圆角，否则模具寿命将明显降低。

4)应尽量避免窄长的悬臂和凹槽。

5)冲裁件上孔与孔之间、孔到零件边缘的距离，受模具强度和制件质量的限制，其值不能太小。

6)受凸模强度和稳定性的限制，冲裁件的孔不能太小。合理的孔径与材料及板厚有关，可查阅有关手册。

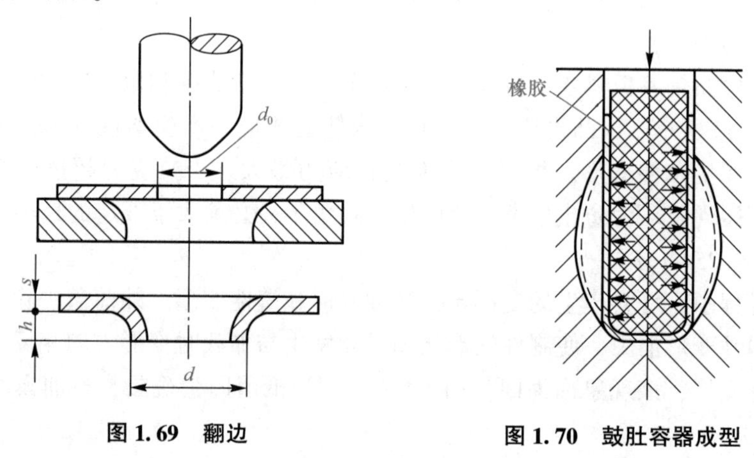

图 1.69　翻边

图 1.70　鼓肚容器成型

【知识拓展】

一、先进锻压方法

1. 液态模锻

液态模锻是将一定量的液态金属直接注入金属模膛，随后在压力的作用下，使处于熔融或半熔融状态的金属液发生流动并凝固成型，同时伴有少量塑性变形，从而获得毛坯或零件的加工方法。

(1)液态模锻典型工艺流程。一般可分为金属液和模具准备、浇铸、合模施压及开模取件四个步骤，如图 1.71 所示。

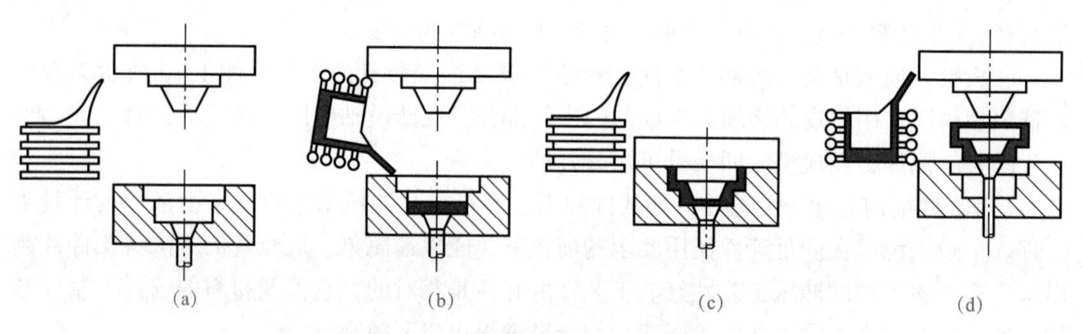

图 1.71　液态模锻典型工艺流程

(a)金属液和模具准备；(b)浇铸；(c)合模施压；(d)开模取件

(2)液态模锻工艺的主要特点。在成型过程中，液态金属始终承受等静压力，在压力下完成结晶凝固，已凝固金属在压力作用下产生塑性变形，使制件外表面紧贴模膛，保证尺寸精度。

在凝固过程中，液态金属在压力作用下得到强制补缩，比压铸件组织致密，成型能力高于固态金属热模锻，可成型形状复杂的锻件，对材料的适应性较强，不仅铸造合金，而且变形合金、非铁金属及钢铁材料的液态模锻也已大量应用，适用于各种形状复杂、尺寸精确的零件制造，如活塞、压力表壳体、汽车油泵壳体、摩托车零件等铝合金制品，齿轮、蜗轮、高压阀体等铜合金零件，钢法兰、钢弹头、凿岩机缸体等非合金钢、合金钢零件，在工业生产中应用广泛。

2. 超塑性成型

超塑性是指金属或合金在低的形变速率、一定的变形温度和均匀的细晶粒度条件下，其相对延伸率超过 100% 的特性，如钢超过 500%、纯钛超过 300%、锌铝合金超过 1 000%。超塑性状态下的金属在拉伸变形过程中不产生颈缩现象，其变形应力比常态下降低，因此，超塑性状态下的金属极易成型，可采用多种工艺方法制出复杂零件。目前常用的超塑性成型材料主要是锌铝合金、铝基合金、钛合金及高温合金。

(1)超塑性成型工艺的应用。

1)直径较小、高度很高的板料冲压零件，选用超塑性材料可以一次拉深成型，质量很好，零件性能无方向性。

2)板料气压成型时，超塑性金属板料放于模具中，将板料与模具一起加热到规定的温度，向模具内充入压缩空气或抽出模具内的空气形成负压，将板料贴紧在凹模或凸模上，获得所需形状的工件。该方法可加工的板料厚度为 0.4~4 mm。

3)在常态下挤压和模锻高温合金及钛合金时，塑性很差，变形抗力大，不均匀变形引起各向异性敏感性强，用通常的成型方法较难成型，材料损耗极大，致使产品成本很高。如果在超塑性状态下进行模锻，就可完全克服上述缺点，节约材料，降低成本。

(2)超塑性模锻的工艺特点。扩大了可锻金属材料种类，如过去只能采用铸造成型的镍基合金，也可以进行超塑性模锻成型；金属填充模膛性能好，可锻造出尺寸精度高、机械加工余量小甚至不用加工的零件；能获得均匀、细小的晶粒组织，零件力学性能均匀一致；金属的变形抗力小，可充分发挥中、小设备的作用。

3. 精密模锻

精密模锻一般是指在模锻设备上锻造出高精度及形状较为复杂锻件的锻压先进工艺。精密模锻的具体工艺虽然因锻件的不同而有所不同，但必须采取模具精确，少、无氧化加热及对锻模进行良好的润滑等工艺措施。

(1)精密模锻的特点。精密模锻件的尺寸精度一般在±0.2 mm 以上，表面粗糙度 *Ra* 低于 6.3 μm，能达到产品的少、无切削加工和精密化，直接生产零件，同时便于实现机械化、自动化生产；精密模锻件的纤维组织分布合理，力学性能较好，使用寿命较长。精密模锻对形状复杂、批量大的中小型零件，其生产经济性较好，精密模锻工艺复杂，工序较多，要求设备刚度大、精度高、吨位大，设备维修保养的要求较高，生产上多采用摩擦压力机。

(2)精密模锻的应用。精密模锻主要生产中、小型零件，如汽轮机叶片、发动机连杆、飞机操纵杆、汽车中直齿锥齿轮及医疗器械等。

二、锻件缺陷与质量检验

1. 锻件常见缺陷

锻件的缺陷主要是由以下因素引起的：原材料本身的缺陷，加热的缺陷；锻造工序不合理、锻件冷却方法不当、切边、锻后热处理、清理等。

(1)自由锻造锻件常见的主要缺陷。

1)裂纹：锻件上经常发现的缺陷，与坯料质量、锻造温度范围、加热和冷却方法等多种因素有关。微裂纹应及时除去，防止扩展。

2)末端凹陷和轴心裂纹：坯料内部未热透或坯料整个截面未锻透造成的。

3)折叠和夹层：锻件表面产生金属重叠的现象，多与操作不当(如拔长时坯料的送进量过小)等因素有关。

4)凹坑：由于氧化皮被压入锻件，当锻件清理后氧化皮脱落即形成凹坑或斑点。

5)晶粒局部粗大：由加热温度过高、变形不均匀、锻造比太小等造成。

(2)模锻件常见的主要缺陷。

1)错模：模锻件沿分模面的上下两部分产生了位移。这是由锤头导轨的间隙过大、模具安装不合理等原因造成的。

2)模锻不足：表现在模锻件在高度(垂直分模面方向)上的各个尺寸均偏大同样的数值。这是由坯料加热温度太低、终锻模膛锤击次数少、设备吨位不足等原因造成的。

3)局部充不满：由于坯料体积过小、坯料在模膛内放置偏斜等原因致使模锻件上凸筋、外圆角等部位因模槽未充满而产生的缺陷。

4)夹层和凹坑。

2. 锻件的质量检验

锻件质量检验的主要任务是鉴定锻件质量，分析和研究锻件产生缺陷的原因与预防措施。锻件质量检验可分为生产过程的质量检验和成品质量检验两个方面。

(1)生产过程中的质量检验。生产过程中各个环节的工作质量都将影响锻件的质量，其中包括对毛坯下料、加热、锻造、锻件冷却、热处理等各工序进行检验，以便及时发现和解决问题。

(2)成品质量检验。

1)化学成分检验：一般锻件毛坯不进行化学成分检验，其化学成分是以冶炼时的炉前取样分析为准的；但对重要的或有疑问的锻件，可在锻件上切下一些切屑，采用化学分析或光谱分析来检查其化学成分。

2)外观尺寸检验：锻件外观形状和尺寸应符合锻件图的规定。

3)宏观检验：检验锻件表面缺陷及宏观组织。

4)力学性能检验：包括锻件硬度、强度、塑性及韧性指标的测定。

5)无损检验：采用磁粉检测或超声波检测来检验锻件的内部质量。

三、CAD/CAM 技术在锻压中的应用

计算机在锻压技术中的应用主要体现在计算机辅助设计(CAD)和计算机辅助制造

(CAM)上。CAD包括锻压模具CAD和锻压工艺CAD，是在设计人员的控制下，由计算机对锻压模具和锻压工艺完成尽可能多的分析、计算和制图工作。CAM则是由计算机根据模具CAD的数据结果为数控(NC)机床编制模具零件加工的NC程序。NC程序通过介质(穿孔纸带、磁盘等)或直接传送给NC机床来控制机床的工作。将CAD的结果通过CAPP(计算机辅助编制加工工艺)直接传送给CAM的系统叫作CAD和CAM的集成，简写为CAD/CAM。

CAD/CAM的主要优点：提高设计效率，与人工相比，可达20∶1，可将多方面的经验和研究成果结合起来，方便地应用于设计和加工，可大量减轻设计人员的繁重重复劳动，使之发挥更大的作用；可以实现多设计方案比较，从而达到优化的目的，而且设计便于修改和存储，具有良好的柔性；可缩短设计周期，降低产品成本和研制开发费用。锻压CAD/CAM在我国目前还处于开发阶段，但它取代传统锻压设计制造方式是必然的发展趋势。

【学习评价】

学习效果考核评价表

评价类型	权重	具体指标	分值	得分		
				自评	组评	师评
职业能力	65	能判断零件坯料是否需要锻压成型	15			
		能合理安排锻压过程	25			
		能选择合理的锻压工艺及设备	25			
职业素养	20	坚持出勤，遵守纪律	5			
		协作互助，解决难题	5			
		按照标准规范操作	5			
		持续改进优化	5			
劳动素养	15	按时完成，认真填写记录	5			
		工作岗位“7S”处理	5			
		小组分工合理	5			
综合评价	总分					
	教师					

【相关习题】

1. 常用的自由锻设备有哪几种？它们各有何特点？
2. 自由锻为什么能够锻造大型锻件？
3. 自由锻造有哪些工序？
4. 零件的结构工艺性有何意义？如何考虑自由锻件的结构工艺性？
5. 简述模锻的特点及应用范围。
6. 闭式模锻飞边槽的作用是什么？
7. 闭式模锻与开式模锻的区别是什么？
8. 简述扣模和套模的应用范围。
9. 胎模锻的特点是什么？

10. 冲压成型有哪些主要特点？
11. 如何考虑板料冲压件的结构工艺性？
12. 试述冲裁、拉深、弯曲等过程中板料受力及变形的主要特点。
13. 冲裁模、拉深模、弯曲模的主要特点是什么？应考虑哪些技术参数？

课题三　棒料下料加工

【课题内容】

下料是锻造前的准备工序，是根据图纸计算出需要多少原材料后，通过锯床等分割手段，将大块的连铸坯或钢锭分割成所需要的小块原料的一道工序。

根据如图 1.72 所示的轴零件，对棒料进行下料。

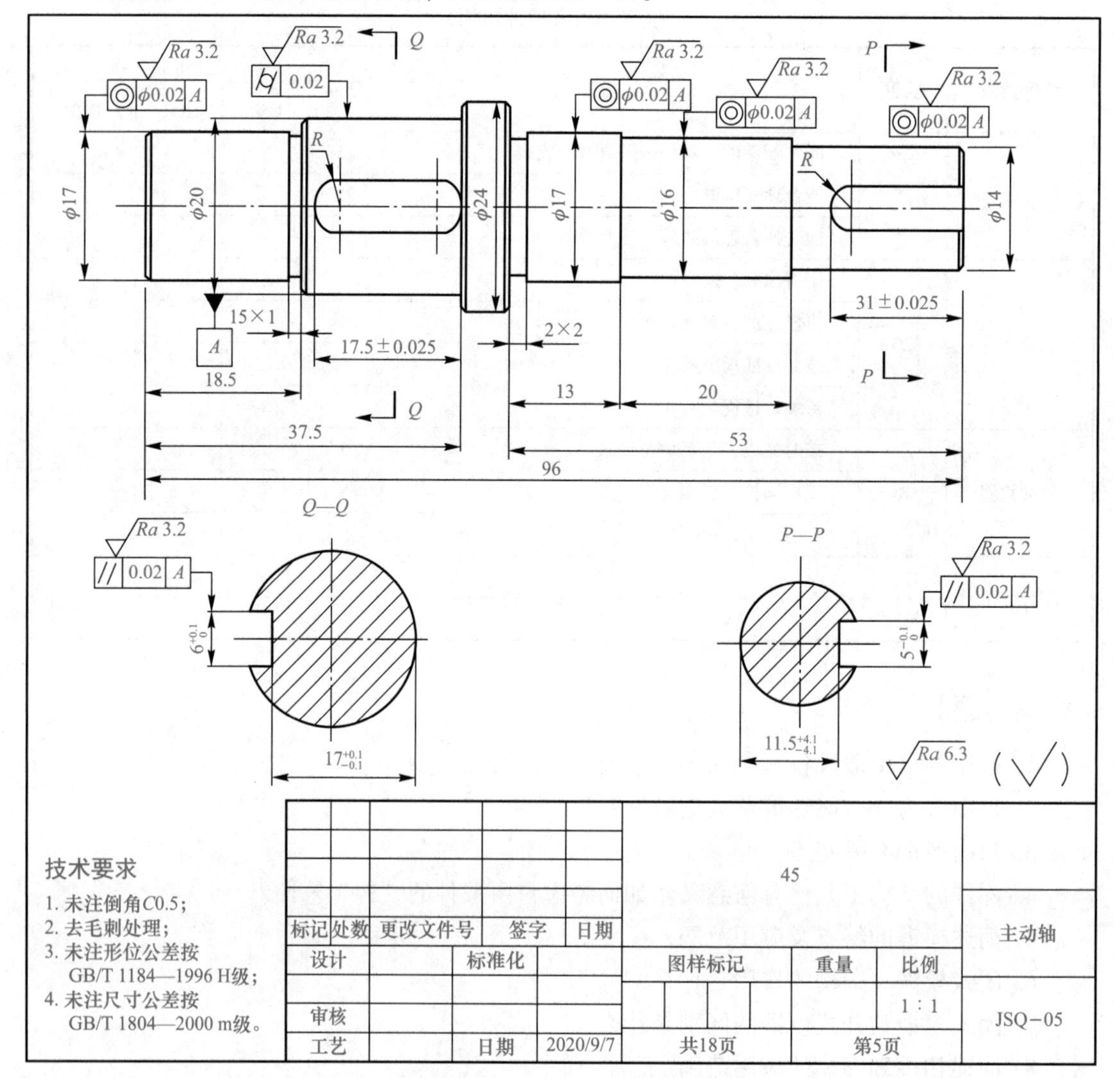

图 1.72　主动轴零件图

【课题实施】

序号	项目	详细内容
1	实施地点	下料实训室
2	使用工具	下料用相关工具
3	准备材料	坯料；课程记录单；活页教材或指导书
4	执行计划	分组进行

【相关知识】

在加热和锻造之前，将原材料切成所需长度或所需几何尺寸的工序，称为下料。

大铸锭下料属于自由锻的任务，通常用自由锻方法进行开坯，然后将锭料两端切除，并按一定尺寸将坯料分割开。其他材料的下料工作，一般都在锻造车间的下料工段进行。常用的下料方法有剪切、锯切、冷折、车削、砂轮切割、剁断及特殊精密下料等。

各种下料方法都有其特点，它们的毛坯质量、材料利用率、加工效率等往往有很大不同。选用何种方法，应视材料性质、尺寸大小、批量和对下料质量的要求而定。

一、剪切下料法

1. 剪切下料的特点

生产率高，操作简单，断口无金属损耗，工具简单，模具费用低等；但端面质量较冲床下料和切削加工方法下料差，适用于成批大量生产，被普遍采用。

2. 剪切过程

剪切过程是通过上、下两刀片作用给坯料一定力，在坯料内产生弯曲和拉伸变形，当应力超过剪切强度时发生断裂。

3. 剪切下料设备

剪切下料按使用设备不同可分为以下两种：

(1)专用剪床下料，即在专用剪床上进行；

(2)其他设备上剪切下料，即在压力机、液压机或锻锤上用剪切模具进行下料。

常用的剪切设备有冲剪机、剪切机、曲柄压力机或螺旋压力机等，如图 1.73 所示。

(a)

(b)

(c)

(d)

图 1.73　常用的剪切设备

(a)冲剪机；(b)剪切机；(c)曲柄压力机；(d)螺旋压力机

二、锯切下料法

锯切能切断横断面较大的坯料，虽然生产率较低，锯口损耗大，但因为下料精确，切口平整，用在精锻工艺上，仍不失为一种重要的下料手段。对于端面质量、长度精度要求高的钢材下料，也采用锯切下料。所以，锯床(图 1.74)的使用仍较普遍。金属可以在热态下或冷态下锯切。锻造生产中大多采用冷态锯切，只有轧钢厂才采用热态锯切。常用的下料锯床有圆盘锯、带锯和弓形锯等。

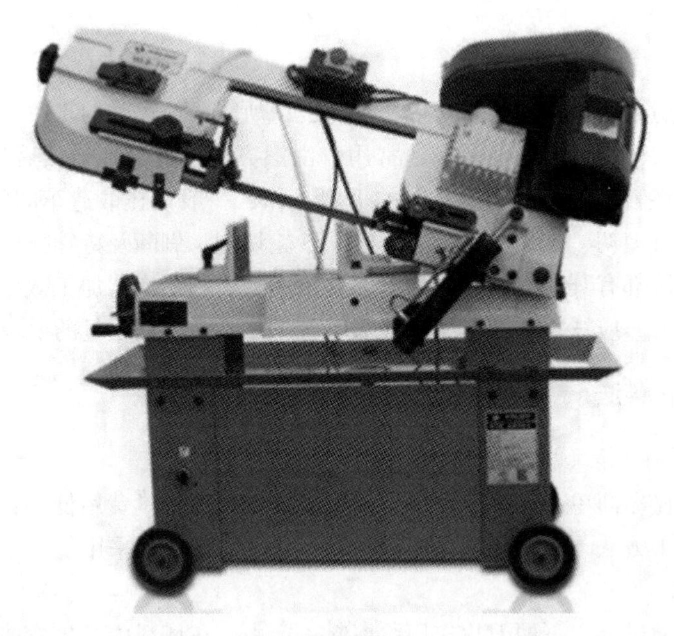

图 1.74　锯床

三、车削下料法

车削下料的特点是端面质量好、尺寸精度高、下料效率较高，但材料有一定的损耗。车削下料适用于对断面质量及尺寸精度要求较高的毛坯。车削下料的使用设备为车床。

四、砂轮切割下料法

砂轮切割的特点是端面质量好、尺寸精度高、操作简单、材料有损耗、生产率稍高于锯切下料，但低于剪切下料和冷折下料。砂轮切割的缺点是砂轮片消耗量大，噪声大。砂轮切割适用于小截面棒料、管料、异形截面材料和难切割金属(如高温合金)等。砂轮切割的使用设备为砂轮切断机。

五、热剁切下料法

热剁切下料的特点是下料范围广、操作简单，但热剁切下料的材料需要加热，端面质量最差，劳动条件不好且比较危险，下料尺寸不易控制。热剁切下料多用于自由锻下料。常用的设备为自由锻锤、自由锻液压机等。

六、冷折下料法

冷折下料的特点是无材料损耗，但操作危险。其原理是在待折断材料处开一小缺口，在缺口处产生应力集中使坯料折断，通俗说法就是在自由锻锤上用啃子“啃剪”。其适用于大截面轧材，含碳量高于0.32%且未经退火的中、高碳钢和合金钢。常用设备为冷折下料机或压力机等，开缺口可以用锯割、切削或气割等。

七、气割下料法

气割下料又称氧气切割或火焰切割。其优点是设备费用低，操作简单便携，可快速改变切割方向，可手动或自动操作，也可进行野外工作；缺点是端面质量差、金属损耗大、精度低、生产效率低、劳动条件不好且比较危险。气割下料法常用于切割大截面毛坯、低碳钢或低合金钢。

八、等离子切割法

等离子切割的特点是速度快、效率高、切割面质量好、切割尺寸精确、工件热变形小、可切割多种材料等。除可用于下料外，它还能用来切除毛边，是有效降低员工劳动强度、自动化生产和发展的重要方向。

目前，等离子切割电流一般在100 A以下，理论上可以切割120 mm的钢板，最佳切割范围为80 mm。

【学习评价】

学习效果考核评价表

评价类型	权重	具体指标	分值	得分		
				自评	组评	师评
职业能力	65	能识别常用下料设备	15			
		能选择合理的下料方法	25			
		能运用两种以上方法进行下料	25			
职业素养	20	坚持出勤，遵守纪律	5			
		协作互助，解决难题	5			
		按照标准规范操作	5			
		持续改进优化	5			
劳动素养	15	按时完成，认真填写记录	5			
		工作岗位“7S”处理	5			
		小组分工合理	5			
综合评价	总分					
	教师					

【知识拓展】

棒材高效剪切下料方法

锯切下料虽可获得精度较高的坯料，但锯缝处材料的损耗大，生产效率较其他下料方法要低。车床切削下料所获得的毛坯精度很高，但材料浪费情况较严重。普通剪切下料方法生产毛坯，虽然具有生产效率高、操作简单和断口无金属损耗等优点，但也存在剪切后断面质量较冲床下料和切削加工方法下料差的缺点：容易形成“马蹄形”；产生诸如倾斜度、压塌、椭圆度和不平度等缺陷；另外，在剪切断面时还伴随有毛刺和裂缝。而高效剪切下料方法如下。

1. 蓝脆温度下料

蓝脆温度下料是在蓝脆温度区间，即 350 ℃ ~ 450 ℃时剪切棒料，此温度下的剪切具有比室温条件下更好的剪切精度，钢在蓝脆温度区间脆性提高，塑性降低，剪切后断面压塌量小，椭圆度小且加热后消耗的剪切能力大大下降，能获得良好的毛坯质量及断面质量。

2. 高速剪切下料

高速剪切下料消除了裂纹的轴向和横向运动，加快了裂纹沿周向的扩展，裂纹尖端的应力集中不会因塑性变形而发生应力松弛，从而使裂尖塑性区减小，使材料的脆性提高，塑性降低，剪切后断面倾斜度有较大改善。对于一般中强度碳钢而言，剪切速度根据上述理论应该控制在 5 ~7 m/s 最适宜。

3. 表面缺口应力集中下料

表面缺口应力集中下料方式是通过预先在棒料上切出一定深度与角度的 V 形槽的方法提高棒料下料断面质量。一定深度的缺口处由于应力集中不能因塑性变形而发生应力松弛，从而使裂纹尖端塑性区减小，提高剪切后断面倾斜度等，它是利用人为切口的应力集中效应、缺口效应和疲劳效应等使切口尖端的裂纹迅速扩展，完成棒料的规则分离。

上述方法均能获得较好的剪切断面质量。

【相关习题】

1. 何谓下料？
2. 常用的下料方法有哪些？
3. 选用哪种下料方法与什么有关？
4. 简述剪切下料和锯切下料的优点、缺点。

课程记录单

<table>
<tr><td>姓名</td><td></td><td>班级学号</td><td></td><td>实施时间</td><td></td></tr>
<tr><td>课题名称</td><td colspan="3"></td><td>实施地点</td><td></td></tr>
<tr><td>序号</td><td>小组成员</td><td>负责内容</td><td colspan="2">完成情况</td><td>互评成绩</td></tr>
<tr><td>1</td><td></td><td></td><td colspan="2"></td><td></td></tr>
<tr><td>2</td><td></td><td></td><td colspan="2"></td><td></td></tr>
<tr><td>3</td><td></td><td></td><td colspan="2"></td><td></td></tr>
<tr><td>4</td><td></td><td></td><td colspan="2"></td><td></td></tr>
<tr><td>5</td><td></td><td></td><td colspan="2"></td><td></td></tr>
<tr><td>使用材料</td><td colspan="5"></td></tr>
<tr><td>预计解决问题</td><td colspan="5"></td></tr>
<tr><td>实施过程记录</td><td colspan="2"></td><td>实施过程中发现问题的思考</td><td colspan="2"></td></tr>
<tr><td>课程实施结果</td><td colspan="2"></td><td>指导教师成绩评定</td><td colspan="2"></td></tr>
</table>

项目二　车削加工轴类零件

项目描述

毛坯准备完成之后，学习者将开始学习金属切削加工的相关内容，以车削加工回转体零件为例，了解和学习机械切削原理基础知识、车床及车削加工、机械制造工艺相关知识、轴类零件的制造误差及轴类零件相关检测内容，通过本项目的学习，学习者能够独立完成车削加工工艺规程的编写。本项目具体目标如下：

序号	项目目标	具体描述
1	知识目标	了解轴类零件车削加工基础知识，掌握金属切削加工的相关内容，明确工艺规程的编写方法
2	能力目标	通过分析工件的结构和生产要求，整合本项目的学习内容，完成工艺规程的制订与编写
3	素养目标	通过真实事迹的学习，讲述大国重器及背后的故事，培养劳动精神，激发创新精神与奋斗精神

大国重器

大国重器是一个国家的工业脊梁，良好的工业装备对一个国家来讲是至关重要的，核心的技术是关键，实现了技术的突破，打破垄断，才能有更好的发展。

从“天问一号”火星探测器到“奋斗者号”全海深救人潜水器，从“华龙一号”全球首座中国自主三代核电站到AG600“鲲龙”大型水陆两栖飞机，众多大国重器的诞生也标志着我国从制造大国向制造强国的转变。

在机械制造领域，回转类零件的加工主要是由车工来完成，车工通过操控车床来实现零件的加工，是机械制造中的重要工种之一，同时，这类零件也广泛地应用在各类工业产品中。

大国工匠——洪家光就是车工的代表性人物。他被称为“中国第一车工”，可以说在中国航天事业中是立有丘山之功的。

课题一　简单轴加工

【课题内容】

轴类零件是机械加工中经常遇到的典型零件之一，在机器中，它主要用来支承传动零件、传递运动和扭矩等。设计如图2.1所示的简单轴零件的机械加工工艺。

(1)分析简单轴零件工艺技术要求。

(2)确定简单轴零件加工毛坯。

(3)设计简单轴零件加工工艺路线。

(4)设计简单轴零件加工工序。

(5)填写简单轴零件加工工艺文件。

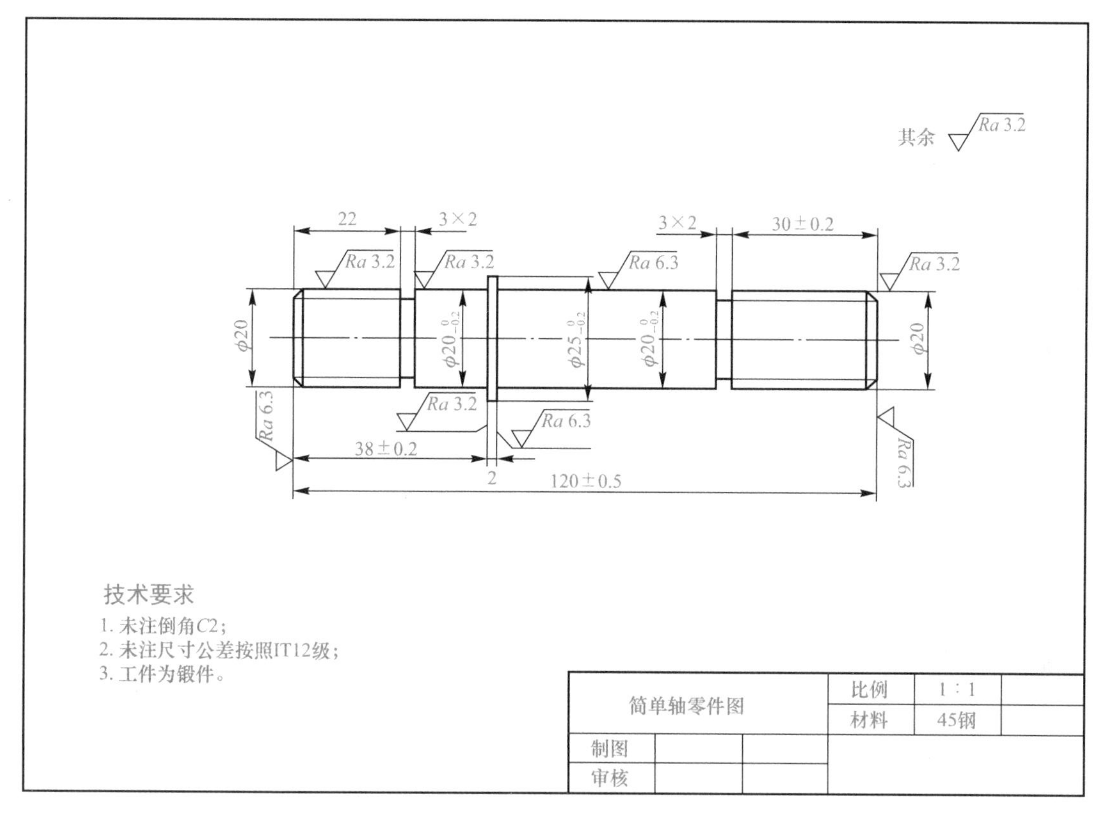

图 2.1　简单轴零件图

【课题实施】

序号	项目	详细内容
1	实施地点	机械制造实训室
2	使用工具	工艺过程卡片(空白)、工序卡片(空白)、相关工具
3	准备材料	课程记录单、机械制造工艺手册、活页教材或指导书
4	执行计划	分组进行

【相关知识】

一、机械制造工艺概述

机械制造是我国国民经济的重要产业，承担着为国民经济建设的各个行业提供生产装备的任务，同时，它也为高科技产业的发展奠定了基础。机械制造工艺流程是工件或零件制造加工的步骤，采用机械制造的方法，直接改变毛坯的形状、尺寸和表面质量等，使其成为零件的过程。机械制造工艺就是在流程的基础上，改变生产对象的形状、尺寸、相对位置和性质等，使其成为成品或半成品，是每个步骤、每个流程的详细说明。

切削运动与切削要素

二、机械切削原理基础知识

1. 切削运动

在机床上为了切除工件上多余的金属，以获得符合要求的零件表面，刀具与工件之间必须做相对运动，即切削运动。根据切削运动在加工过程中所起的作用的不同，可将切削运动分为主运动、进给运动和合成切削运动(图 2.2)。

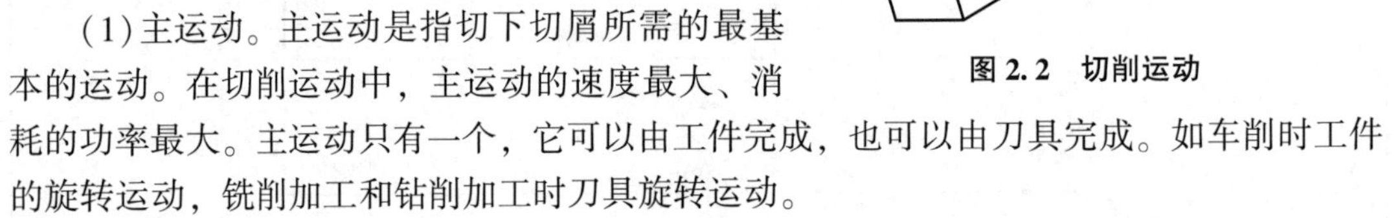

图 2.2　切削运动

(1) 主运动。主运动是指切下切屑所需的最基本的运动。在切削运动中，主运动的速度最大、消耗的功率最大。主运动只有一个，它可以由工件完成，也可以由刀具完成。如车削时工件的旋转运动，铣削加工和钻削加工时刀具旋转运动。

(2) 进给运动。进给运动是多余材料不断被投入切削，从而加工完整表面所需的运动。进给运动一般速度较低，消耗的功率较少。它可以是间歇的，也可以是连续的。进给运动可以有一个或几个，如车削时车刀的纵向或横向运动。

(3) 合成切削运动。合成切削运动是由主运动和进给运动合成的运动。刀具切削刃上选定点相对工件的瞬时合成运动方向称为合成切削运动方向，其速度称为合成切削速度。

2. 工件的表面

工件在被切削加工过程中，通过机床的传动系统，使机床上的工件和刀具按一定规律做相对运动，从而切削出所需要的表面形状。在整个切削加工过程中，零件上出现三个连续不断变化的表面，即待加工表面、已加工表面和过渡表面(图 2.3)。

(1) 待加工表面：工件上还未被加工的表面，保持毛坯状态。

(2) 已加工表面：工件上经过刀具加工后形成的表面。

(3) 过渡表面：工件上与刀具接触、正在被加工的表面，介于已加工表面与待加工表面之间。

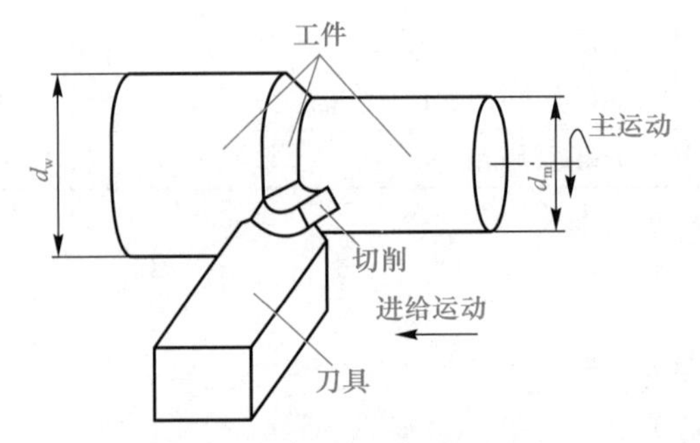

图 2.3　切削运动与切削表面

刀具角度及材料

3. 切削层参数

在主运动和进给运动作用下，工件将有一层多余的材料被切除，这层多余的材料称为切削层。

纵向车外圆时切削层尺寸可用以下三个参数表示(图 2.4)：

(1)切削公称厚度 h_D 是垂直于切削刃的方向上度量的切削刃两瞬时位置过渡表面间的距离。

(2)切削层公称宽度 b_D 是沿切削刃方向度量的切削层截面的尺寸。

(3)切削层公称横截面面积 A_D 是切削层横截面的面积。

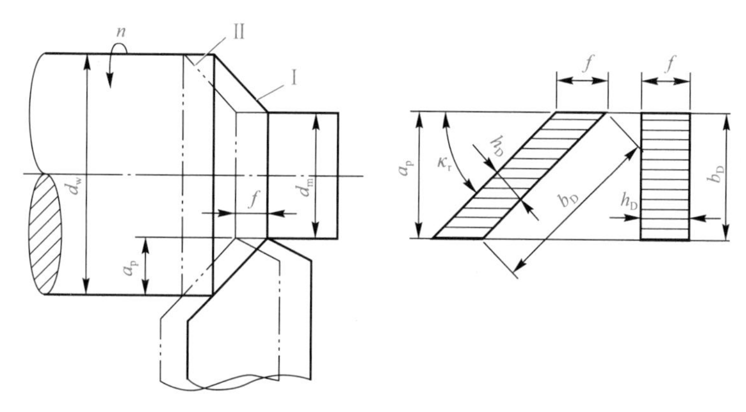

图 2.4 切削用量与切削层参数

4. 切削用量

切削用量是切削时各运动参数的总称，包括切削速度、进给量和背吃刀量(切削深度)。

(1)切削速度 v_c。切削速度是指在刀具切削刃上选定点相对于工件待加工表面在主运动方向的瞬时线速度，单位为 m/s。其计算公式为

$$v_c = \frac{\pi \cdot d_w \cdot n}{1\ 000}$$

式中 v_c——切削速度(m/s)；

d_w——待加工表面直径(mm)；

n——工件转速(r/s)。

(2)进给量 f。进给量是指在主运动每转一转或每一行程时(或单位时间内)，刀具与工件之间沿进给运动方向的相对位移，单位为 mm/s。

进给速度 v_f 是指切削刃上选定点相对工件进给运动的瞬时速度：

$$v_f = n \cdot f$$

式中 v_f——进给速度(mm/s)；

n——主轴转速(r/s)；

f——进给量(mm/r)。

(3)背吃刀量(切削深度)a_p。背吃刀量是指待加工表面与已加工表面之间的垂直距

离，单位为 mm。根据此定义，如在纵向车外圆，其背吃刀量可按下式计算：

$$a_p=\frac{d_w-d_m}{2}$$

式中　d_w——工件待加工表面直径(mm)；

d_m——工件已加工表面直径(mm)。

5. 切削用量的合理选择

制订切削用量，就是要在已经选择好刀具材料和几何角度的基础上，合理地确定切削深度 a_p、进给量 f 和切削速度 v_c。所谓合理的切削用量，是指充分利用刀具的切削性能和机床性能，在保证加工质量的前提下，获得高的生产率和低的加工成本的切削用量。不同的加工性质，对切削加工的要求是不同的。因此，在选择切削用量时，考虑的侧重点也应有所区别。粗加工时，应尽量保证较高的金属切除率和必要的刀具耐用度，故一般优先选择尽可能大的切削深度 a_p，其次选择较大的进给量 f，最后根据刀具耐用度要求，确定合适的切削速度 v_c。精加工时，首先应保证工件的加工精度和表面质量要求，故一般选用较小的进给量 f 和切削深度 a_p，而尽可能选用较高的切削速度 v_c。粗加工时，主要的加工任务是快速地去除加工余量，故一般选用较大的进给量 f 和切削深度 a_p。在粗加工过程中除留下精加工余量外，一次走刀应尽可能切除全部余量。当加工余量过大，工艺系统刚度较低，机床功率不足，刀具强度不够或断续切削的冲击振动较大时，可分多次走刀。多次走刀时，应尽量将第一次走刀的切削深度取大些，一般为总加工余量的 2/3~3/4。

另外，在选择切削用量时，可以依据一些现有的技术手册，通过查表得到相似值(表 2.1、表 2.2)。

表 2.1　硬质合金外圆车刀切削速度参考表

工件材料	热处理状态	a_p=0.3~2 mm	a_p=2~6 mm	a_p=6~10 mm
		f=0.08~0.3 mm/r	f=0.3~0.6 mm/r	f=0.6~1 mm/r
		v_c/(m·min^{-1})	v_c/(m·min^{-1})	v_c/(m·min^{-1})
低碳钢(易切)	热轧	140~180	100~120	70~90
中碳钢	热轧	130~160	90~110	60~80
	调质	100~130	70~90	50~70
合金工具钢	热轧	100~130	70~90	50~70
	调质	80~110	50~70	40~60
工具钢	退火	90~120	60~80	50~70
灰铸铁	HBS<190	90~120	60~80	50~70
	HBS=190~225	80~110	50~70	40~60
高锰钢			10~20	
铜及铜合金		200~250	120~180	90~120
铝及铝合金		300~600	200~400	150~200
铸铝合金		100~180	80~150	60~100

表 2.2 硬质合金车刀粗车外圆及端面进给量参考表

工件材料	刀杆尺寸 $B\times H$ /mm^2	工件直径 d/mm	切削深度 a_p/mm				
			≤3	>3~5	>5~8	>8~12	>12
			进给量 f/(mm·r^{-1})				
碳素结构钢 合金结构钢 耐热钢	16×25	20	0.3~0.4	—	—	—	—
		40	0.4~0.5	0.3~0.4	—	—	—
		60	0.5~0.7	0.4~0.6	0.3~0.5	—	—
		100	0.6~0.9	0.5~0.7	0.5~0.6	0.4~0.5	—
		400	0.8~1.2	0.7~1.0	0.6~0.8	0.5~0.6	—
	20×30 25×25	20	0.3~0.4	—	—	—	—
		40	0.4~0.5	0.3~0.4	—	—	—
		60	0.5~0.7	0.5~0.7	0.4~0.6	—	—
		100	0.8~1.0	0.7~0.9	0.5~0.7	0.4~0.7	—
		400	1.2~1.4	1.0~1.2	0.8~1.0	0.6~0.9	0.4~0.6
铸铁 铜合金	16×25	40	0.4~0.5	—	—	—	—
		60	0.5~0.8	0.5~0.8	0.4~0.6	—	—
		100	0.8~1.2	0.7~1.0	0.6~0.8	0.5~0.7	—
		400	1.0~1.4	1.0~1.2	0.8~1.0	0.6~0.8	—
	20×30 25×25	40	0.4~0.5	—	—	—	—
		60	0.5~0.9	0.5~0.8	0.4~0.7	—	—
		100	0.9~1.3	0.8~1.2	0.7~1.0	0.5~0.8	—
		400	1.2~1.8	1.2~1.6	1.0~1.3	0.9~1.1	0.7~0.9

6. 切屑

(1)切屑的产生。切屑的形成过程，其实质是一种挤压过程。在挤压过程中，被切削的金属主要经历剪切滑移变形而形成切屑。当切削塑性材料时，当工件受到刀具挤压后，随着刀具继续切入，材料内部的应力、应变逐渐增大。产生的应力达到材料的屈服点时，开始产生滑移即塑性变形。如图 2.5 所示，随着刀具连续切入，原来处于始滑移面 *OA* 上的金属不断向刀具靠近，当滑移过程进入终滑移面 *OE* 位置时，应力、应变达到最大值，若切应力超过材料的强度极限，材料被挤裂。越过 *OE* 面后切削层脱离工件，沿着前刀面流出而形成切屑。

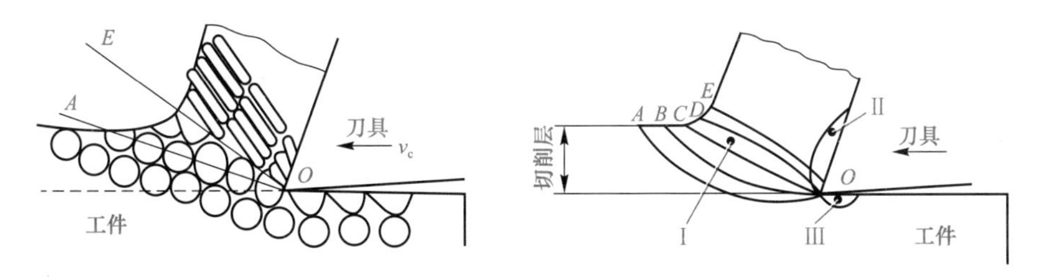

图 2.5 切屑的产生

(2)切屑的类型(图 2.6)。

1)带状切屑。外形连绵不断，与前刀面接触的面很光滑，背面呈毛茸状。用较大前角、较高的切削速度和较小的进给量切削塑性材料时，容易得到带状切屑。形成带状切屑时，切削过程较平稳，切削力波动较小，加工表面较光洁。但切屑连续不断，易缠绕在工件上，不利于切屑的清除和运输，生产中常采用在车刀上磨断屑槽等方法断屑。

2)节状(挤裂)切屑。切屑的背面呈锯齿形，底面有时出现裂纹。采用较低的切削速度和较大的进给量切削中等硬度的钢件时，容易得到节状切屑。这种切屑的形成过程是典型的金属切削过程，由于切削力波动较大，切削过程不平稳，工件表面较粗糙。

3)粒状(单元)切屑。如果在挤裂切屑的剪切面上，裂纹扩展到整个面上，则整个单元被切离，成为梯形的单元切屑。

以上三种切屑只有在加工塑性材料时才可能得到。其中，带状切屑的切削过程最平稳，单元切屑的切削力波动最大。在生产中最常见的是带状切屑，有时得到挤裂切屑，单元切屑则很少见。假如改变挤裂切屑的条件，如进一步减小刀具前角，降低切削速度，或加大切削厚度，就可以得到单元切屑；反之，可以得到带状切屑。这说明切屑的形态是可以随切削条件而转化的。掌握了它的变化规律，就可以控制切屑的变形、形态和尺寸，以达到卷屑和断屑的目的。

4)崩碎切屑。切削铸铁等脆性材料时，切削层产生弹性变形后，一般不经过塑性变形就突然崩碎，形成不规则的碎块状屑片，称为崩碎切屑。在产生崩碎切屑过程中，切削热和切削力都集中在主切削刃和刀尖附近，刀尖易磨损，切削过程不平稳，影响表面质量。

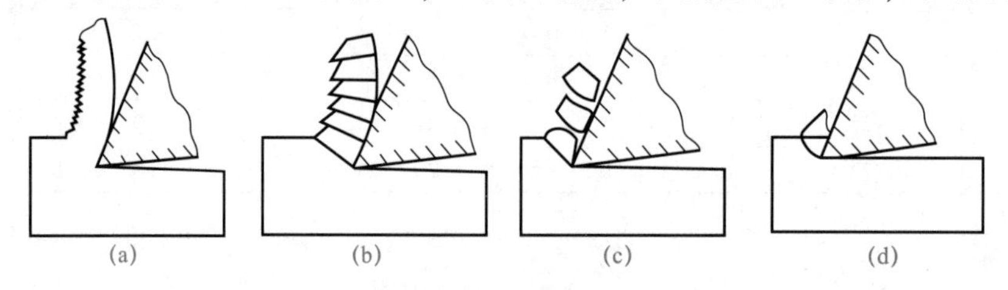

图 2.6　切屑的类型

(a)带状切屑；(b)节状切屑；(c)粒状切屑；(d)崩碎切屑

以上是四种典型的切屑，但加工现场获得的切屑，其形状是多种多样的。在现代切削加工中，切削速度与金属切除率达到了很高的水平，切削条件很恶劣，常常产生大量“不可接受”的切屑(图 2.7)。

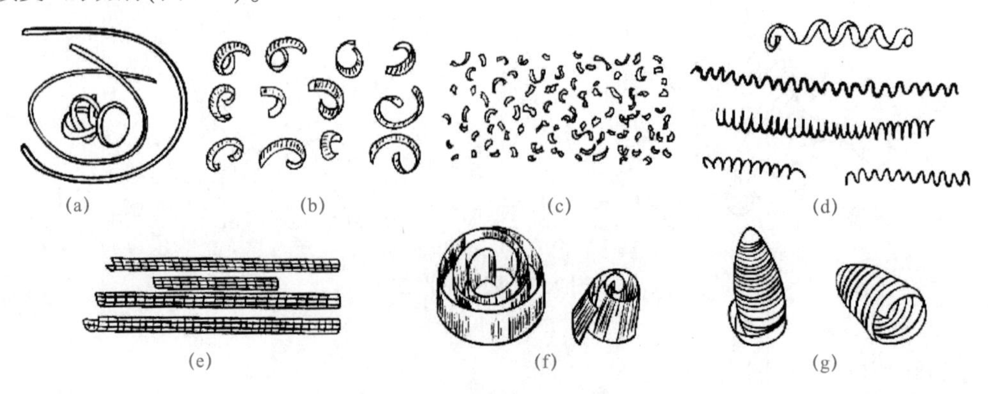

图 2.7　常见切屑的各种形状

(a)带状屑；(b)C 形屑；(c)崩碎屑；(d)螺卷屑；(e)长紧卷屑；(f)发条状卷屑；(g)宝塔状卷屑

各类切屑的特点见表 2.3。

表 2.3　各类切屑的特点

名称	带状切屑	节状切屑	粒状切屑	崩碎切屑
简图				
形态	带状，底面光滑，背面呈毛茸状	节状，底面光滑有裂纹，背面呈锯齿状	粒状	不规则块状颗粒
变形	剪切滑移尚未达到断裂程度	局部剪切应力达到断裂强度	剪切应力完全达到断裂强度	未经塑性变形即被挤裂
形成条件	加工塑性材料，切削速度较高，进给量较小，刀具前角较大	加工塑性材料，切削速度较低，进给量较大，刀具前角较小	工件材料硬度较高，韧性较低，切削速度较低	加工硬脆材料，刀具前角较小
影响	切削过程平稳，表面粗糙度小，妨碍切削工作，应设法断屑	切削过程欠平稳，表面粗糙度欠佳	切削力波动较大，切削过程不平稳，表面粗糙度不佳	切削力波动大，有冲击，表面粗糙度恶劣，易崩刀

(3)切屑的控制。所谓切屑控制(又称切屑处理，工厂中一般简称为“断屑”)，是指在切削加工中采取适当的措施来控制切屑的卷曲、流出与折断，使形成“可接受”的良好屑形。

切屑经Ⅰ、Ⅱ变形区的剧烈变形后，硬度增加，塑性下降，性能变脆。在切屑排出过程中，当碰到刀具后刀面、工件上过渡表面或待加工表面等障碍时，如某一部位的应变超过了切屑材料的断裂应变值，切屑就会折断。

研究表明，工件材料脆性越大(断裂应变值小)、切屑厚度越大、切屑卷曲半径越小，切屑就越容易折断。可采取以下措施对切屑实施控制：

1)采用断屑槽。通过设置断屑槽对流动中的切屑施加一定的约束力，使切屑应变增大，切屑卷曲半径减小。

2)改变刀具角度。增大刀具主偏角，切削厚度变大，有利于断屑；减小刀具前角可使切屑变形加大，切屑易于折断。刃倾角可以控制切屑的流向，其为正值时，切屑常卷曲后碰到后刀面折断形成 C 形屑或自然流出形成螺卷屑；其为负值时，切屑常卷曲后碰到已加工表面折断形成 C 形屑或 6 字形屑。

3)调整切削用量。提高进给量 f 使切削厚度增大，对断屑有利；但增大进给量 f 会增大加工表面粗糙度。适当地降低切削速度使切削变形增大，也有利于断屑，但这会降低材料切除效率，须根据实际条件适当选择切削用量。

7. 切削力与切削热

切削力与切削热是切削过程中重要的物理量，在切削过程中它们相互影响，又共同对切削过程产生重要的影响。

(1)切削力的产生及分解。切削力是指在切削过程中产生的作用在工件和刀具上的大小相等、方向相反的力。通俗讲，切削力是在切削加工时，工件材料抵抗刀具切削产生的阻力。

如图 2.8 所示，切削力有以下三个垂直的分力：

1)切削力(主切削力)F_c：在主运动方向上的分力。它是校验和选择机床功率，校验和设计机床主运动机构、刀具和夹具强度与刚性的重要依据。

2)背向力(切深抗力)F_p：垂直于工作平面上的分力。它使工件产生弹性弯曲，引起振动，是影响加工精度、表面粗糙度的主要因素。

3)进给力(进给抗力)F_f：进给运动方向上的分力，它是校验进给机构强度的主要依据。

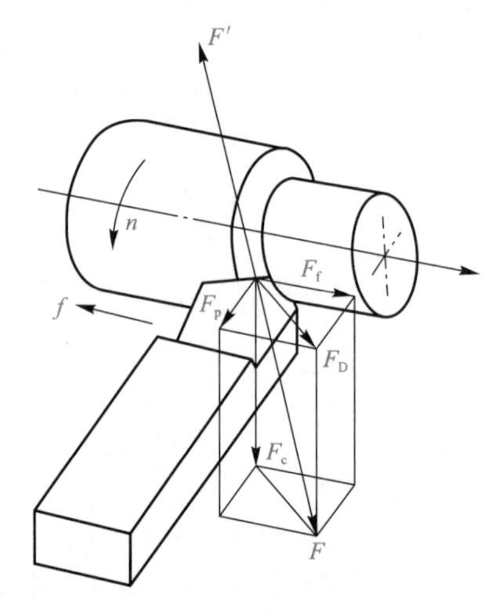

图 2.8　切削力的分解

(2)影响切削力的因素。工件材料的强度、硬度越高，切削力越大；背吃刀量增大一倍，切削力约增大一倍；进给量增大一倍，切削力增大 70%~80%；刀具角度的改变对切削力存在影响，前角增大，切削力减小，主偏角对三个分力都有影响，对 F_p 与 F_c 影响较大。

(3)切削热的产生及对加工的影响。切削金属时，切屑剪切变形所做的功和刀具前面、后面摩擦所做的功都转变为热，这种热叫作切削热。

切削热是切削温度上升的根源，但直接影响切削过程的是切削温度。切削温度一般是指前刀面与切屑接触区域的平均温度。但是通常所提到的切削温度是温度达到稳定状态时的刀具前刀面与切屑的接触面上的平均温度。切削温度是由切削热的产生与传出的平衡条件所决定的。产生的切削热越多、传出越慢，切削温度就越高。

切削速度对切削温度影响最大，切削速度增大，切削温度随之升高；进给量影响较小，背吃刀量影响更小。前角增大，切削温度下降，但前角不宜太大；主偏角增大，切削温度升高。

8. 积屑瘤

(1)积屑瘤的产生。关于积屑瘤的形成有许多解释，通常认为是由切屑在前刀面上黏结造成的。在一定的加工条件下，随着切屑与前刀面间温度和压力的增加，摩擦力也增大，使靠近前刀面处切屑中变形层流速减慢，产生“滞流”现象。越接近前刀面处的金属层，流动速度越低。当温度和压力增加到一定程度，滞流层中底层与前刀面产生了黏结，当切屑底层中剪应力超过金属的剪切屈服强度极限时，底层金属流动速度为零而被剪断，并黏结在前刀面上。该黏结层经过剧烈的塑性变形使硬度提高，在继续切削时，硬的黏结层又剪断软的金属层，这样层层堆积，高度逐渐增加，形成了积屑瘤。

在切削塑性材料时，前刀面上的摩擦系数较大，切削速度不高又能形成带状切屑的情况下，常常会在切削刃上黏附一个硬度很高的鼻形或楔形硬块，称为积屑瘤。如图 2.9 所示，积屑瘤包围着刃口，将前刀面与切屑隔开，其硬度是工件材料的 2~3 倍，可以代替刀刃进行切削，起到增大刀具前角和保护切削刃的作用。

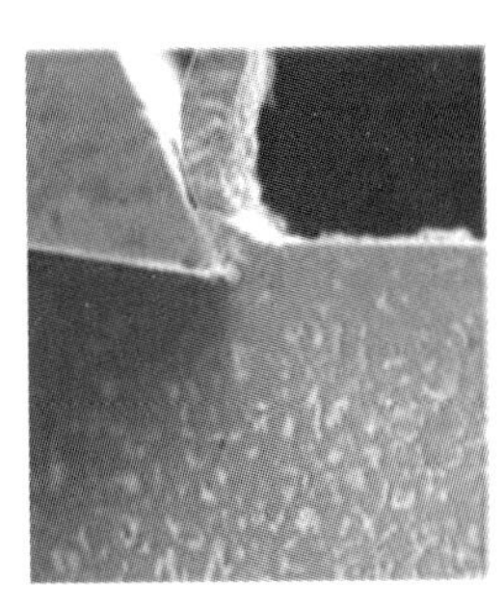
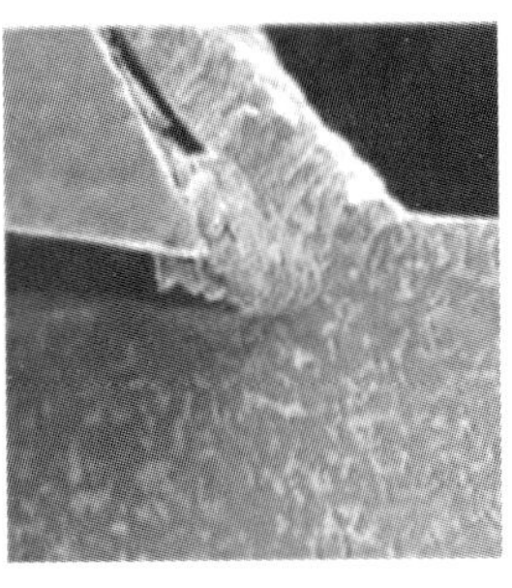
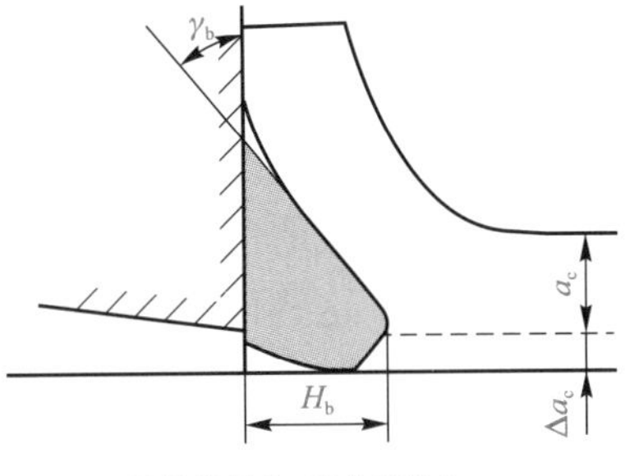

图 2.9 积屑瘤

在外力或振动作用下，积屑瘤局部断裂或脱落，温度、压力合适时又形成和长大。

(2)积屑瘤的作用。对切削加工的好处是能保护刀刃刃口，增大实际工作前角。坏处是造成过切，加剧了前刀面的磨损，造成切削力的波动，影响加工质量和表面粗糙度。据此可以认为，积屑瘤对粗加工是有利的，对于精加工则不利。

(3)积屑瘤的控制。避免产生积屑瘤的措施如下：

1)避免采用产生积屑瘤的速度进行切削，即宜采用低速或高速切削，但低速加工效率低，故多采用高速切削(图 2.10)。

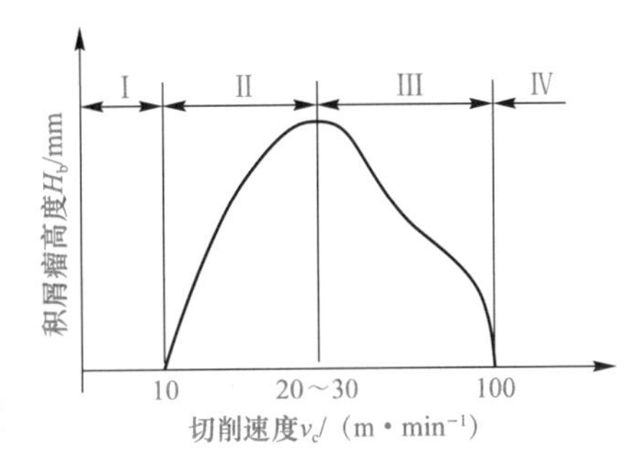

图 2.10 积屑瘤高度与速度之间关系

2)采用大前角刀具切削，以减小刀具与切屑接触的压力。

3)提高工件的硬度，减少加工硬化倾向。

4)其他措施，诸如减小进给量，减小前刀面的粗糙度值，合理使用切削液等。

9. 切削液

合理使用切削液，可以改善切削条件，减少刀具磨损，提高已加工表面质量，也是提高金属切削效益的有效途径之一。

(1)切削液的作用及种类。

1)切削液的作用。

①冷却作用。切削液的冷却作用主要是切削液带走大量的切削热，从而降低切削区的切削温度，其冷却效果取决于切削液本身的热导率、比热容、汽化热等，还与浇铸方法有关。

②润滑作用。切削液的润滑作用主要是切削液渗透到切屑、工件、刀具接触面之间形成润滑膜。高温高压下的边界润滑也称为极压润滑。其润滑性能的好坏主要取决于切削液的渗透性和表面间形成的润滑膜的强度。

③清洗与防锈作用。切削液的清洗作用是清除黏附在机床、刀具和夹具上的细碎切屑与磨粒细粉，以防止划伤已加工表面和机床的导轨，并减少刀具磨损。清洗作用的好坏取

决于切削液的油性、流动性和使用压力。在切削液中加入防锈添加剂后，能在金属表面形成保护膜，使机床、刀具和工件不受周围介质的腐蚀，起到防锈作用。

2)切削液的种类。

①水溶液。水溶液是以水为主要成分并加入防锈添加剂的切削液。这类液体是由无机物质溶解在水中而形成的含有亚硝酸盐、硝酸盐、硼酸盐或磷酸盐的纯溶液。正如它们的名字所隐含的一样，这些化学液在水中形成纯溶液，而不是像油一样的乳状液。这些化学物质在水中容易溶解，当与水混合时，可呈现为乳白色或透明状。由于水的热导率、比热容和汽化热较大，因此，水溶液主要起冷却作用，同时由于其润滑性能较差，所以主要用于粗加工和普通磨削加工。

②乳化液。乳化液是乳化油加水稀释成的一种切削液。乳化液由矿物油、乳化剂配制而成。乳化剂可使矿物油与水乳化形成稳定的切削液。日常使用的肥皂就是一种乳化液，它能使油与水溶解形成含有微小颗粒的悬浮液。

③切削油。切削油是以矿物油为主要成分并加入一定的添加剂而构成的切削液。用于切削油的矿物油主要包括全系统损耗用油、轻柴油和煤油等。切削油主要起润滑作用。

(2)切削液的选择。当使用液泵系统时，最常用的切削液添加方式就是浇灌。只需要简单地将喷头对准刀具和工件交界区域，并将大量的切削液“灌溉”到该区域即可。这种方法在车削和铣削加工中应用效果非常好，但是在进行磨削加工时不太适合，因为高速旋转的砂轮会将切削液甩离。为了确保工件完全被“灌溉”和良好冷却，常常采用特殊的环绕式喷头。外圆磨床上通常会在砂轮上方安装一个扇形喷头，其宽度与砂轮宽度近似相等。

各种切削液的组成及主要用途见表 2.4。

表 2.4　各种切削液的组成及主要用途

序号	名称	组成	主要用途
1	水溶液	以硝酸钠、碳酸钠等溶于水的溶液，用100~200倍的水稀释而成	磨削
2	乳化液	(1)矿物油很少，主要为表面活性剂的乳化油，用40~80倍的水稀释而成，冷却和清洗性能好	车削、钻削
		(2)以矿物油为主，少量表面活性剂的乳化油，用10~20倍的水稀释而成，冷却和清洗性能好	车削、攻螺纹
		(3)在乳化液中加入添加剂	高速车削、钻削
3	切削油	(1)矿物油(L-AN15或L-AN32全损耗系统用油)单独使用	滚齿、插齿
		(2)矿物油加植物油或动物油形成混合油，润滑性能好	精密螺纹车削
		(3)矿物油或混合油中加入添加剂形成切削油	高速滚齿、插齿、车螺纹等
4	其他	(1)液态的CO_2	冷却
		(2)二硫化钼+硬脂酸+石蜡做成蜡笔，涂于刀具表面	攻螺纹

切削铸铁一般不用切削液；切削铜合金和有色金属时，一般不选用含硫的切削液，以免腐蚀工件表面；切削铝合金时不用切削液。

三、车床及车削加工

1. 机床分类和机床编号

(1)机床分类。

1)按加工方法和刀具分为12大类：车床、钻床、镗床、磨床、齿轮加工机床、螺纹加工机床、特种加工机床、铣床、刨插床、拉床、锯床和其他机床。

2)按万能性程度划分：通用机床、专门化机床、专用机床。

3)按精度划分：普通精度机床、精密机床、高精度机床。

另外，还有按照重量和尺寸、自动化程度等分类方法划分。

(2)机床编号。通用机床编号的方法按《金属切削机床型号编制方法》(GB/T 15375—2008)的规定(图2.11)。

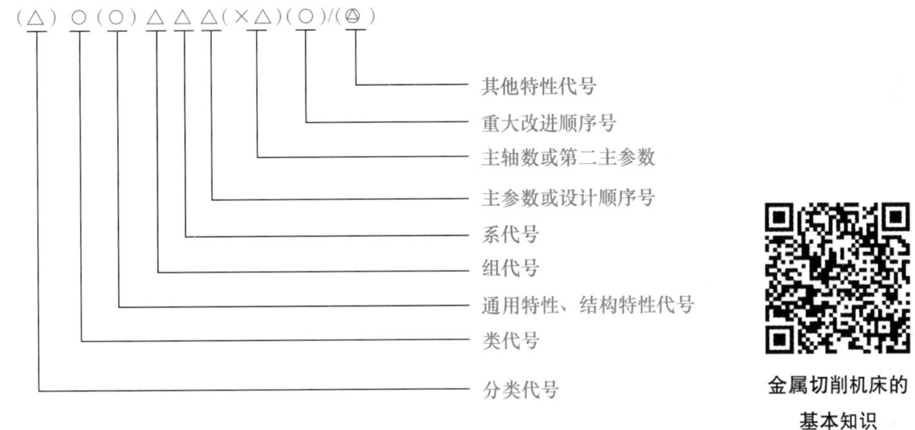

注：①有“( )”的代号或数字，当无内容时，则不表示。若有内容则不带括号。
②有“○”符号的，为大写的汉语拼音字母。
③有“△”符号的，为阿拉伯数字。
④有“◎”符号的，为大写的汉语拼音字母，或阿拉伯数字，或两者兼有之。

图2.11　通用机床的编号方法

1)机床类代号。用该类机床名称汉语拼音的第一个字母表示，见表2.5。

表2.5　机床类代号

类别	车床	钻床	镗床	磨床			齿轮加工机床	螺纹加工机床	铣床	刨插床	拉床	锯床	其他机床
代号	C	Z	T	M	2M	3M	Y	S	X	B	L	G	Q
读音	车	钻	镗	磨	二磨	三磨	牙	丝	铣	刨	拉	割	其

对于具有两类特性的机床编制时，主要特性放在后面，次要特性放在前面。例如，铣镗床是以镗为主、铣为辅，则代号应为XT。

2)通用特性代号、结构特性代号。这两种特性代号，用大写的汉语拼音字母表示，位于类代号之后。

①通用特性代号。通用特性代号有统一的规定，它在各类机床的型号中表示的意义相

同。当某类型机床，除有普通型外，还有下列某种通用特性时，则在类代号之后加通用特性代号予以区分。当在一个型号中需要同时使用两至三个通用特性代号时，一般按重要程度排列顺序。通用特性代号见表 2.6。

表 2.6　机床的通用特性代号

通用特性	高精度	精密	自动	半自动	数控	加工中心（自动换刀）	仿形	轻型	加重型	柔性加工单元	数显	高速
代号	G	M	Z	B	K	H	F	Q	C	R	X	S
读音	高	密	自	半	控	换	仿	轻	重	柔	显	速

②结构特性代号。对主参数值相同而结构、性能不同的机床，在型号中加结构特性代号予以区分。根据各类机床的具体情况，对某些结构特性代号，可以赋予一定的含义。但结构特性代号与通用特性代号不同，它在型号中没有统一的含义，只在同类机床中起区分机床结构、性能不同的作用。当型号中有通用特性代号时，结构特性代号应排列在通用特性代号之后，用汉语拼音字母(通用特性代号已用的字母和“I”“O”两个字母不能用)A、B、C、D 等表示。当单个字母不够用时，可以将两个字母组合起来使用，如 AD、AE 等。

3)机床组、系的划分原则及其代号。

①机床组、系划分原则。将每类机床划分为 10 个组，每个组又划分为 10 个系(系列)(表 2.7)。组和系划分的原则如下：

表 2.7　机床类、组划分表

组别		类别									
		0	1	2	3	4	5	6	7	8	9
车床 C		仪表小型车床	单轴自动、半自动车床	多轴自动、半自动车床	回轮、转塔车床	曲轴及凸轮轴车床	立式车床	落地及卧式车床	仿形及多刀车床	轮、轴、辊、锭及铲齿车床	其他车床
钻床 Z			坐标镗钻床	深孔钻床	摇臂钻床	台式钻床	立式钻床	卧式钻床	铣钻床	中心孔钻床	其他钻床
镗床 T				深孔镗床		坐标镗床	立式镗床	卧式铣镗床	精镗床	汽车、拖拉机修理用镗床	其他镗床
磨床	M	仪表磨床	外圆磨床	内圆磨床	砂轮机	坐标磨床	导轨磨床	刀具刃磨床	平面及端面磨床	曲轴、凸轮轴、花键轴及轧辊磨床	工具磨床
	2M		超精机	内圆珩磨机	外圆及其他珩磨机	抛光机	砂带抛光及磨削机床	刀具刃磨床及研磨机床	可转位刀片磨削机床	研磨机	其他磨床
	3M		球轴承套圈沟磨床	滚子轴承套圈滚道磨床	轴承套圈超精机		叶片磨削机床	滚子加工机床	钢球加工机床	气门、活塞及活塞环磨削机床	汽车、拖拉机修磨机床

续表

组别	类别									
	0	1	2	3	4	5	6	7	8	9
齿轮加工机床 Y	仪表齿轮加工机		锥齿轮加工机	滚齿及铣齿机	剃齿及珩齿机	插齿机	花键轴铣床	齿轮磨齿机	其他齿轮加工机	齿轮倒角及检查机
螺纹加工机床 S				套丝机	攻丝机		螺纹铣床	螺纹磨床	螺纹车床	
铣床 X	仪表铣床	悬臂及滑枕铣床	龙门铣床	平面铣床	仿形铣床	立式升降台铣床	卧式升降台铣床	床身铣床	工具铣床	其他铣床
刨插床 B		悬臂刨床	龙门刨床			插床	牛头刨床		边缘及模具刨床	其他刨床
拉床 L			侧拉床	卧式外拉床	连续拉床	立式内拉床	卧式内拉床	立式外拉床	键槽、轴瓦及螺纹拉床	其他拉床
锯床 G			砂轮片锯床		卧式带锯床	立式带锯床	圆锯床	弓锯床	锉锯床	
其他机床 Q	其他仪表机床	管子加工机床	木螺钉加工机		刻线机	切断机	多功能机床			

a. 在同一类机床，主要布局或使用范围基本相同的机床，即为同一组；

b. 在同一组机床中，其主参数相同、主要结构及布局形式相同的机床，即为同一系。

②机床的组、系代号。

a. 机床的组，用一位阿拉伯数字，位于类代号或通用特性代号、结构特性代号之后；

b. 机床的系，用一位阿拉伯数字表示，位于组代号之后。

4）机床主参数的表示方法。机床型号中主参数用折算值表示，位于系代号之后。当折算值大于 1 时，则取整数，前面不加“0”；当折算值小于 1 时，则取小数点后第一位数，并在前面加“0”。

5）通用机床的设计顺序号。某些通用机床，当无法用一个主参数表示时，则在型号中用设计顺序号表示。设计顺序号由 1 起始，当设计顺序号小于 10 时，由 01 开始编号。

6）机床主轴数的表示方法。对于多轴车床、多轴钻床、排式钻床等机床，其主轴数应以实际数值列入型号，置于主参数之后，用“×”分开，读作“乘”。单轴可省略不写。

7）机床第二主参数的表示方法。机床第二主参数一般不予以表示，如有特殊情况，需要在型号中表示时，一般以折算成两位数为宜，最多不超过三位数。以长度、深度值等表示的，其折算系数为 1/100；以直径、宽度值表示的，其折算值为 1/10；以厚度、最大模数值等表示的，其折算系数为 1。

8）机床重大改进顺序号。当机床的结构、性能有更高的要求，并需按新产品重新设计、试制和鉴定时，才按改进的先后顺序选用 A、B、C 等汉语拼音字母（但 I、O 两个字母不得选用），加在型号基本部分的尾部，以区别原机床的型号。

9）其他特性代号及其表示方法。其他特性代号置于辅助部分之首。其他特性代号主要用来反映各类机床的特性，如对加工中心，可用来反映控制系统、联动轴数、自动交换主轴头、自动交换工件台等；对于一般机床，可以反映同一型号机床的变型等。

其他特性代号可用拼音字母(I、O 除外)表示，其中 L 表示联动轴数，F 表示复合。当单个字母不够用时，可以将字母组合起来使用，也可用阿拉伯数字和汉语拼音字母组合表示。

示例 1：工作台最大宽度为 500 mm 的精密卧式加工中心，其型号为 THM6350。

示例 2：工作台最大宽度为 400 mm 的 5 轴联动卧式加工中心，其型号为 THM6340/5L。

示例 3：最大磨削直径为 400 mm 的高精度数控外圆磨床，其型号为 MKG1340。

示例 4：经过第一次重大改进，其最大钻孔直径为 25 mm 的四轴立式排钻床，其型号为 Z5625×4A。

示例 5：最大钻孔直径为 40 mm，最大跨距为 1 600 mm 的摇臂钻床，其型号为 Z3040×16。

示例 6：最大车削直径为 1 250 mm，第一次重大改进的数显单柱立式车床，其型号为 CX5112A。

示例 7：最大回转直径为 400 mm 的半自动曲轴磨床，其型号为 MB8240。根据加工要求，在此型号机床的基础上变换的第一种形式的半自动曲轴磨床，其型号为 MB8240/1；变换的第二种形式的型号为 MB8240/2，依次类推。

示例 8：配置 MTC-2M 型数控系统的数控床身铣床，其型号为 XK714/C。

2. 机床运动及传动

(1) 机床运动。就机床上运动的功能来看，机床运动可分为表面成型运动和辅助运动(切入运动、分度运动、调位运动和其他运动)等(图 2.12)。

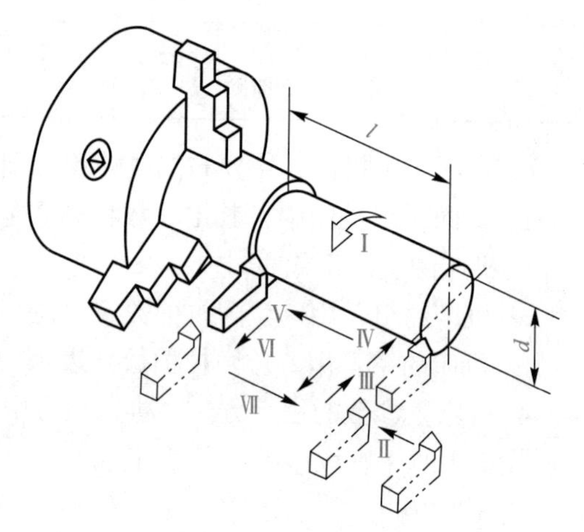

图 2.12　车削外圆柱面所需的运动

1)表面成型运动。保证得到工件要求的表面形状的运动。它是机床上最基本的运动，是机床上的刀具和工件为了形成表面发生线而做的相对运动。如工件的旋转运动Ⅰ和刀具的直线进给运动Ⅴ是成型运动。

2)辅助运动。除表面成型运动外，机床在加工过程中还需要完成一系列的辅助运动。如刀具的横向对刀运动Ⅱ、刀具的径向对刀运动Ⅲ、刀具的径向进给运动Ⅳ、径向退刀运动Ⅵ和横向退刀运动Ⅶ等都是辅助运动。

(2)机床传动。为了实现在加工过程中所需的各种运动，机床必须有执行件、运动源和传动装置三个基本部分。

1)执行件是执行机床运动的部件，如主轴、刀架、工作台等。其任务是装夹刀具或工件，直接带动它们执行一定形式的运动(旋转或直线运动)，并保证运动轨迹的准确性。

2)运动源是为执行件提供运动和动力的装置，如交流异步电动机、直流或交流调速电动机和伺服电动机等。

3)传动装置是传递运动和动力的装置，通过它将运动和动力从运动源传至执行件，执行件获得一定运动速度和方向的运动，并使有关执行件之间保持某种确定的相对运动关系。

3. 传动系统

传动系统是一台机床运动的核心，它决定着机床的运动和功能。机床的每个运动都由运动源、执行件和联系两者的一系列传动装置完成。这些传动装置和运动源、执行件一起构成了机床这一运动的传动链。机床的传动系统就是各种运动的传动链的综合。

根据传动联系的性质，传动链可分为以下两类：

(1)外联系传动链。外联系传动链是联系运动源和执行件之间的传动链，使执行件得到运动，而且能改变运动速度和方向，但不要求运动源和执行件之间有严格的传动比关系。

(2)内联系传动链。当表面成型运动为复合运动时，它是由同保持严格的相对运动关系(如严格的传动比)的几个单元运动(旋转或直线运动)所组成的。

例如，车圆柱螺纹时，从电动机传送到车床主轴的传动链"1—2—u_v—3—4"就是外联系传动链，它只决定车螺纹速度的快慢，而不影响螺纹表面的形成。

车削圆柱螺纹时需要工件旋转 B_{11} 和车刀直线移动 A_{12} 组成的复合运动。这两个运动应保持严格的运动关系：工件每转一转，车刀应准确地移动一个螺旋线导程。为实现这一运动，需用传动链"4—5—u_x—6—7"将两个执行件(主轴和刀架)联系起来，并且传动链的传动比必须准确地满足上述传动比关系(图 2. 13)。

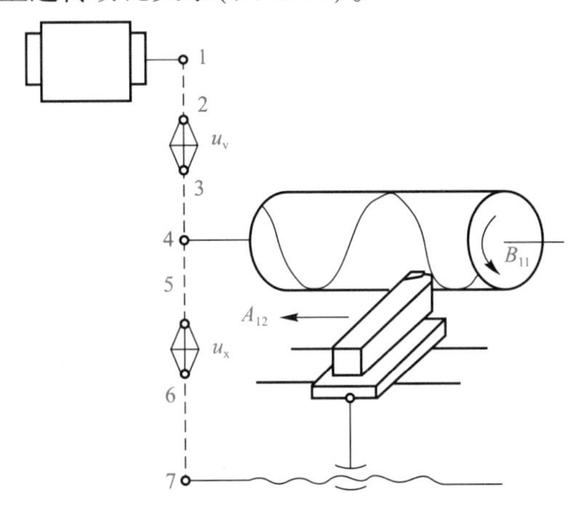

图 2. 13　车圆柱螺纹

传动原理图：用一些简单的符号来表明机床传动联系的示意。它简单明了，是研究机床传动联系，特别是研究一些运动较为复杂的机床传动系统的重要工具。

传动系统图是表示机床全部运动关系的示意(图 2. 14)，在图中用简单的国家规定的标准符号代表各种传动元件；它反映了机床各执行元件的运动情况及相互关系，并反映了切削加工所必需的辅助运动。

在图 2. 14 中各传动链的传动元件是按照运动的传递先后顺序以展开图的形式绘制出来，它只表示传动关系，不代表各元件的实际尺寸和空间位置；而且还要标明齿轮、蜗轮的齿数、丝杠的导程和头数、带轮直径、电动机的功率和转速、传动轴的编号等有关数据。

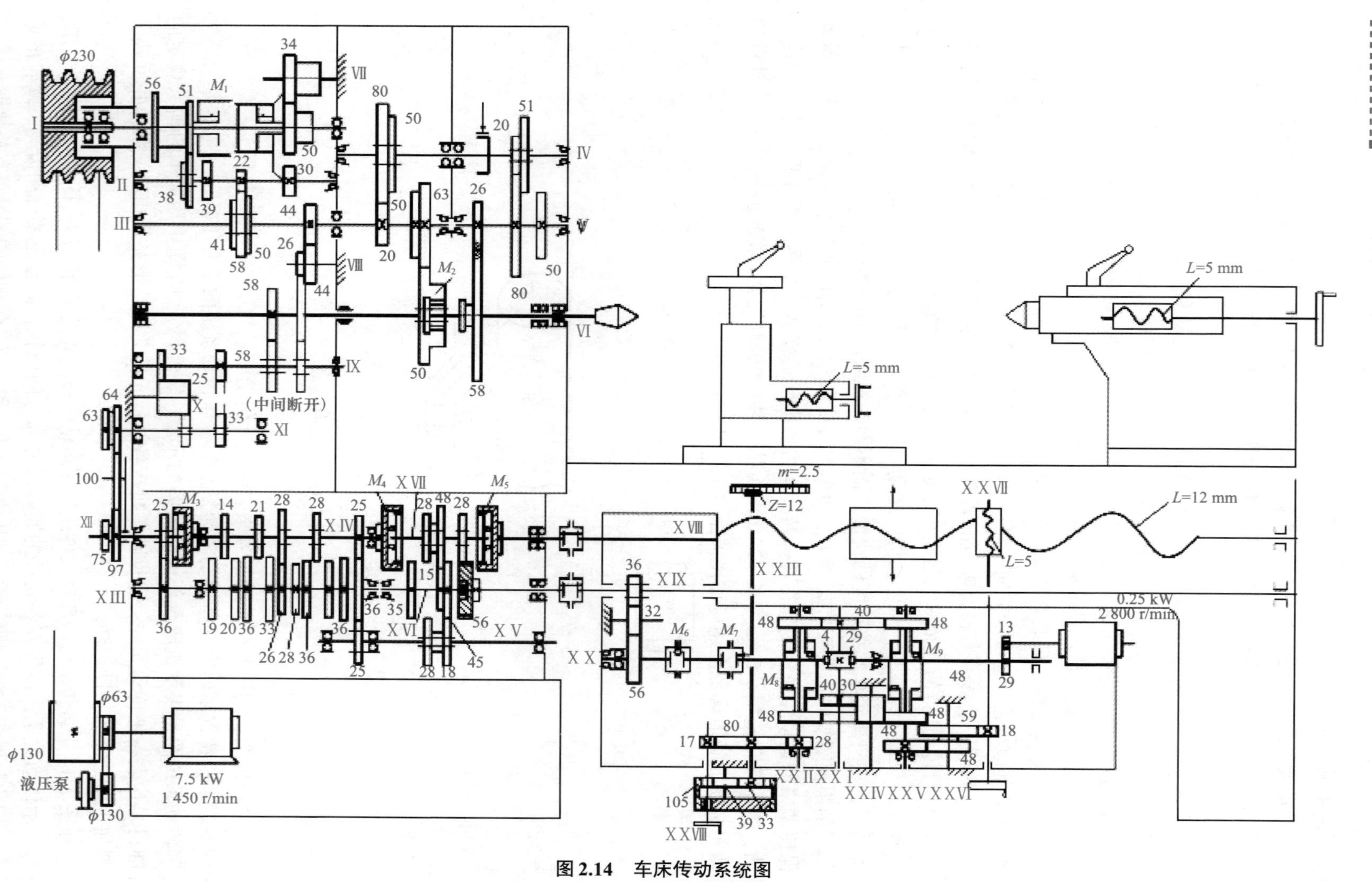

图 2.14　车床传动系统图

4. 车削加工

按国家标准机床通用型号的分类方法，车床有 10 个组，78 个系列。车床主要有卧式车床、立式车床、转塔车床、多刀半自动车床、仿形车床及仿形半自动车床、单轴半自动车床、多轴自动车床及多轴半自动车床等。各种专门化车床，如凸轮车床、铲齿车床曲轴车床、丝杠车床、车轮车床等。另外，在其他类型的机床中也出现了车床的名称，如管螺纹车床、管接头螺纹车床等。在企业生产中应用最普遍的当属 C6140 类卧式普通车床，如沈阳机床集团生产的 CA6140、济南机床集团生产的 CJN6140 等。

(1) 车削加工的特点及应用。

1) 车削加工的特点。

①工艺范围广(图 2.15)。

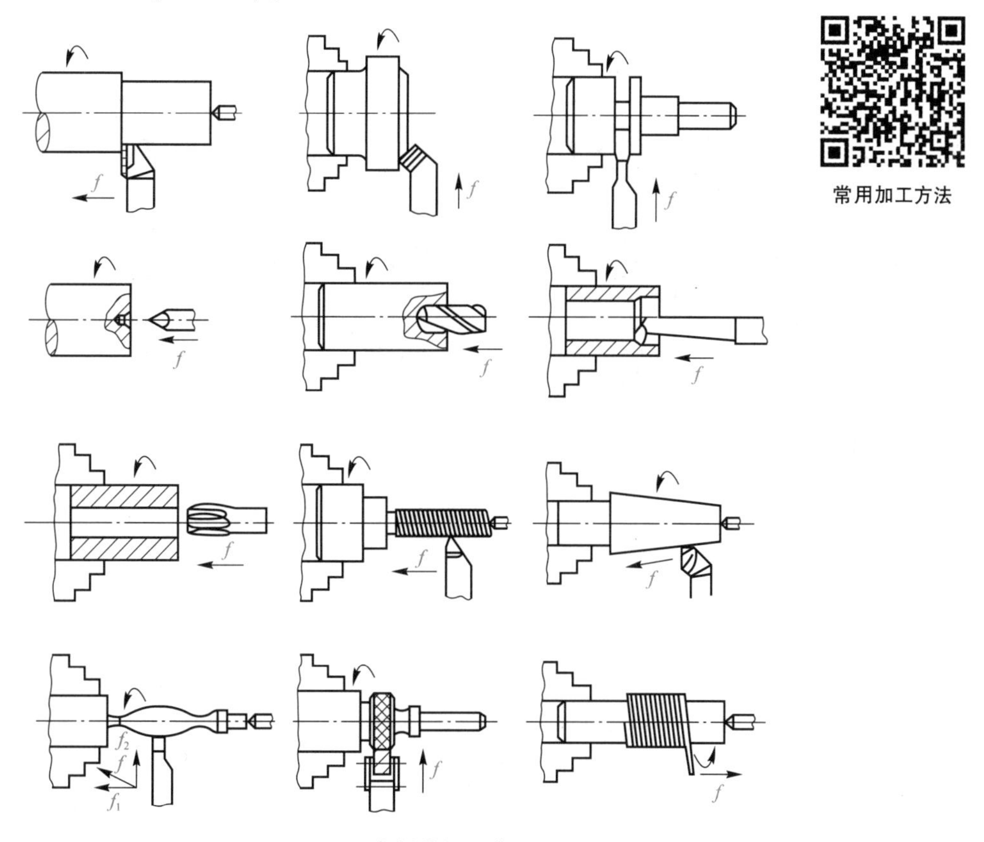

图 2.15　车削的加工范围

②生产率高，转速快，连续切削，切削用量大。

③加工成本低，结构简单，不定尺寸刀具。

④加工精度范围大。

2) 车床的应用。

①荒车。毛坯为自由锻件或大型铸件时，其加工余量很大且不均匀，利用荒车可去除大部分余量，减小形状和位置误差，荒车的公差等级一般为 IT18 ~ IT15，表面粗糙度 $Ra>$ 80 μm。

②粗车。中小型锻件和铸件可直接进行粗车，粗车后的公差等级为 IT13～IT11，表面粗糙度 *Ra* 值为 12.5～30 μm。

③半精车。尺寸精度要求不高的工件或精加工工序之前可安排半精车，半精车后的公差等级为 IT10～IT8，表面粗糙度 *Ra* 值为 3.2～6.3 μm。

④精车。一般作为最终工序或光整加工的预加工工序，精车后工件公差等级可达 IT8～IT7，表面粗糙度 *Ra* 值为 0.8～1.6 μm。

⑤高速精细车。高速精细车是加工有色金属高精度回转表面的主要方法。金刚石高速切削后的公差等级为 IT6～IT5，表面粗糙度 *Ra*＝0.1 μm。

(2) 车床的种类(图 2.16～图 2.18)。

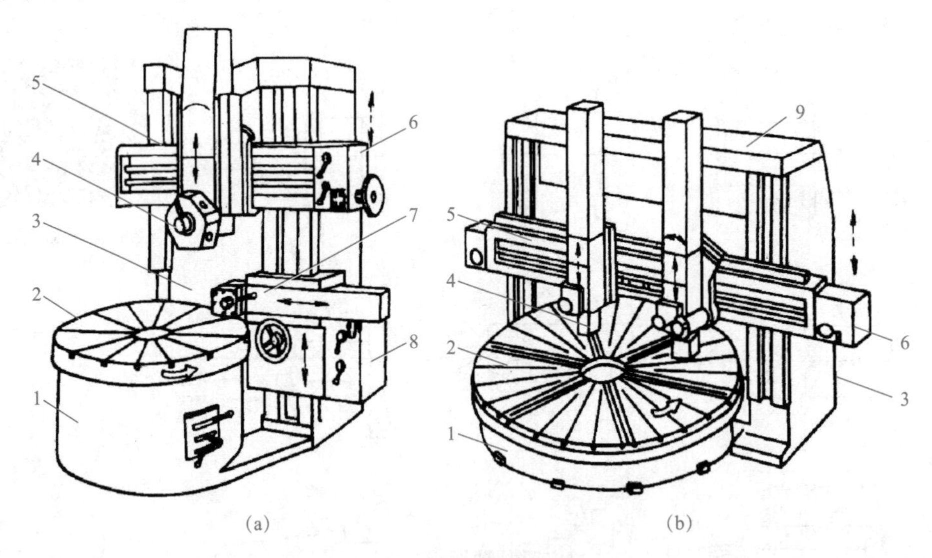

图 2.16　立式车床

(a)单柱式立式车床；(b)双柱式立式车床

1—底座；2—工作台；3—立柱；4—垂直刀架；5—横梁；
6—垂直刀架进给箱；7—侧刀架；8—侧刀架进给箱；9—顶梁

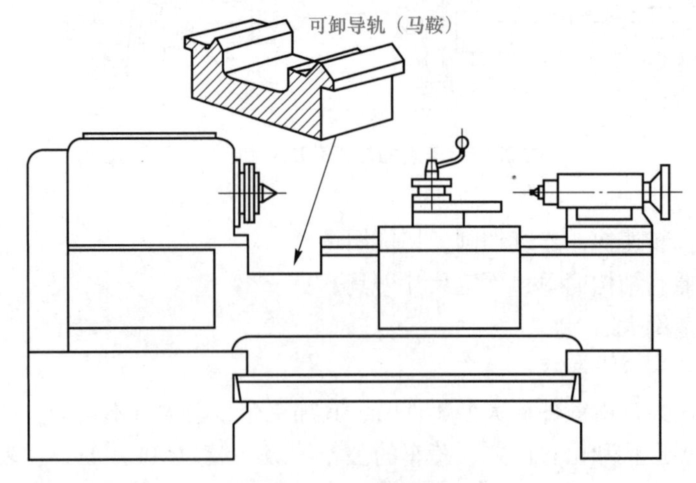

图 2.17　马鞍车床

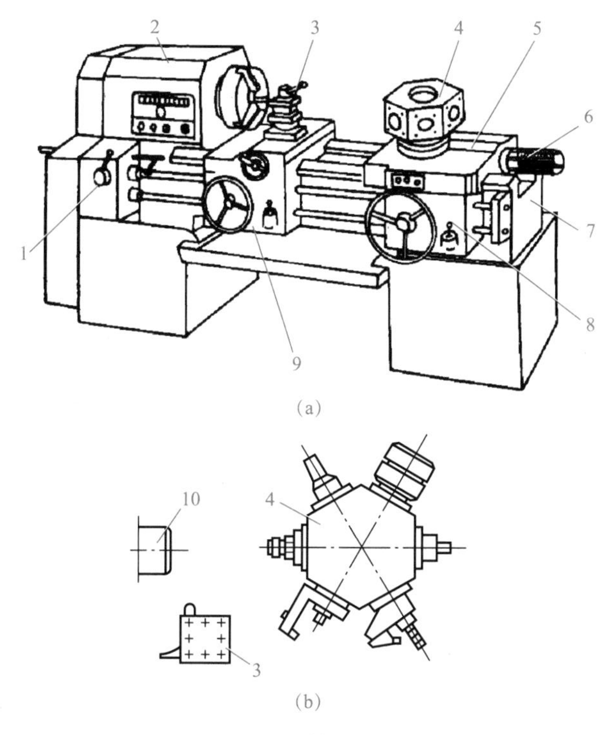

图 2.18　转塔车床

1—进给箱；2—主轴箱；3—前刀架；4—转塔刀架；5—纵向溜板；
6—定程装置；7—床身；8—转塔刀架溜板箱；9—前刀架溜板箱；10—主轴

(3)车床结构(图 2.19、表 2.8)。

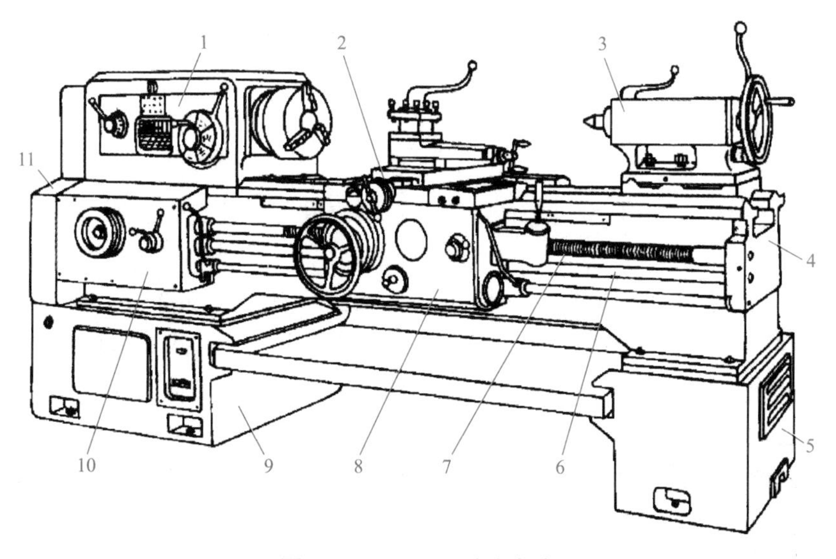

图 2.19　CA6140 卧式车床

1—主轴箱；2—刀架；3—尾座；4—床身；5，9—床腿；
6—光杠；7—丝杠；8—溜板箱；10—进给箱；11—挂轮变速机构

表 2.8 CA6140 卧式车床主要技术参数

序号	参数名称	参数值
1	在床身上最大加工直径/mm	400
2	在刀架上最大加工直径/mm	210
3	主轴可通过的最大棒料直径/mm	48
4	最大加工长度(多种)/mm	(如 1 900)
5	中心高/mm	205
6	顶尖距(多种)/mm	(如 2 000)
7	主轴内孔锥度	莫氏 6 号
8	主轴转速范围(24 级)/($r \cdot min^{-1}$)	10~1 400
9	纵向进给量(64 级)/($r \cdot min^{-1}$)	0.028~6.33
10	横向进给量(64 级)/($r \cdot min^{-1}$)	0.014~3.16
11	加工米制螺纹(44 种)/mm	1~192
12	加工英制螺纹(20 种)/(牙·英寸$^{-1}$)	2~24
13	加工模数螺纹(39 种)/mm	0.25~48
14	加工径节螺纹(37 种)/(牙·英寸$^{-1}$)	1~96
15	主电机功率/kW	7.5

车床主轴变速箱固定在床身的左上端，它的功用是获得车床主轴的主运动。其内装有主轴和变速、换向等机构，由主电动机经变速机构带动主轴旋转。主轴变速箱的正面装有主轴变速操纵手柄(两个)和进给(换向、普通螺距与加大螺距)控制手柄。主轴前端可安装三爪卡盘、四爪卡盘或花盘等夹具，用以装夹工件(图 2.20)。

车床进给变速箱固定在床身的前侧面上，它的功用是改变被加工螺纹的螺距或机动进给的进给量。

车床溜板是大溜板(纵向运动)、中溜板(横向运动)和小溜板(任意水平方向)的总称，安装在车床床身导轨上。车床溜板箱固定在大溜板的前下面，它的功用是将进给变速箱传来的运动(光杠或丝杠的运动)传递给刀架，并控制刀架的运动方向。操纵车床溜板箱右侧的进给(含快速运动)操纵手柄的作用是将光杠的运动传递给刀架，实现进给运动。通过控制大溜板运动，实现纵向机动进给；控制中溜板运动，实现横向机动进给。操纵溜板箱前上面的开合螺母操纵手柄，可将丝杠的运动传递给刀架。因为丝杠的传动精度很高，所以用来加工各种螺纹。小溜板的作用是可以使刀架水平旋转一定的角度，用手动进给方式加工锥体。

车床尾座安装在床身的尾座导轨上。其上的套筒前端莫氏锥孔内可安装顶尖、各种孔加工刀具或钻夹头等。尾座可沿尾座导轨做纵向位置调整移动，然后夹紧在所需的位置上。尾座还可以横向调整，使尾座套筒中心与主轴中心偏离，用来车削较长且锥度较小的外圆锥面。

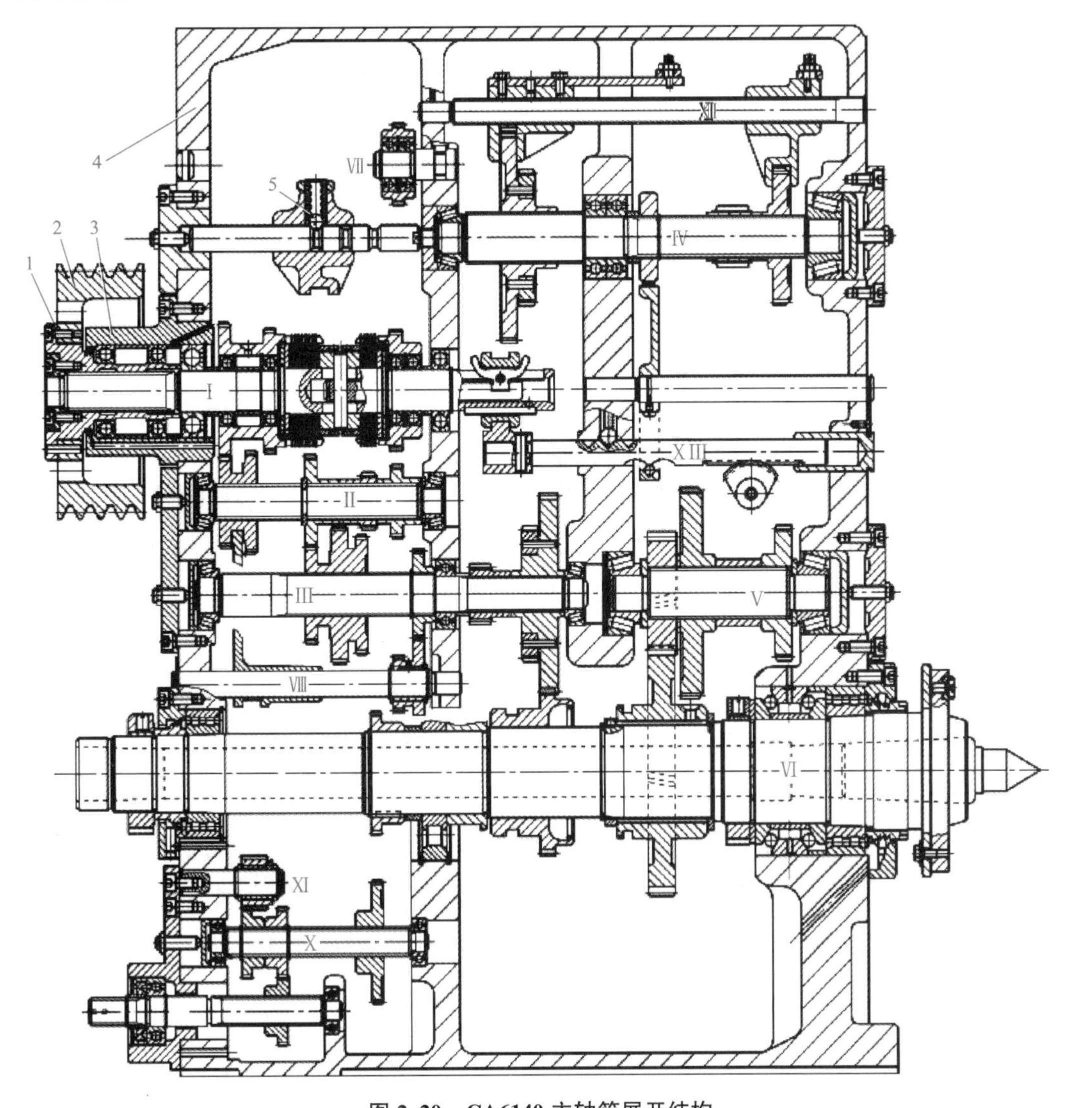

图 2.20 CA6140 主轴箱展开结构

1—花键套；2—带轮；3—法兰；4—箱体；5—定位钢球

车床床身固定在车床下部的床腿上。床身是车床的基本支承件。车床的各个主要部件都安装在床身上，并保持各部件之间具有的相对位置。

(4) 车削常用刀具与辅具。

1) 刀具。

①车刀按用速分类如图 2.21 所示。

②车刀按结构不同可分为整体车刀、焊接车刀、机夹车刀、可转位车刀和成型车刀(图 2.22)。

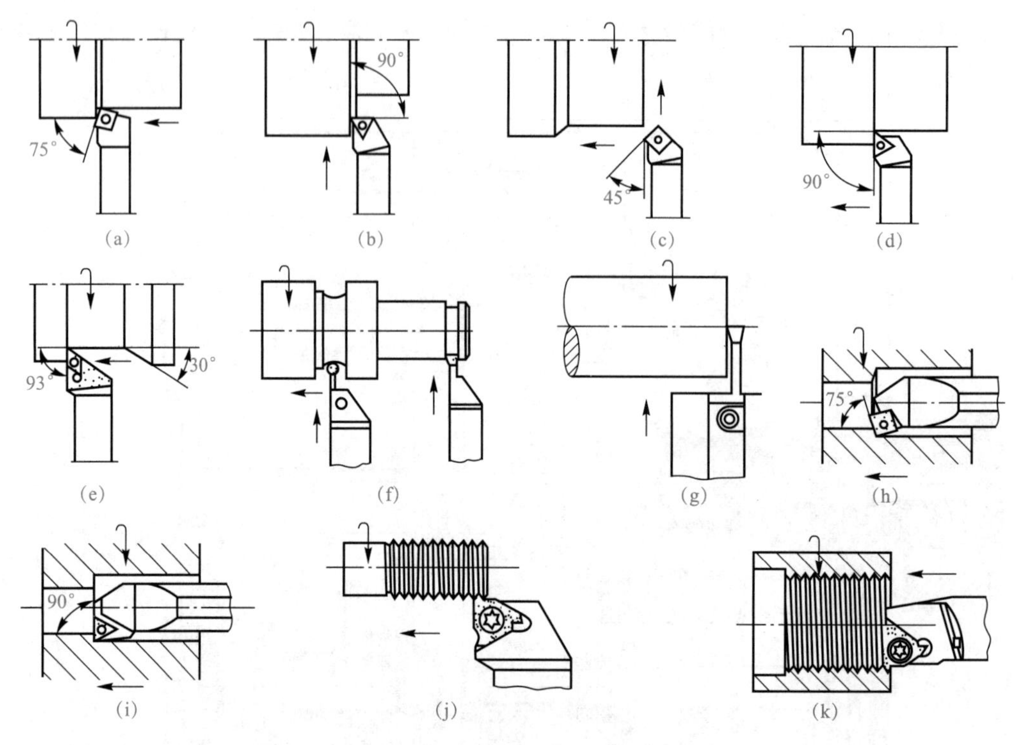

图 2.21 车刀(一)

(a)75°偏头外圆车刀；(b)90°偏头端面车刀；(c)45°偏头外圆车刀；(d)90°偏头外圆车刀；(e)93°偏头仿形车刀；(f)切槽刀、切断刀；(g)机夹式切断刀；(h)75°内孔车刀；(i)90°内孔车刀；(j)外螺纹车刀；(k)内螺纹车刀

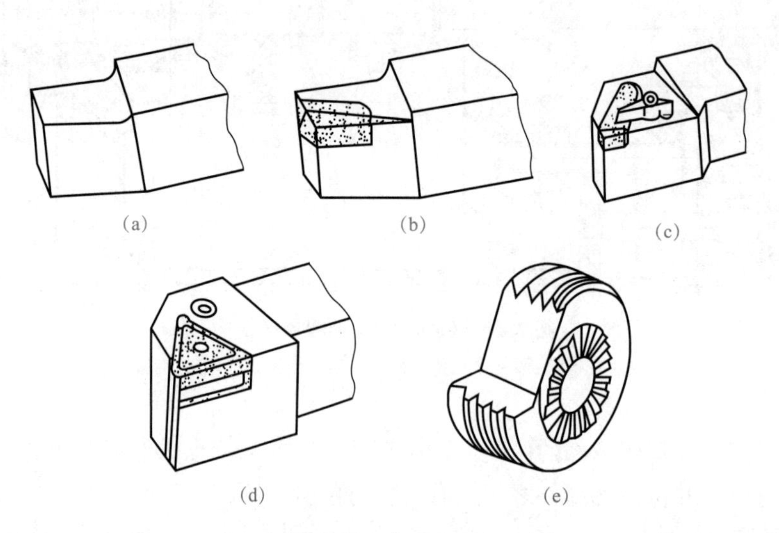

图 2.22 车刀(二)

(a)整体车刀；(b)焊接车刀；(c)机夹车刀；(d)可转位车刀；(e)成型车刀

2)辅具(图 2.23~图 2.27)。

①三爪夹盘：形状在 120°方向中心对称，自动定心，装夹方便，效率高，夹紧力不大。

②四爪夹盘：适用于装夹形状不规则、尺寸较大的工件，适用于小批量生产。

③双顶尖：适用于长轴装夹。

④心轴：适用于有内孔、同轴度要求高的零件。

⑤中心架：适用于长阶梯轴外圆加工。

⑥跟刀架：适用于细长光轴加工。

图 2.23　三爪夹盘

图 2.24　四爪夹盘

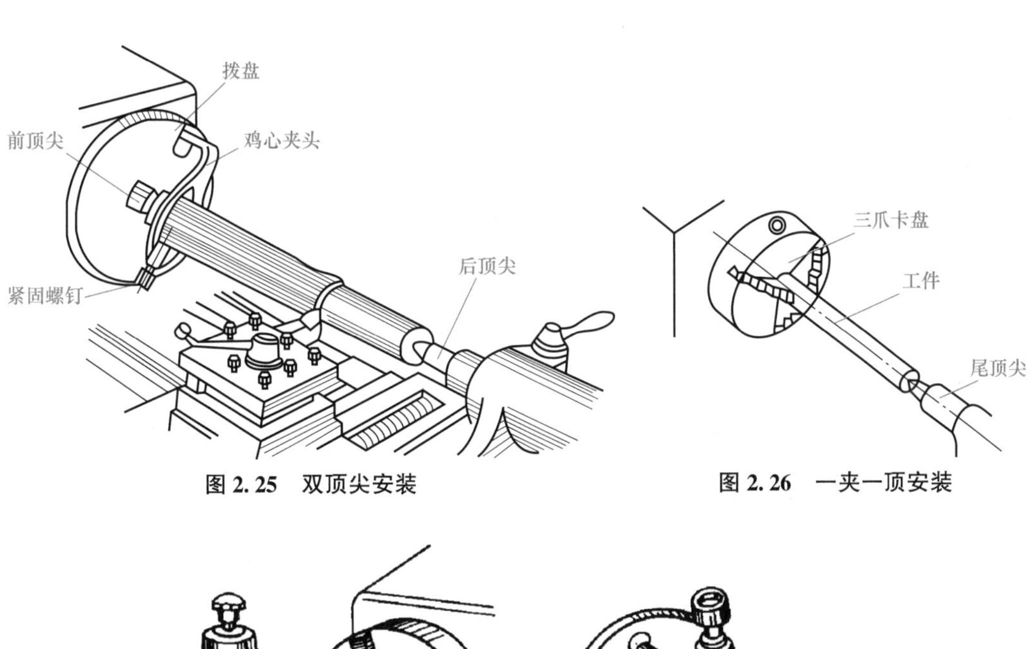

图 2.25　双顶尖安装

图 2.26　一夹一顶安装

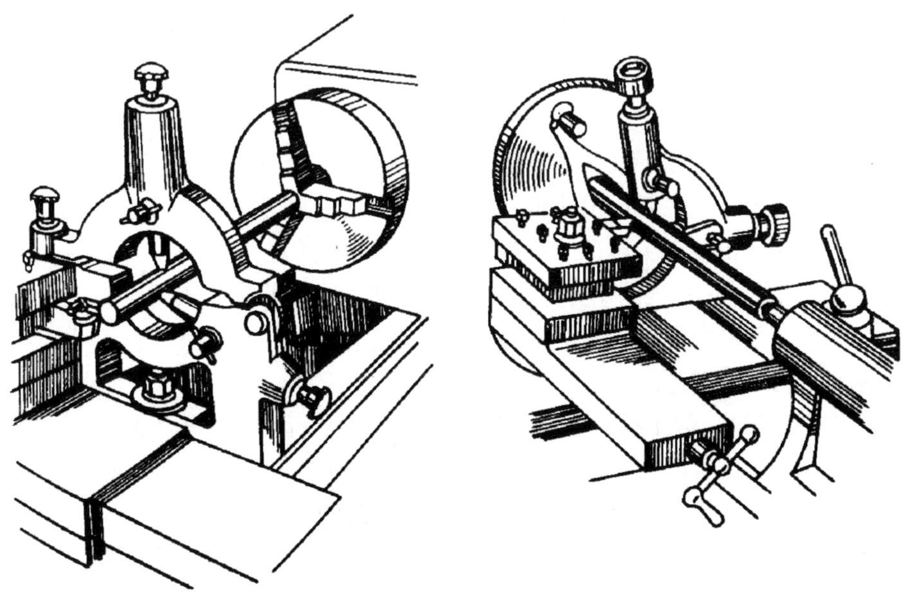

图 2.27　中心架与跟刀架

【知识拓展】

一、车刀

刀具是机械制造中用于切削加工的工具，又称切削工具。绝大多数的刀具是机用的，但也有手用的。由于机械制造中使用的刀具基本上用于切削金属材料，所以“刀具”一词一般就理解为金属切削刀具。切削木材使用的刀具则称为木工刀具。还有一类特别应用的刀具，用于地质勘探、打井、矿山钻探，称为矿山刀具。

金属切削刀具的种类繁多，形状各异，但就其切削部分而言，都可以视为从外圆车刀演化而来。因此，以外圆车刀为例来介绍刀具的相关知识。

1. 刀具的组成

刀具包括刀头和刀体两部分(图 2. 28)。刀头主要的作用是切削；刀体的作用是安装夹持。

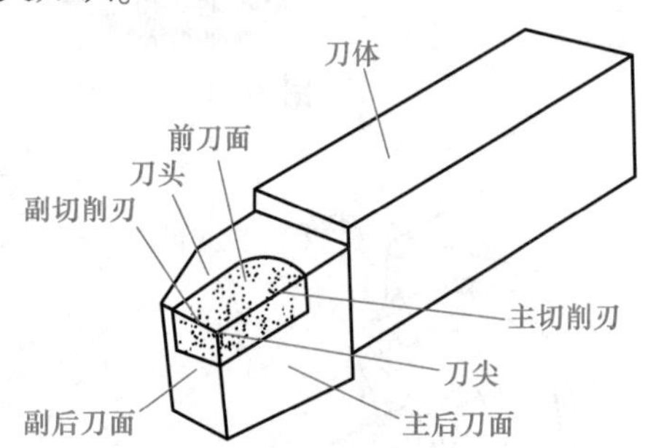

图 2. 28　刀具的组成

刀具的刀头部分主要由以下几部分组成：

(1)前刀面 A_γ：切屑流过的刀面。

(2)主后刀面 A_α：与工件正在被切削加工的表面(过渡表面)相对的刀面。

(3)副后刀面 A'_α：与工件已切削加工的表面相对的刀面。

(4)主切削刃 S：前刀面与主后刀面在空间的交线。

(5)副切削刃 S'：前刀面与副后刀面在空间的交线。

(6)刀尖：三个刀面在空间的交点，也可理解为主切削刃、副切削刃两条刀刃汇交的一小段切削刃。

不同类型刀具的刀面、刀刃的数量并不唯一，视实际情况确定。人们常说的几刃刀具指的是主切削刃的个数。如外圆车刀、内孔车刀、弯头刨刀等为单刃刀具；麻花钻为双刃刀具；立铣刀、盘铣刀、拉刀等为多刃刀具。

2. 静止坐标系下刀具角度

刀具的静止坐标系是用于设计、制造、刃磨和测量刀具几何角度的参考系。由于刀具的几何角度是在切削过程中起作用的角度，因此，静止参考系中切削平面的建立应以切削运动为依据。首先给出假定工作条件，然后建立参考系。

(1)假定运动条件：首先给出刀具的假定主运动方向和假定进给运动方向；其次假定进给速度值很小，可以用主运动向量近似代替合成速度向量；最后用平行和垂直于主运动方向的坐标平面构成参考系。

(2)假定安装条件：假定标注角度参考系的诸平面平行或垂直于刀具便于制造、刃磨和测量时定位与调整的平面或轴线(如车刀底面、车刀刀杆轴线、铣刀、钻头的轴线等)；反之也可以说，假定刀具的安装位置恰好使其底面或轴线与参考系的平面平行或垂直。

简单理解：主切削刃处在水平面上，刀尖恰在工件中心高度上；刀柄中心线垂直于工件轴线(假定进给方向)；主运动方向与刀具底面垂直(不考虑进给运动)；工件已加工表面的形状为圆柱面。

(3)正交平面静止参考系(图2.29)。

1)基面(P_r)过切削刃一点垂直于假定主运动方向。

2)切削平面(P_s)过切削刃一点，与切削刃相切。

3)正交平面(P_o)过切削刃一点，同时垂直于基面和切削平面。

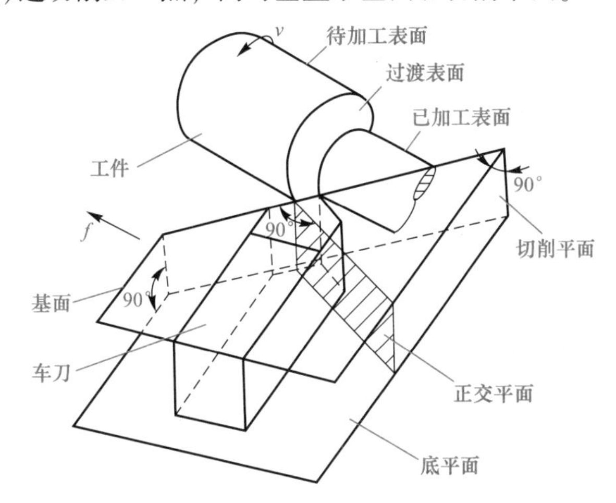

图2.29　正交平面静止参考系

(4)静止刀具角度(图2.30)。

1)主偏角κ_r——基面P_r中，主切削刃与进给方向夹角。

2)副偏角κ'_r——基面P_r中，副切削刃与进给方向夹角。

3)刀尖角ε_r——基面P_r中，主、副切削刃之间夹角。

4)前角γ_o——正交平面P_o中，前刀面与基面夹角。

5)后角α_o——正交平面P_o中，后刀面与切削平面夹角。

6)楔角β_o——正交平面P_o中，前刀面与后刀面夹角。

7)刃倾角λ_s——切削平面P_s中，主切削刃与基面夹角。

8)副后角α'_o——副正交平面P'_o中，副后刀面与副切削平面夹角。

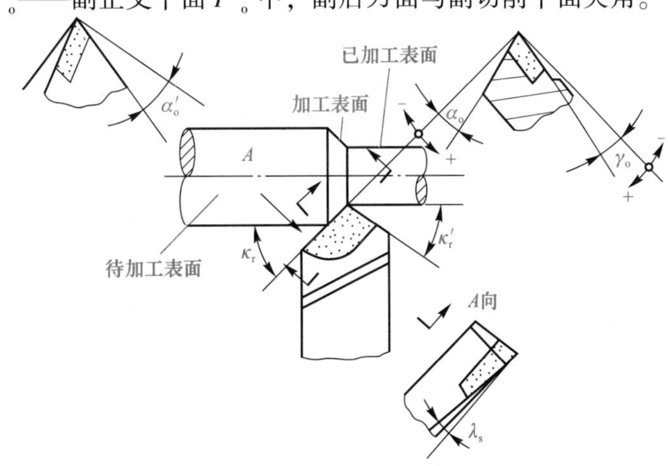

图2.30　正交平面静止参考系刀具角度标注

(5)刀具角度的正负规定(图 2.31)。

1)前角，前刀面在基面之上为负，在基面之下为正，重合为 0。

2)后角，后刀面在切削平面左为负，在切削平面右为正，重合为 0。但在一般的切削加工中一般只有正值，无 0 与负值。

3)刃倾角，刀尖为主切削刃，最高点为正值，最低点为负值，主切削刃与基面重合为 0。

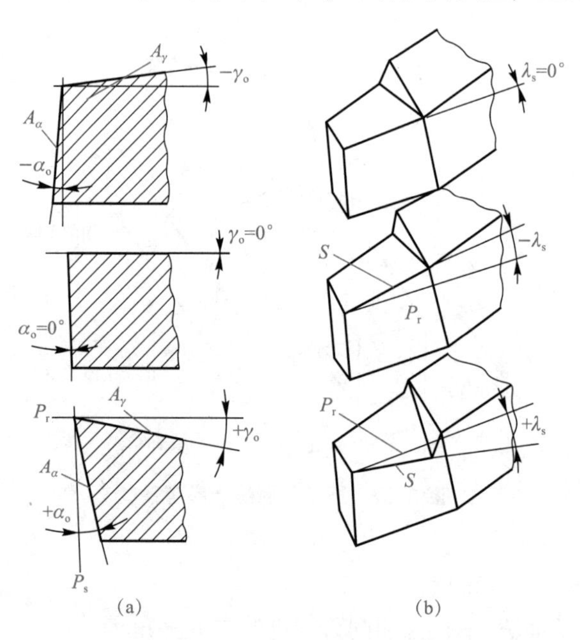

图 2.31　刀具角度正负的规定方法

3. 刀具的工作角度

刀具工作角度参考系与刀具标注角度参考系的唯一区别：用合成切削方向取代主运动切削方向，用实际进给运动方向取代假定进给运动方向(图 2.32)。

(1)工作切削平面 P_{se}——通过切削刃某选定点，与工件加工表面相切的平面。

(2)工作基面 P_{re}——通过切削刃某选定点，垂直于合成切削速度向量 v_e 的平面。

(3)工作正交平面 P_{oe}——垂直于工作基面与工作切削平面。

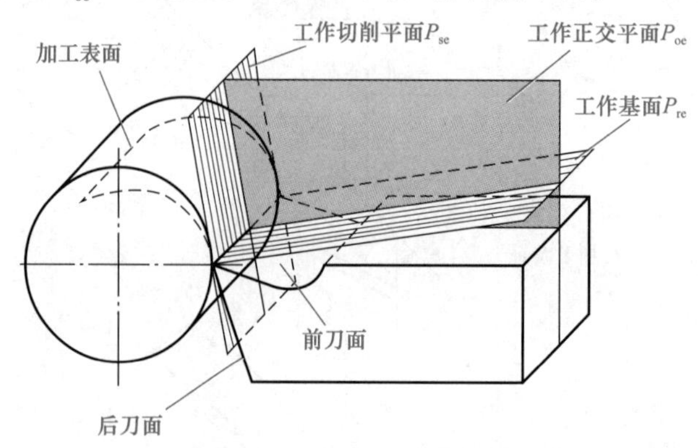

图 2.32　正交平面工作参考系

横车以切断车刀为例。在不考虑进给运动时，车刀主切削刃选定点相对于工件的运动轨迹为一圆周。如图 2.33(a)所示，切削平面 P_s 为通过切削刃上该点切于圆周、垂直于基面 P_r 的平面，γ_o、α_o 为标注前角和后角。当考虑横向进给运动之后，切削刃选定点相对于工件的运动轨迹为一阿基米德螺旋线，切削平面变为通过切削刃切于螺旋面的平面 P_{se}，基面也相应倾斜为 P_{re}，角度变化值为 η。工作主剖面 P_{oe} 仍为平面。此时在工作参考系(P_{re}、P_{se}、P_{oe})内的工作角度 γ_{oe} 和 α_{oe} 为 $\gamma_{oe}=\gamma_o+\eta$；$\alpha_{oe}=\alpha_o-\eta$。

纵车是由于工作中基面和切削平面发生了变化，形成了一个合成切削速度角 η，引起了工作角度的变化。如图 2.33(b)所示，假定车刀 $\lambda_s=0$，在不考虑进给运动时，切削平面 P_s 垂直于刀杆底面，基面 P_r 平行于刀杆底面，正交平面 P_o 中标注角度有 γ_o 及 α_o，在进给剖面中分别为 γ_f 及 α_f。考虑进给运动后，工作切削平面 P_{se} 为切于螺旋面的平面，刀具工作角度的参考系(P_{se}、P_{re})倾斜一个角 η，则工作进给剖面(仍为原进给剖面)内的工作角度为 $\gamma_{fe}=\gamma_f+\eta$；$\alpha_{fe}=\alpha_f-\eta$。

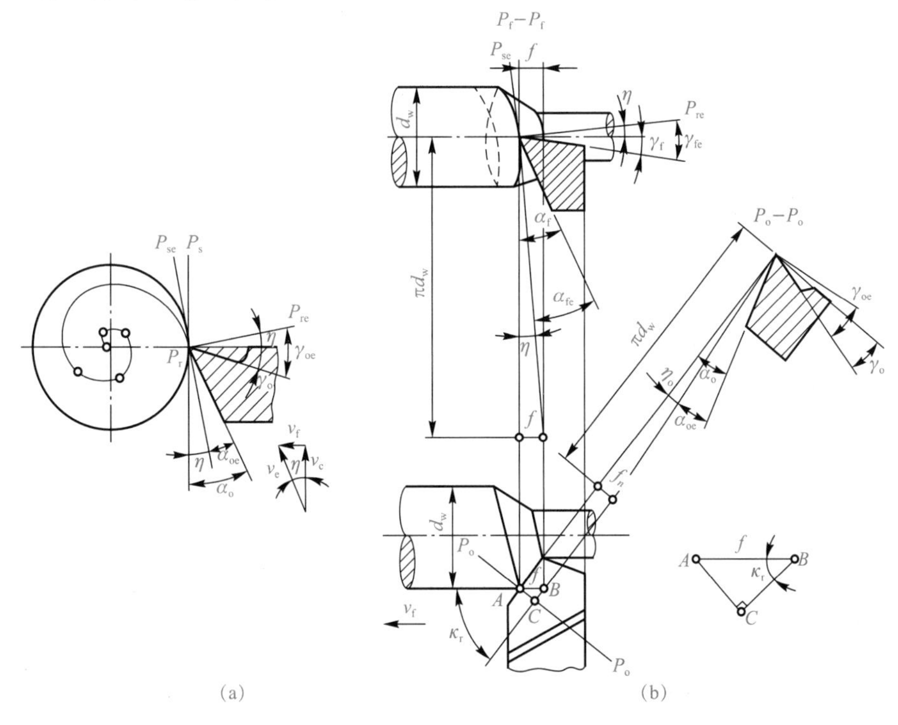

图 2.33　刀具的工作角度的变化

(a)横车；(b)纵车

刀具安装高于工件中心高时，由于主运动方向变化，工作基面和工作切削平面变化，使车刀的工作前角 γ_{oe} 增大，工作后角 α_{oe} 减小[图 2.34(a)]；刀具安装低于工件中心高时，由于主运动方向变化，工作基面和工作切削平面变化，使车刀的工作前角 γ_{oe} 减小，工作后角 α_{oe} 增大[图 2.34(b)]。

4. 刀具角度的选择

(1)前角与前刀面的选择。前角增大，能减小切削(屑)变形和摩擦，降低切削力、切削温度，减少刀具磨损，改善加工质量，抑制积屑瘤产生。但过大会削弱刀头强度和散热能力，容易造成崩刃。故应该在一个合理的范围之内。选择刀具前角时主要考虑的因素有工件材料、刀具材料和加工性质(图 2.35、图 2.36、表 2.9)。

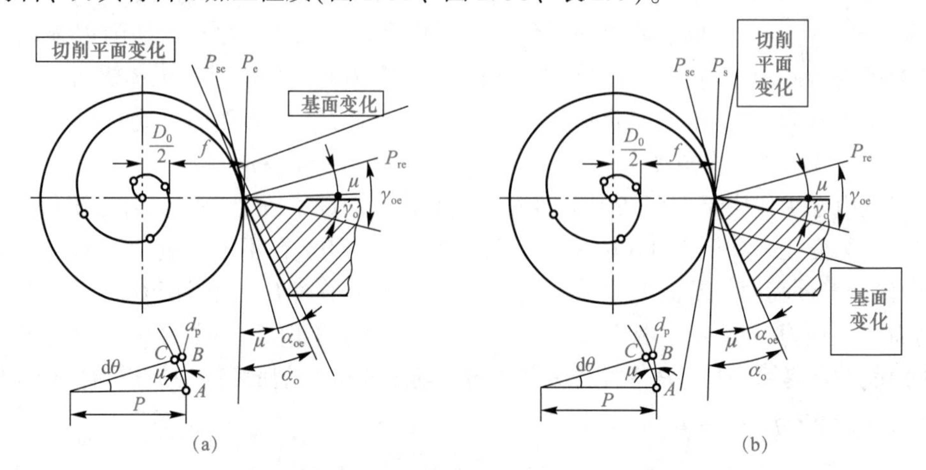

图 2.34　刀具安装对刀具工作角度的影响

(a)刀具安装高于工件中心高；(b)刀具安装低于工件中心高

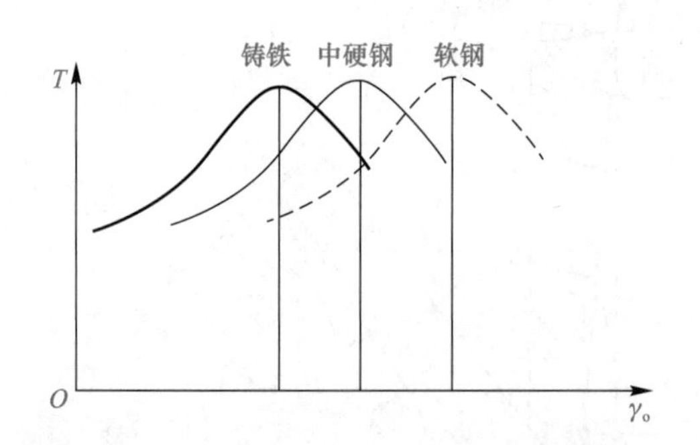

图 2.35　加工材料不同时前角的合理数值

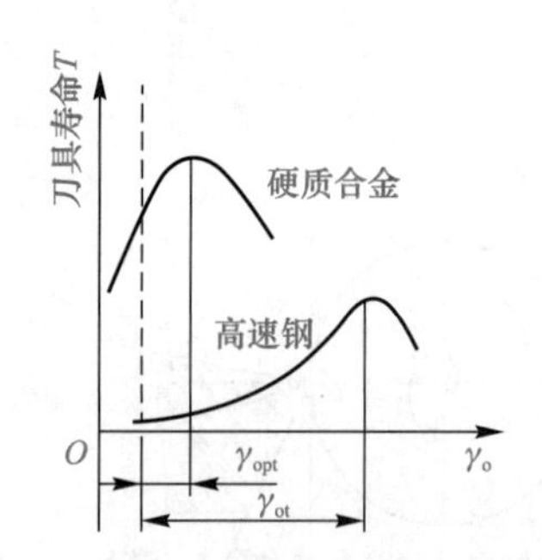

图 2.36　刀具材料不同时前角的合理数值

表 2.9　硬质合金车刀合理前角和后角的参考数值

工件材料种类	合理前角参考值/(°)		合理后角参考值/(°)	
	粗车	精车	粗车	精车
低碳钢	20~25	25~30	8~10	10~12
中碳钢	10~15	15~20	5~7	6~8
合金钢	10~15	15~20	5~7	6~8
淬火钢	-15~-5		8~10	
不锈钢(奥氏体)	15~20	20~25	6~8	8~10
灰铸铁	10~15	5~10	4~6	6~8
铜及铜合金	10~15	5~10	6~8	6~8
铝及铝合金	30~35	35~40	8~10	10~12
钛合金($\sigma_p \leqslant 1.177$ GPa)	5~10		10~15	

(2)刀具前刀面的形式(图 2.37)。

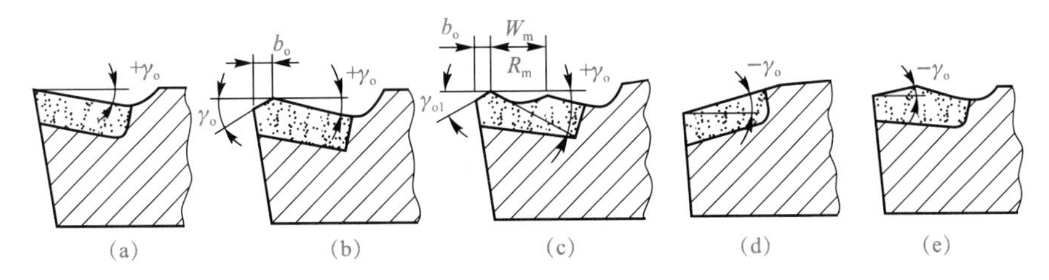

图 2.37 前刀面的形式

(a)正前角平面型；(b)正前角平面带倒棱型；(c)正前角曲平面带倒棱型；(d)负前角单面型；(e)负前角双面型

1)正前角平面型。制造简单，能够获得锋利的刃口，但强度低，传热能力差。一般用于精加工刀具、成型刀具、铣刀和加工脆性材料的刀具。

2)正前角平面带倒棱型。倒棱是在主切削刃刃口处磨出一条很窄的棱边而形成的。倒棱可以提高刀刃的强度、增强散热能力，从而提高刀具耐用度。一般用于粗切锻件或断续表面的加工。

3)正前角曲平面带倒棱型。在正前角平面带倒棱的基础上，为了卷屑和增大前角，在前刀面上磨出曲面而形成的。常用于粗加工或精加工塑性材料的刀具。

4)负前角单面型。当磨损发生在后刀面时，可制成如图 2.37(d)所示的形式。此时刀片承受压应力，具有好的刀刃强度，因此，常用于切削高强度(硬度)材料和淬火钢材料。但负前角会增大切削力。

5)负前角双面型。当刀具磨损同时发生在前后刀面时，采用负前角双面型，可使刀片刃磨次数增多。此时负前角的棱面应有足够的宽度，以保证切屑沿该棱面流出。

(3)后角及后刀面的选择。

1)后角的功能。后角增大，减小摩擦，刀刃锋利，易于切削。但是后角过大，降低刀刃强度。

2)后刀面的形式(图 2.38)。

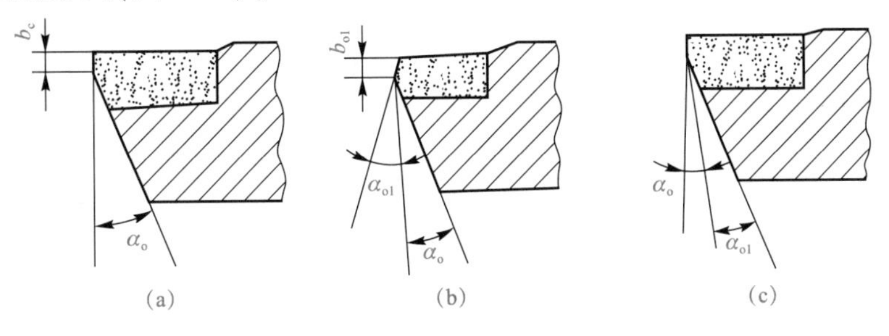

图 2.38 后刀面的形式

(a)刃带；(b)消振棱；(c)双重后角

①刃带：对一些定尺寸刀具，如拉刀、铰刀等，为便于控制外径尺寸，避免重磨后尺寸精度迅速变化，常在后刀面上刃磨出后角为零度的小棱边，称为刃带。刀具上的刃带起着使刀具稳定、导向和消震的作用。

②消振棱：为了增加后刀面与工件加工表面之间的接触面面积，增加阻尼作用消除振动，可在后刀面上刃磨出一条有负后角的棱面，称为消振棱。

③双重后角：为了保证刃口强度，减小刃磨后刀面的工作量，常在车刀后刀面上磨出双重后角。

(4)主偏角和副偏角的选择。

1)减小主偏角和副偏角：可降低残留面积的高度，减小已加工表面的粗糙度值，使刀尖强度提高，散热条件改善，刀具耐用度提高。

2)增大主偏角和副偏角：可使径向力增大，容易引起工艺系统的振动，加大工件的加工误差和表面粗糙度值。

(5)刃倾角的选择。刃倾角可以控制切屑流向；控制切削刃切入时与工件的接触位置；控制切削刃切入、切出时的平稳性；控制背向力与进给力的比值(图 2.39)。

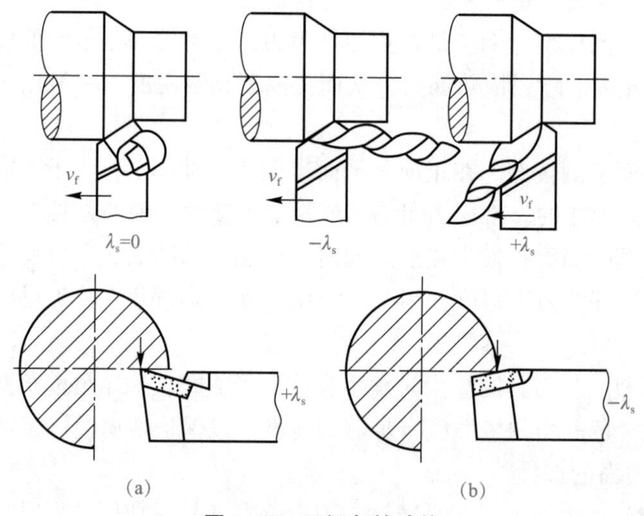

图 2.39　刃倾角的功能

(6)刀尖形式的选择(过渡刃的选择)(图 2.40)。

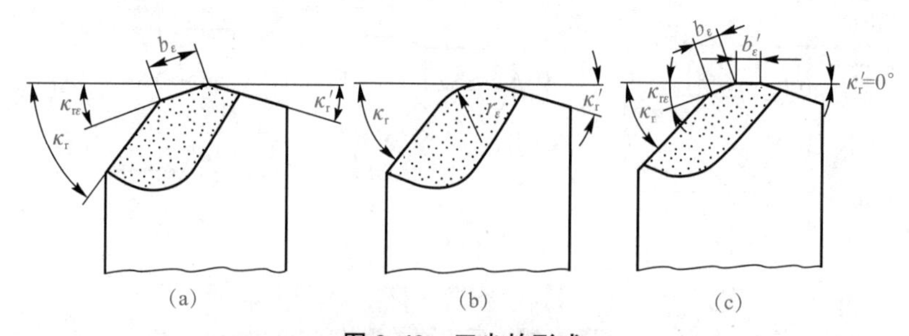

图 2.40　刀尖的形式

(a)直线过渡刃；(b)圆弧过渡刃；(c)水平修光刃

1)直线过渡刃。直线过渡刃多用于粗加工或强力切削的车刀上。

2)圆弧过渡刃。过渡刃也可磨成圆弧形。它的参数就是刀尖圆弧半径 r_ε。刀尖圆弧半径增大时，使刀尖处的平均主偏角减小，可以减小表面粗糙度数值，且能提高刀具耐用度。但会增大背向力和容易产生振动，所以刀尖圆弧半径不能过大。通常，高速钢车刀 $r_\varepsilon=0.5\sim5$ mm，硬质合金车刀 $r_\varepsilon=0.5\sim2$ mm。

3) 水平修光刃。水平修光刃是在副切削刃靠近刀尖处磨出一小段 $\kappa'_r=0°$ 的平行刀刃。其长度 $b'_\varepsilon\approx(1.2\sim1.5)f$，即 b'_ε 应略大于进给量 f，但 b'_ε 过大易引起振动。

4) 大圆弧刃。大圆弧刃相当于水平修光刃。

5. 刀具材料

刀具切削性能的好坏取决于构成刀具切削部分的材料、几何形状和刀具结构。刀具材料对刀具使用寿命、加工效率、加工质量和加工成本等都有很大的影响，因此，要重视刀具材料的正确选择和合理使用。

(1) 刀具材料必须具备的性能。

1) 高的硬度。刀具材料要比工件材料硬度高，常温硬度在 HRC62 以上。

2) 高的耐磨性。耐磨性表示抵抗磨损的能力，它取决于组织中硬质点的硬度、数量和分布。

3) 足够的强度和韧性。为了承受切削中的压力冲击，避免崩刀和折断，刀具材料应具有足够的强度和韧性。

4) 高耐热性。刀具材料在高温下保持硬度、耐磨性、强度和韧性的能力。

5) 良好的工艺性。为了便于制造，要求刀具材料有较好的可加工性，如切削加工性、铸造性、锻造性和热处理性等。

6) 良好的经济性。应尽可能采用资源丰富和价格低廉的刀具材料。

(2) 常见刀具材料的种类。刀具材料有碳素工具钢、合金工具钢、高速钢、硬质合金、陶瓷、金刚石、立方碳化硼等。碳素工具钢和合金工具钢因耐热性较差，通常只用于手工工具和切削速度较低的刀具，陶瓷、金刚石、立方碳化硼仅用于有限场合，目前生产中使用最多的刀具材料是高速钢和硬质合金(图 2.41)。

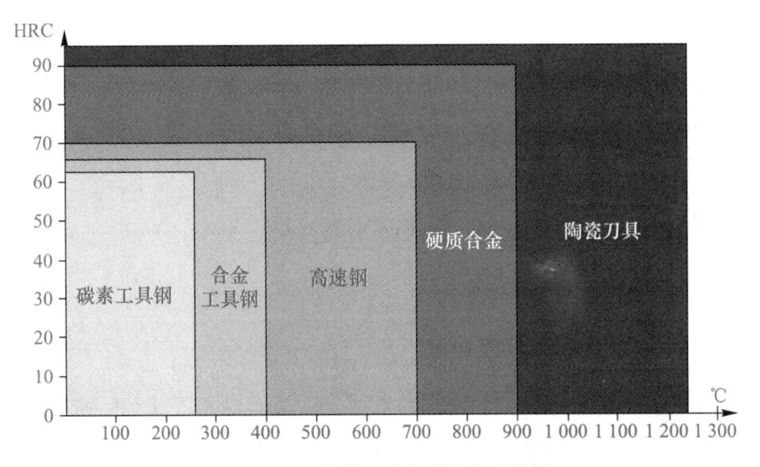

刀具角度及材料

图 2.41　各类刀具硬度及耐热性

1) 高速钢。

①定义：是一种加入较多的钨、铬、钒等合金元素的高合金工具钢。

②性能：有较高的热稳定性；有较高的强度、韧性、硬度和耐磨性；制造工艺简单，容易磨成锋利的切削刃，可锻造。它是制造钻头、成型刀具、拉刀、齿轮刀具等的主要材料。

③分类：

a. 按化学成分分：钨系、钨钼系；

b. 按用途分：通用型高速钢和高性能高速钢；

c. 按制造工艺分：熔炼高速钢和粉末冶金高速钢。

碳素工具钢经淬火和低温回火后，在室温下虽有很高的硬度，但当温度高于 200 ℃时，硬度便急剧下降，在 500 ℃时硬度已降到与退火状态相似的程度，完全丧失了切削金属的能力，这就限制了碳素工具钢制作切削工具。而高速钢由于硬性好，弥补了碳素工具钢的致命缺点，可以用来制造切削工具。

④常用高速钢。

a. 钨钢：典型牌号——W18Cr4V，有良好的综合性能，可以制造各种复杂刀具。

b. 钨钼钢：典型牌号——W6Mo5Cr4V2，可做尺寸较小、承受冲击力较大的刀具；热塑性特别好，更适用于制造热轧钻头等；磨削加工性好，目前各国广泛应用。

c. 高碳高速钢(9W18Cr4V)、高钒高速钢(W6MoCr4V3)、钴高速钢(W6MoCr4V2Co8)、铝高速钢(W6MoCr4V2Al)、超硬高速钢(W2Mo9Cr4Co8)，适合加工高温合金、钛合金和超高强度钢等难加工材料。

用高压氩气或氮气雾化熔融的高速钢水，直接得到细小的高速钢粉末，高温下压制成致密的钢坯，而后锻压成材或刀具形状，适合制造切削难加工材料的刀具、大尺寸刀具(如滚刀、插齿刀)、精密刀具、磨加工量大的复杂刀具、高动荷载下使用的刀具等。

2)硬质合金。由硬度和熔点很高的金属碳化物(碳化钨 WC、碳化钛 TiC、碳化钽 TaC、碳化铌 NbC 等)和金属胶粘剂(钴 Co、镍 Ni、钼 Mo 等)以粉末冶金法烧结而成。

①优点：高硬度(HRA89~93)、耐高温(850 ℃~1 000 ℃)、高耐磨性、高切削速度(100~300 m/min，4~10 倍于高速钢)、可加工包括淬火钢在内的多种材料，如大多数的车刀、端铣刀及深孔钻、铰刀、拉刀、齿轮刀具等。

②缺点：抗弯强度低、冲击韧性差、工艺性差、较难加工、不易做成型状复杂的整体刀具，一般将硬质合金刀片焊接或机械夹固在刀体上使用。

③分类：我国将切削用的硬质合金分为以下三类：

a. 钨钴 YG(K)，即 WC-Co 类硬质合金常用的牌号 YG3、YG6、YG8；

b. 钨钛钴 YT(P)，即 WC-TiC-Co 类硬质合金；

c. 通用 YW(M)，即 WC-TiC-TaC-Co 类硬质合金。

如图 2. 42 所示，国际标准化组织也将硬质合金分为以下三大类：

a. K 类，红色(包括 K10~K40)，是单纯 WC 的硬质合金牌号。其成分为 90%~98% WC+2%~10%Co，个别牌号约含 2%的 Ta(Nb)C，主要用于加工短切屑的黑色金属、有色金属及非金属材料，相当于我国的 YG 类硬质合金。

b. P 类，蓝色(包括 P01~P50)，是高合金化的硬质合金牌号。其成分为 5%~40%TiC+Ta(Nb)C，其余为 WC+Co。这类合金主要用于加工长切屑的黑色金属，相当于我国的 YT 类硬质合金。

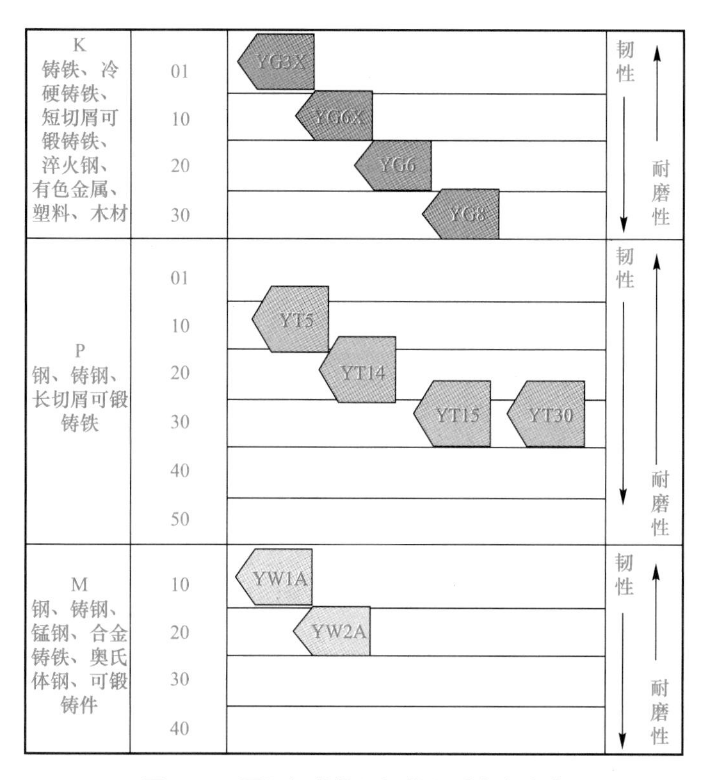

图 2.42　国际标准化组织将硬质合金分类

c. M 类，黄色(包括 M10~M40)，是中合化的硬质合金牌号。其成分为 5%~10%TiC+Ta(Nb)C，其余为 WC+Co。这类合金为通用型，适用于加工长切屑或短切屑的黑色金属及有色金属，相当于我国的 YW 类硬质合金。

硬质合金牌号、性能及应用范围见表 2.10。

表 2.10　硬质合金牌号、性能及应用范围

牌号	使用性能	应用范围
YG3	在 YG 类合金中，耐磨性次于 YG3X 和 YG6A，能使用较高的切削速度，但对冲击和振动比较敏感	适用于铸铁、有色金属及合金的加工，非合金材料(橡胶、纤维、塑料、板岩、玻璃等)连续精车及半精车
YG3X	属单晶粒合金，是 YG 类合金中耐磨性最好的一种，但冲击韧性较差	适用于铸铁、有色金属及合金的精车、精镗等，也可适用于淬硬钢及钨钼材料的精加工
YG6	耐磨性较高，但低于 YG6X、YG3X 和 YG3	适用于铸铁、有色金属及合金、非金属材料连续切割时的粗车，间断切削时的半精车、精车，连续切面的半精铣与精铣
YG6X	属细晶粒合金，其耐磨性较 YG6 高，而使用强度接近 YG6	适用于冷硬铸铁、合金铸铁、耐热钢的加工，也适用于普通铸铁的精加工，并可用于制造仪器仪表工业用的小型刀具和小型数滚刀

续表

牌号	使用性能	应用范围
YG8	使用强度较高，抗冲击和抗振动性能较 YG6 好，耐磨性和允许的切削速度较低	适用于铸铁、有色金属及其合金、非金属材料的粗加工
YG8C	属粗晶粒合金，使用强度较高，接近于 YG11	适用于重载切削下的车刀和刨刀等
YT5	在 YT 类合金中，强度最高，抗冲击和抗振动性能最好，但耐磨性较差	适用于碳钢及合金钢不连续面的粗车、粗刨、半精刨、粗铣、钻孔等
YT14	使用强度高，抗冲击和抗振动性能好，但较 YT5 稍差，耐磨性和允许的切削速度较 YT5 高	适用于碳钢及合金钢的粗车，间断切削时的半精车和精车，连续面的粗铣等
YT15	耐磨性优于 YT14，但抗冲击性能较 YT14 差	适用于碳钢与合金钢加工中连续切削的粗车、半精车及精车，间断切削的断面精车，连续面的半精铣与精铣
YT30	耐磨性及允许的切削角度比 YT15 高，使用强度及冲击韧度较差，焊接及刃磨极易产生裂纹	适用于碳钢及合金钢的精加工，如小断面精车、精镗、精扩等
YW1	扩展了 YT 类合金的使用性能，能承受一定的冲击负荷，通用性较好	适用于耐热钢、高锰钢、不锈钢等难加工材料的精加工，也适用于一般钢材和铸铁及有色金属的精加工
YW2	耐磨性稍次于 YW1 合金，但使用强度较高，能承受较大的冲击荷载	适用于耐热钢、高锰钢、不锈钢及高级合金钢等难加工钢材的精加工、半精加工，也适用于一般钢材和铸铁及有色金属的加工
YN10	耐磨性和耐热性好，硬度与 YT30 相当，强度比 YT30 稍高，焊接性能及刃磨性能较 YT30 高	适用于碳素钢、合金钢、不锈钢、工具钢及淬硬钢的连续面精加工，对于较长件和表面粗糙度值要求小的工件，加工效果尤佳
YN05	硬度和耐执性是硬质合金中最高的，耐磨性接近陶瓷，但抗冲击和抗振动性能差	适用于钢、淬硬钢、合金钢、铸铁和合金铸铁的高速精加工，及工艺系统刚性特别好的细长件的精加工
YG(YA6)	属细晶粒合金，耐磨性和使用强度与 YG6X 相似	适用于硬铸铁、灰铸铁、球墨铸铁、有色金属及其合金、耐热合金钢的半精加工，也可用于高锰钢、淬硬钢及合金钢的半精加工和精加工

(3)刀具磨损与刀具耐用度。

1)刀具磨损是指在切削过程中，刀具前刀面、后刀面上的微粒材料被切屑或工件带走的现象(图 2.43)。这种磨损现象称为正常磨损。若由于冲击、振动、热效应等原因致使刀具崩刃、碎裂而损坏，称为非正常磨损。刀具正常磨损的一般形式有后刀面磨损、前刀面磨损、前后刀面同时磨损三种。

2)刀具耐用度是指一把新刃磨的刀具从开始切削至达到磨损极限所经过的总的切削时间，以 T 表示，单位为 min。刀具寿命是指一把新刀从使用到报废为止的总的切削时间，它是刀具耐用度与刃磨次数的乘积。

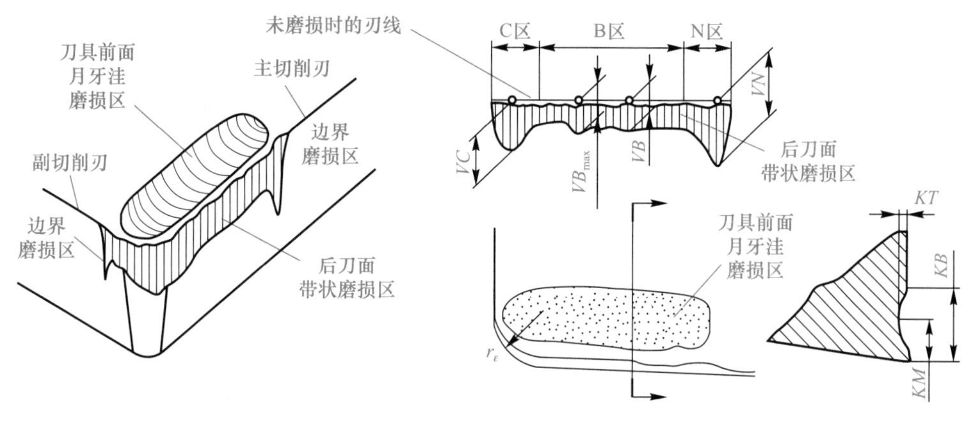

图 2.43　刀具磨损

二、轴类零件检测

轴类零件在加工过程中和加工结束以后，都要按工艺规程的要求进行检验。检验的项目包括尺寸精度、形状精度、相互位置精度、表面粗糙度和硬度等，以确定是否达到了设计图纸上的全部技术要求。

1. 硬度

硬度在热处理后用硬度计抽检或全部检验。一般情况下，半成品用布氏硬度计检验，成品用洛氏硬度计检验。

2. 表面粗糙度

通常使用标准的粗糙度样板和外观比较法凭目测或借助放大镜进行比较检验。对于表面粗糙度值较小的零件，可用光学显微镜进行测量。

3. 形状精度

(1) 圆度误差。在车间检测一般可通过两点法或三点法，对精度较高的轴检测，一般采用圆度测量仪测量。

(2) 圆柱度误差。将零件放在 V 形块上用千分表采用三点法测量。精度要求高的轴用圆度仪或三坐标测量仪测量。

4. 尺寸精度

在单件、小批量生产中，一般采用游标卡尺、千分尺检验轴的直径；在大批量生产中，常采用卡规检验轴的直径。直径尺寸精度要求较高时，可采用杠杆千分尺或块规为标准进行比较测量。轴类零件的长度尺寸一般可采用游标卡尺、深度游标卡尺和深度千分尺等进行检测。

5. 相互位置精度

(1) 两支承轴颈对公共基准的同轴度。两支承轴颈对公共基准同轴度的检测如图 2.44 所示，将轴的两端顶尖孔作为定位基准，在支承轴颈上方分别安装千分表 1 和千分表 2，在旋转轴一圈的过程中，分别读出表 1 和表 2 的偏摆数，这两个读数分别代表了两个支承轴颈对于轴心线的圆跳动。当几何形状误差很小时，表 1 和表 2 读数的一半分别为这两个支承轴颈相对轴心线的同轴度。

(2) 各表面对两个支承轴颈的位置精度。各表面对两个支承轴颈的位置精度检验如

图 2.45 所示，将轴的两支承轴颈放在同一平板上的两个 V 形块上，其中一个 V 形块上下可调。在轴的一端用挡铁挡住，限制其轴向移动。测量时，先用千分表 1 和千分表 2 调整轴的中心线，使轴与测量用平板平行。平板要有一定角度的倾斜，使轴靠自重压向钢球而与挡铁端面紧密接触。

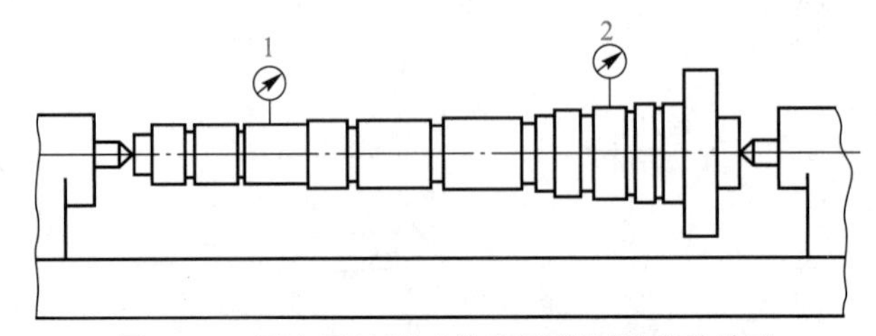

图 2.44　两支承轴颈对公共基准同轴度的检验

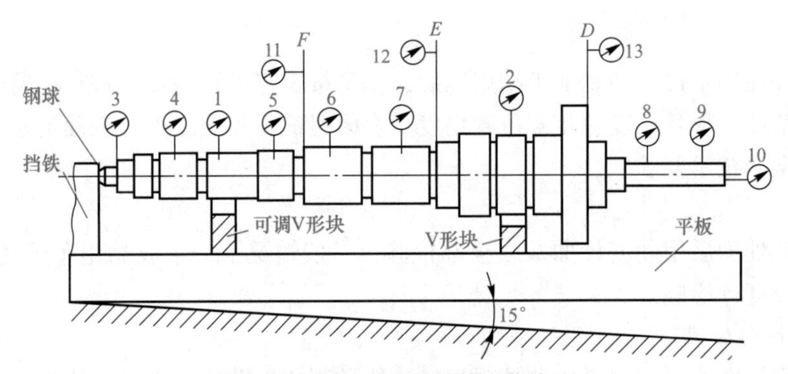

图 2.45　轴的相互位置精度的检验

【学习评价】

学习效果考核评价表

评价类型	权重	具体指标	分值	得分		
				自评	组评	师评
职业能力	65	能够设计简单轴零件加工工艺路线	15			
		能够设计简单轴零件加工工序	25			
		能够完成简单轴零件加工工艺文件的编写	25			
职业素养	20	坚持出勤，遵守纪律	5			
		协作互助，解决难点	5			
		按照标准规范操作	5			
		持续改进优化	5			
劳动素养	15	按时完成，认真编写记录	5			
		工作岗位“7S”处理	5			
		小组分工合理	5			
综合评价	总分					
	教师					

【相关习题】

1. 切削运动的组成有哪些？
2. 切削用量有哪些？
3. 车削加工的工艺范围是什么？
4. 刀具材料应该具备哪些特性？
5. 完成简单轴零件加工工艺的编写。

课题二　阶梯轴加工

【课题内容】

轴类零件是机械加工中经常遇到的典型零件之一，在机器中，它主要用来支承传动零件、传递运动和扭矩等。设计如图 2.46 所示的阶梯轴零件的机加工工艺。

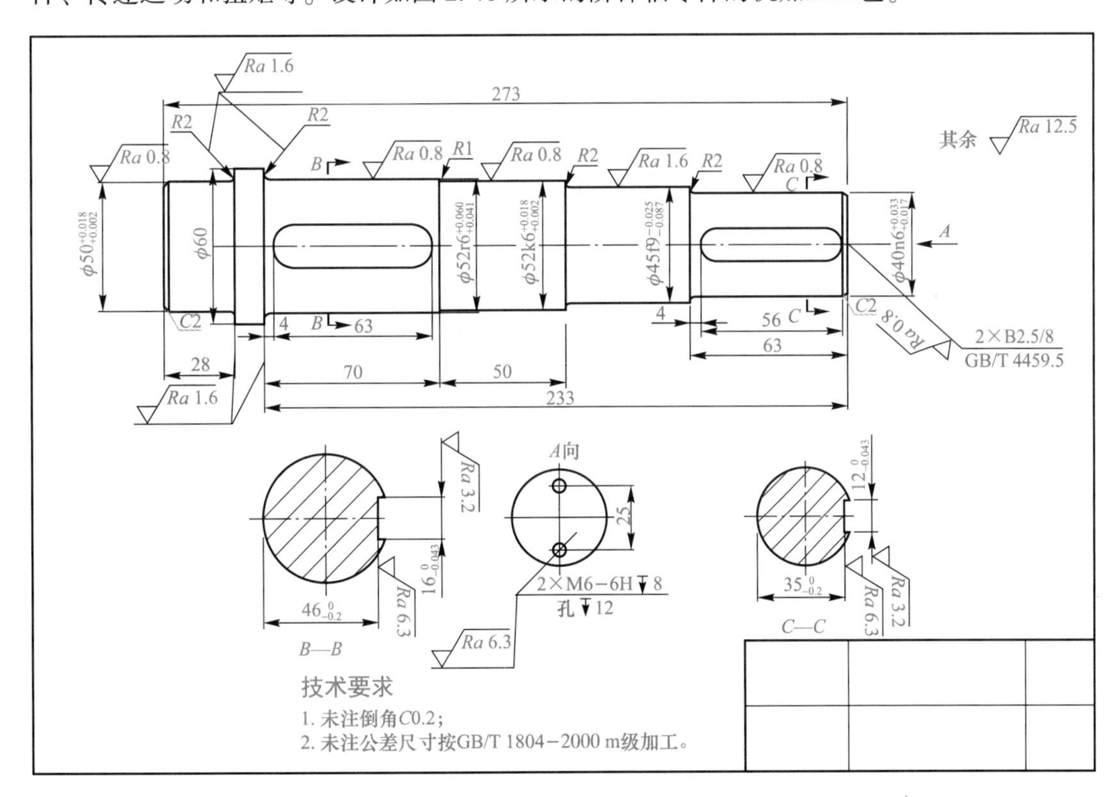

图 2.46　阶梯轴零件图

(1) 分析阶梯轴零件工艺技术要求；

(2) 确定阶梯轴零件加工毛坯；

(3) 设计阶梯轴零件加工工艺路线；

(4) 设计阶梯轴零件加工工序；

(5)填写阶梯轴零件加工工艺文件。

【课题实施】

课题实施

序号	项目	详细内容
1	实施地点	机械制造实训室
2	使用工具	工艺过程卡片(空白)、工序卡片(空白)、相关工具
3	准备材料	课程记录单、机械制造工艺手册、活页教材或指导书
4	执行计划	分组进行

【相关知识】

一、机械制造工艺基础知识

1. 生产过程

生产过程是指从投料开始，经过一系列的加工，直至成品生产出来的全部过程。机械产品的生产过程，是指从原材料(或半成品)投入开始直到制造成为产品之间的各个相互联系的全部劳动过程的总和。

机械产品的生产过程一般比较复杂，为了便于生产，提高生产效率和降低成本，有利于产品的标准化和专业化生产，许多产品的生产往往是按照行业分类组织生产的，由众多的工厂(或车间)联合起来协作完成的(图 2.47)。

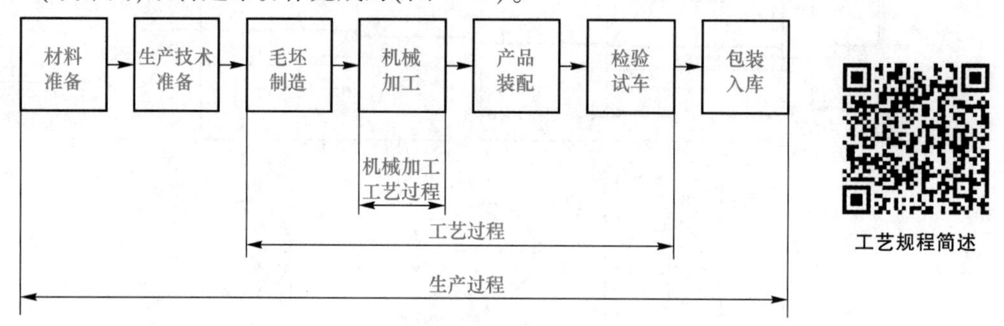

图 2.47 生产过程的组成

2. 工艺过程

工艺过程是指在生产过程中，直接改变生产对象的形状、尺寸、相对位置和性质等，使其成为成品或半成品的过程。

机械加工工艺过程是指利用机械加工的方法，直接改变毛坯的形状、尺寸和表面质量，使其成为成品或半成品的过程。

(1)工艺过程的组成。要完成一个零件的工艺过程，需要采用多种不同的加工方法和设备，通过一系列的加工工序。工艺过程就是由一个或若干个顺序排列的工序组成的。每个工序又可分为若干个安装、工位、工步和走刀。

1)工序。一个(或一组)工人在一个工作地(或一台机床)对同一个(或同时对几个)工件所连续完成的那一部分工艺过程称为工序。

2) 安装。工件(或装配单元)经一次装夹后所完成的那一部分工序内容称为安装。

3) 工位。工件(或装配单元)与夹具或设备的可动部分一起相对刀具或设备的固定部分所占据的每位置称为工位(图 2.48)。

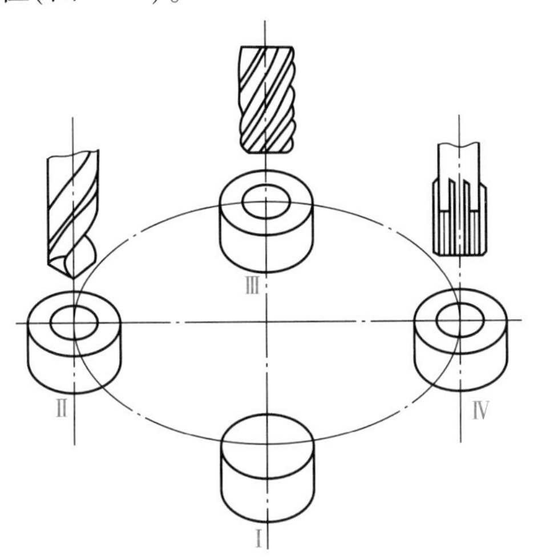

图 2.48　多工位加工

4) 工步。在同一个工位上，要完成不同的表面加工时，其中加工表面、切削速度、进给量和加工工具都不变的情况下，所连续完成的那一部分工序内容称为工步。

5) 走刀。切削工具在加工表面上每切削一次所完成的那部分工步称为走刀。在一个工步中，当加工表面上需要切除的材料层较厚，无法一次全部切除掉，需分几次切除，则每切去一层材料称为一次走刀。一个工步可以包括一次或几次走刀。

(2) 工序集中与工序分散。工序集中与工序分散是拟订工艺路线时，确定工序数目或工序内容多少的两种不同原则。它与设备类型的选择有密切关系。

1) 工序集中：将零件加工集中到少数的几道工序中，每道工序加工内容很多。工序集中有利于保证工件各加工面之间的位置精度；有利于采用高效机床，可节省工件装夹时间，减少工件搬运次数；可减小生产面积，并有利于管理。

2) 工序分散：将零件加工分散到很多道工序中，每道工序加工内容很少，有的甚至只有一个工步。工序分散特别适合流水线生产，设备及工艺装备比较简单，调整和维修方便，工人容易掌握，生产准备工件量少，又易于平衡工序时间，这些对流水线的运作十分有利。

二、工艺方案确定

1. 加工方法的确定

零件表面的加工，应根据这些表面的加工要求和零件的结构特点及材料性质等因素，选用相应的加工方法。初选时，可参照通用加工工艺方案进行选取，必要时，可对其进行修正。各种不同表面的加工方法列举如下：

(1) 外圆柱面的加工方法如图 2.49 所示。

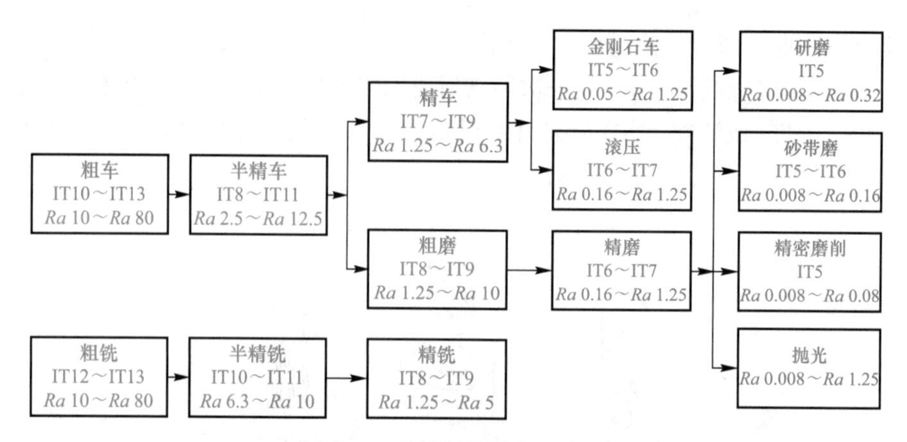

图 2.49　外圆柱面的加工方法

(2)平面的加工方法如图 2.50 所示。

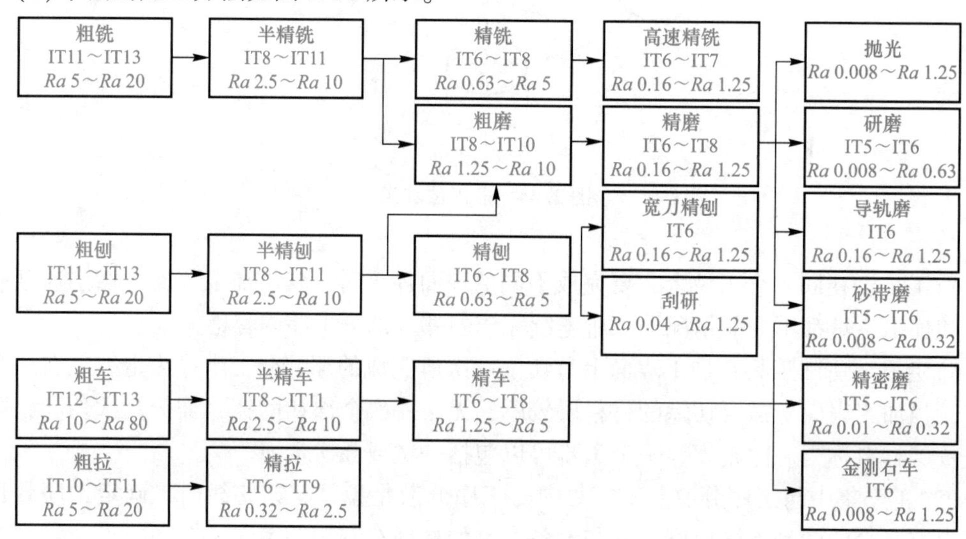

图 2.50　单面的加工方法

(3)内圆柱面的加工方法如图 2.51 所示。

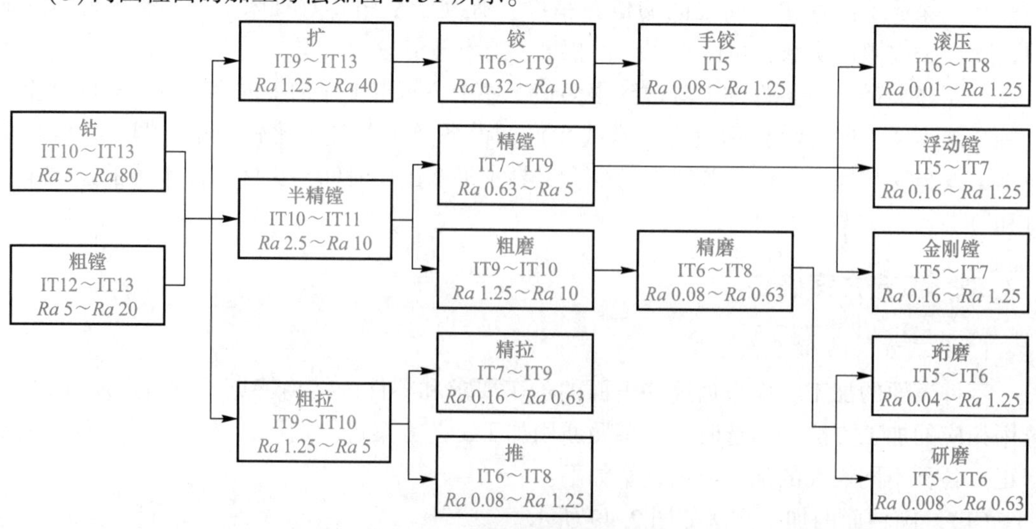

图 2.51　内圆柱面的加工方法

零件表面的加工过程，特别是精度要求较高的表面，不能一次加工就能完成，有一个由粗到精加工阶段的划分，之后进行详细的加工顺序安排。其基本准则是上道工序的安排有利于下道工序的加工。

2. 加工顺序的安排

零件表面的加工方法和加工方案确定之后，就要安排加工顺序，即确定加工表面的先后顺序。

(1)加工阶段的划分。按加工性质和作用的不同，工艺过程一般可划分为以下四个加工阶段：

1)粗加工阶段：主要是切除各加工表面上的大部分余量，所用精基准的粗加工在阶段的最初工序中完成。

2)半精加工阶段：为各主要表面的精加工做好准备，并完成一些次要表面的加工。

3)精加工阶段：使各主要表面达到规定的质量要求。

4)光整加工阶段：某些精密零件加工时还有精整(超精磨、镜面磨、研磨和超精加工等)或光整(滚压、抛光等)加工阶段。

加工阶段的划分也可参考通用加工工艺方案。加工阶段的划分有以下优点：

1)避免毛坯内应力重新分布而影响获得的加工精度；

2)避免粗加工时较大的夹紧力和切削力所引起的弹性变形与热变形对精加工的影响；

3)粗阶段、精阶段分开，可较及时地发现毛坯的缺陷，避免不应有的损失；

4)可以合理使用机床，使精密机床能较长时间内保持其精度；

5)适应加工过程安排热处理的需要。

下列情况可以不划分阶段：

1)加工质量要求不高时，可以不划分阶段；

2)虽然加工质量要求较高，但毛坯刚性好，就可以不划分阶段；

3)用加工中心加工零件时，考虑工序尽可能集中，也可以不划分阶段；

4)对于大型、重型零件，装夹十分困难，在一次装夹中，最好能完成全部加工任务，所以也不用划分阶段。

(2)加工顺序的安排原则。加工顺序一般根据以下原则确定：

1)先基面后其他原则。选为精基准的表面，应安排在起始工序先进行加工，以便尽快为后道工序的加工提供精基准。

2)先粗后精原则。对于加工质量要求较高的零件，按粗、精加工划分阶段安排加工顺序，即先安排各表面的粗加工，中间安排半精加工，最后安排主要表面的精加工和光整加工。

3)先主后次原则。先安排主要表面的加工，次要表面加工可适当穿插在主要表面加工工序之间。先主后次不只是顺序上的先后，更主要的是优先考虑哪种顺序对主要表面的加工更为有利。

4)先面(中间是轴)后孔原则。对于轴类零件，则先加工端面，然后加工外圆，最后加工孔；对于箱体零件，先加工端面，去除孔端表面的硬皮，便于孔加工。

5)合理安排热处理。粗加工前，安排消除内应力、改善切削性能的预先热处理工序，如时效、退火、正火等。对于精度要求较高的零件，有时在粗加工后，甚至在精加工前还安排一次时效处理；粗加工后重要的碳钢零件，应该安排调质。对于一些没有特别要求的零件，调质可作为最终热处理；半精加工后，热处理主要用来提高材料的硬度，以获得零件较高的耐磨性，如淬火、渗碳、渗氮和表面热处理等。经过淬火后的工件，一般只能进行磨削加工。

辅助工序安排包括工件的检验、去毛刺、清洗和涂防锈油等。其中，检验工序是主要辅助工序，它对保证产品质量有极其重要的作用。辅助工序在加工各阶段交接时经常出现，注意合理安排。

三、工艺尺寸及其公差的确定

一般来说，确定工艺尺寸的方法主要有以下三种：

(1)直接取值法。当加工到达最后一道工序时，其工序尺寸必然是图纸尺寸。对于最终加工，为了减小加工或定位误差，尽量保证基准重合，以利于加工过程顺利达到图纸要求。

(2)余量法。利用上节介绍的加工余量确定方法，在确定加工余量的同时，同步确定工艺尺寸及其公差。

(3)工艺尺寸链法。对于在加工过程中出现基准不重合时，就必须用工艺尺寸链来确定工艺尺寸，否则将会因尺寸不正确而未加工就已经产生“废品”。工艺尺寸链是确定工艺尺寸的关键技术。

四、工艺编制原则

所制订的工艺规程应保证能在一定生产条件下，以最高的生产率、最低的成本、可靠地生产出符合要求的产品。为此，应尽量做到技术上先进，经济上合理，并且有良好的劳动条件。另外，还应做到正确、统一、完整和清晰，所用的术语、符号、计量单位、编号等都要符合有关的标准。

五、尺寸链计算

工艺尺寸链的计算

1. 尺寸链基础知识

由相互联系且按一定顺序排列的尺寸形成的封闭尺寸图形，称为尺寸链。尺寸链中的每个尺寸称为环。如果对尺寸链还没有印象，但看过零件图，都会知道图纸上有一个空白尺寸，这个尺寸很重要。从这个空白尺寸的一端出发，中间通过一个个的确定尺寸，如果能回到空白尺寸的另一端，再加上空白尺寸本身，就形成了一个链，这就是尺寸链。如果这个尺寸链存在，说明图纸上不缺尺寸；如果尺寸链断了，则图纸上少了确定的尺寸，需要补上。那么一个图纸上有多少个尺寸链呢？答案很明确：就是有多少个空白尺寸，就有多少个尺寸链，即图纸上的尺寸链中，一个链上只允许有一个空白尺寸。

尺寸链中有两种尺寸：一个是确定的尺寸；另一个是空白尺寸。确定的尺寸是直接得到(或看到)的尺寸，而空白尺寸是被确定尺寸所决定的。可见，一个尺寸链由两个部分组成，那些确定的尺寸称为组成环；间接得到的尺寸，如空白尺寸，称为封闭环，用 A_0 表示。一个链中，封闭环只有一个。

由于封闭环的尺寸受各组成环的影响，影响的结果是这样：假定有一个组成环的尺寸为 $A \pm \Delta A$，当 A 尺寸增大为 $A+\Delta A$ 时，封闭环的尺寸也跟着增大，当 A 尺寸减小为 $A-\Delta A$ 时，封闭环的尺寸也跟着减小；再假定有一个尺寸为 $B \pm \Delta B$，当 B 尺寸增大为 $B+\Delta B$ 时，封闭环的尺寸反而减小。由此可以得出结论，尺寸链中的组成环有两种：一种是当其增大时，封闭环也增大，就称这个组成环为增环，用 $\vec{A}$ 表示；另一种是当其增大时，封闭环减小，就称这个组成环为减环，用 $\overleftarrow{A}$ 表示。

2. 尺寸链的分类

尺寸链在机械设计、机械加工和机械装配中应用非常广泛，按应用场合不同可分为以下三种：

(1)设计尺寸链。在零件图上的尺寸链就是设计尺寸链。其中前面提到的空白尺寸，就是设计尺寸链中的封闭环。

(2)装配尺寸链。全部组成环为不同零件设计尺寸所形成的尺寸链，称为装配尺寸链。装配尺寸链的封闭环很明确，也很具体。装配工人每天装配，就是在保证这个封闭环达到要求，即达到检验指标。

(3)工艺尺寸链。全部组成环为同一零件上的工艺尺寸所组成的尺寸链，称为工艺尺寸链。所谓工艺尺寸，泛指在加工过程中使用的尺寸，包括定位尺寸、工序尺寸、测量尺寸等，都可以应用工艺尺寸链的计算得到。

在工艺尺寸链中的组成环和封闭环是由加工过程决定的。图纸上的封闭环在加工过程中不一定是封闭环，可能变成组成环。因此，要给工艺尺寸链中的各环给出一个确切的定义，即在工艺尺寸链中，通过加工过程可以直接保证的尺寸，称为组成环；被间接保证的尺寸称为封闭环。下面通过图 2. 52 所示的一个实例来说明。

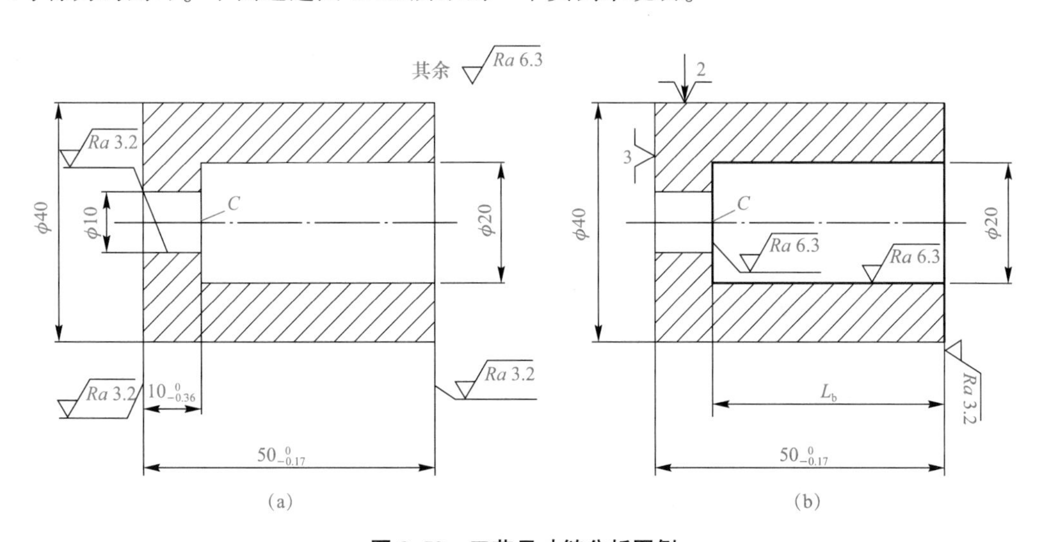

图 2. 52　工艺尺寸链分析图例

(a)零件图；(b)工序简图

在简图上表明了本道工序的加工内容。工件左端面为三点定位(靠在卡盘端面上)，外圆两点定位(用三爪自动定心夹紧)，加工顺序为先加工工件右端面，保证尺寸 $50_{-0.17}^{0}$，然后加工 $\phi20$ 内孔及端面 C。按零件图要求，在加工中应该直接保证 $\phi10$ 小孔的长度尺寸 $10_{-0.36}^{0}$，但由于 $\phi10$ 孔太小，无法测量，而端面 C 与工件右端面的尺寸 L_b 用游标卡尺上的测深度尺，可以轻而易举地测量到，但测量基准是右端面。怎样才能保证 $\phi10$ 小孔的长度满足 $10_{-0.36}^{0}$ 的要求？这就需要利用工艺尺寸链来计算。

3. 尺寸链计算公式与计算方法

(1)建立尺寸链。要计算尺寸链，首先要建立尺寸链图形(图 2.53)。图 2.53(a)所示为零件图的设计尺寸链；图 2.53(b)所示为工序简图的工艺尺寸链。为了区别，设计尺寸链加“′”表示。由尺寸链可知，零件图中的封闭环 A'_0，在工艺尺寸链为组成环 $\overleftarrow{A}_2$。两者在性质上已经不同。前者是间接保证的尺寸；后者是直接保证的尺寸。同理，在零件图上直接保证的尺寸 $\overleftarrow{A}'_2$，在工艺尺寸链中变为封闭环 A_0。这种改变是因加工的需要而采用的，使端面 C 的测量基准与设计基准不重合。此时若盲目地以设计尺寸链确定工艺尺寸链中的 $\overleftarrow{A}_2$，将这个尺寸误差当作封闭环 A'_0 处理，就会犯致命错误，按此加工就会产生大量废品。这是要格外注意的。关于这个问题，在后面还将进一步讨论。

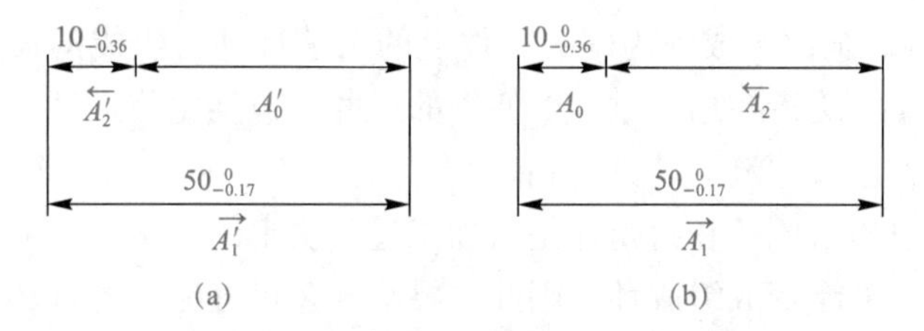

图 2.53　零件的设计尺寸链与工艺尺寸链

(a)设计尺寸链；(b)工艺尺寸链

(2)尺寸链基本计算公式。在工艺尺寸链计算中，常用的方法是极值法。其基本计算公式如下：

1)封闭环的基本尺寸 A_0。封闭环的基本尺寸等于所有增环的基本尺寸之和减去所有减环基本尺寸之和，即

$$A_0 = \sum_{i=1}^{m} \overrightarrow{A}_i - \sum_{i=m+1}^{n} \overleftarrow{A}_i$$

式中　m——增环的环数；

n——组成环的环数。

2)封闭环的上极限尺寸 $A_{0\max}$。封闭环的上极限尺寸等于所有增环上极限尺寸之和减去所有减环下极限尺寸之和，即

$$A_{0\max} = \sum_{i=1}^{m} \overrightarrow{A}_{i\max} - \sum_{i=m+1}^{n} \overleftarrow{A}_{i\min}$$

3)封闭环的下极限尺寸 $A_{0\min}$。封闭环的下极限尺寸等于所有增环下极限尺寸之和减去所有减环上极限尺寸之和，即

$$A_{0\min} = \sum_{i=1}^{m} \overrightarrow{A}_{i\min} - \sum_{i=m+1}^{n} \overleftarrow{A}_{i\max}$$

4)封闭环的上极限偏差 $ES(A_0)$。封闭环的上极限偏差等于所有增环上极限偏差之和减去所有减环下极限偏差之和，即

$$ES(A_0)=A_{0\max}-A_0=\sum_{i=1}^{m}ES(\overrightarrow{A}_i)-\sum_{i=m+1}^{n}EI(\overleftarrow{A}_i)$$

5)封闭环的下极限偏差 $EI(A_0)$。封闭环的下极限偏差等于所有增环下极限偏差之和减去所有减环上极限偏差之和，即

$$EI(A_0)=A_{0\min}-A_0=\sum_{i=1}^{m}EI(\overrightarrow{A}_i)-\sum_{i=m+1}^{n}ES(\overleftarrow{A}_i)$$

6)封闭环的公差 T_0。封闭环的公差等于所有组成环公差之和，即

$$T_0=A_{0\max}-A_{0\min}=ES(A_0)-EI(A_0)=\sum_{i=1}^{n}T_i$$

(3)工艺尺寸链的计算形式。在计算工艺尺寸链时，有以下三种计算形式：

1)正计算。已知各组成环的尺寸和上、下极限偏差，计算封闭环尺寸及其上、下极限偏差，其结果是唯一的。这种情况主要用来验证工序尺寸及其上、下极限偏差是否满足设计尺寸要求，即用于设计尺寸的校验。

2)反计算。已知封闭环的尺寸及其上、下极限偏差，计算各组成环上、下极限偏差。这种情况实际上是将封闭环的公差值合理地分配给各组成环，主要用于根据机床的装配精度，确定零件各设计尺寸及其上下极限偏差的计算，以及根据某一间接保证的设计尺寸，确定工序尺寸及其上下极限偏差的计算。

反计算时，封闭环公差的分配方法有以下三种：

①按等公差法分配。将封闭环的公差值平均分配给各个组成环，即每个组成环的公差值相等。此法比较方便，但只适用于各组成环尺寸及加工难易程度相关不大的情况。

②按等精度法分配。按同一精度等级来分配各组成环的公差，即每个组成环的精度等级均相等。

③按经济精度分配。将封闭环的公差按照各组成环的经济精度公差值进行分配。然后加以适当调整，使组成环公差值之和等于或小于封闭环公差值。这种方法从工艺上考虑是比较合理的。

3)中间计算。已知封闭环和部分组成环的尺寸及其上下极限偏差，计算某一个组成环尺寸及其上下极限偏差。此法应用最广，用于加工中基准不重合时工序尺寸及其上下极限偏差的计算。

六、磨削加工

1. 磨削加工的特点及应用

磨削是一种常用的半精加工和精加工方法。砂轮是磨削的切削工具，磨削是由砂轮表面大量随机分布的磨粒在工件表面进行滑擦、刻划和切削三种作用的综合结果。磨削的基本特点如下：

(1)磨削的切削速度(v)高，导致磨削温度高。普通外圆磨削时 v=35 m/s，高速磨削 v>50 m/s。磨削产生的切削热 80%~90%传入工件(10%~15%传入砂轮，1%~10%由磨屑带走)，加上砂轮的导热性很差，易造成工件表面烧伤和微裂纹。因此，磨削时应采用大

量的切削液以降低磨削温度。

(2)能获得高的加工精度和小的表面粗糙度值。加工精度可达IT6~IT4，表面粗糙度值 Ra 可达0.02~0.8 μm。磨削不但可以精加工，还可以粗磨、荒磨、重荷载磨削。

(3)磨削的背向磨削力大。因磨粒负前角很大，且切削刃钝圆半径较大，导致背向磨削力大于切向磨削力，造成砂轮与工件的接触宽度较大，会引起工件、夹具及机床产生弹性变形，影响加工精度。因此，在加工刚性较差的工件时(如磨削细长轴)，应采取相应的措施，防止因工件变形而影响加工精度。

(4)砂轮有自锐作用。在磨削过程中，磨粒由于破碎产生较锋利的新棱角，以及磨粒的脱落而露出一层新的锋利磨粒，能够部分地恢复砂轮的切削能力，这种现象叫作砂轮的自锐作用，有利于磨削加工。

(5)能加工高硬度材料。磨削除可以加工铸铁、碳钢、合金钢等一般结构材料外，还能加工一般刀具难以切削的高硬度材料，如淬火钢、硬质合金、陶瓷和玻璃等，但不宜精加工塑性较大的有色金属工件。

2. 磨削加工方法

磨削加工是用高速回转的砂轮或其他磨具以给定的背吃刀量(或称切深)，对工件进行加工的方法。根据工件被加工表面的形状和砂轮与工件之间的相对运动，磨削可分为外圆磨削、内圆磨削、平面磨削和无心磨削等几种主要加工类型。另外，还有对凸轮、螺纹、齿轮等零件进行磨削加工的专用磨床。

(1)磨削运动。

1)主运动。砂轮的旋转运动称为主运动。主运动速度 v 是砂轮外圆的线速度，普通磨削速度为30~35 m/s；当 $v>45$ m/s时，为高速磨削。

2)径向进给运动。径向进给运动是砂轮切入工件的运动。径向进给量 f_r 是指工作台每双(单)行程内工件相对于砂轮径向移动的距离，单位为mm/(d. str)或(mm/str)。当作连续进给时，单位为mm/s。

3)轴向进给运动。轴向进给运动即工件相对于砂轮的轴向运动。轴向进给量 f_a 是指工件每转一圈或工作台每双行程内工件相对于砂轮的轴向移动距离，单位为mm/r或mm/(d. str)。一般情况下，$f_a=(0.2\sim0.8)B$，B 为砂轮宽度，单位为mm。

4)工件的圆周(或直线)进给运动。工件速度 v_w 是指工件圆周进给运动的线速度，或工件台(连同工件一起)直线进给运动速度，单位为m/s。

(2)砂轮。

1)磨料。用作砂轮的磨料，应具有很高的硬度、适当的强度和韧性，以及高温下稳定的物理、化学性能。

目前，工业上使用的绝大多数磨料为人造磨料，常用的有刚玉类、碳化硅类和高硬度磨料类。按照其纯度和添加的金属元素的不同，每一类又可分为若干不同的品种。

2)粒度。粒度是指磨粒尺寸的大小。对于用筛分确定粒度号的较大磨粒，以其能通过的筛网上每英寸长度上的孔数来表示粒度。粒度号越大，则磨料的颗粒越细。对于用显微镜测量来确定粒度号的微细磨粒(又称微粉)，是以实测到的最大尺寸，并在前面冠以“W”的符号来表示。

3）结合剂。结合剂的作用是将磨料粘合成具有一定强度和各种形状及尺寸的砂轮。砂轮的强度、耐热性和耐用度等重要指标，在很大程度上取决于结合剂的特性。结合剂对磨削温度和磨削表面质量有很大影响。

4）硬度。砂轮的硬度是指磨粒受力后从砂轮表层脱落的难易程度，也反映出磨粒与结合剂的黏结强度。

砂轮硬就表示磨粒难以脱落；砂轮软则相反，切勿将它与磨料的硬度混淆。

5）组织。砂轮的组织是指磨粒、结合剂和气孔三者体积的比例关系，用来表示结构紧密或疏松的程度。

6）砂轮形状。常用砂轮的形状有平形砂轮、薄片砂轮、筒形砂轮、碗形砂轮、碟形砂轮、双斜边砂轮、杯形砂轮等。

磨床夹具可分为通用和专用两大类。通用夹具包括顶尖、鸡心夹头、心轴中心孔柱塞、弹簧夹头、卡盘与花盘、磁力吸盘、真空吸盘、虎钳与直角块、多角形块、正弦夹具等。

【知识拓展】

加工质量分析内容

1. 机械加工精度

机械加工精度是指零件加工后的实际几何参数（尺寸、形状和位置）与理想几何参数相符合程度。它们之间的差异称为加工误差。加工误差的大小反映了加工精度的高低。误差越大，加工精度越低；反之，误差越小，加工精度越高。

加工精度包括以下三个方面：

（1）尺寸精度是指加工后零件的实际尺寸与零件尺寸的公差带中心的相符合程度。

（2）形状精度是指加工后的零件表面的实际几何形状与理想的几何形状的相符合程度。

（3）位置精度是指加工后零件有关表面之间的实际位置与理想位置相符合程度。

2. 机械加工表面质量

（1）表面层的几何形状特性。

1）表面粗糙度是指加工表面的微观几何形状误差。表面粗糙度通常是由机械加工中切削刀具的运动轨迹所形成。

2）表面波度是介于宏观几何形状误差与微观几何形状误差之间的周期性几何形状误差。

（2）表面层物理机械性能。

1）表面层冷作硬化。表面层冷作硬化是由于机械加工时，工件表面层金属受到切削力的作用，产生强烈的塑性变形，使金属的晶格被拉长、扭曲，甚至破坏而引起的。

2）表面层金相组织的变化。磨削时约 80% 的热量将传递给工件，所以，磨削是一种典型的容易产生加工表面金相组织变化（磨削烧伤）的加工方法。

3）表面层残余应力。表面层残余应力是指工件经机械加工后，由于表面层组织发生形状或组织变化导致在表面层与基体材料的交界处产生互相平衡的内部应力。

【学习评价】

学习效果考核评价表

评价类型	权重	具体指标	分值	得分		
				自评	组评	师评
职业能力	65	能够设计阶梯轴零件加工工艺路线	15			
		能够设计阶梯轴零件加工工序	25			
		能够完成阶梯轴零件加工工艺文件的编写	25			
职业素养	20	坚持出勤，遵守纪律	5			
		协作互助，解决难点	5			
		按照标准规范操作	5			
		持续改进优化	5			
劳动素养	15	按时完成，认真编写记录	5			
		工作岗位“7S”处理	5			
		小组分工合理	5			
综合评价	总分					
	教师					

【相关习题】

完成阶梯轴零件加工工艺的编写。

课题三　盘套加工

【课题内容】

盘套类零件是机械加工中经常遇到的一类零件，其应用范围很广，盘套类零件通常起支承和导向作用，由于功用不同，盘套类零件的结构和尺寸有很大的差别，但结构上仍有共同的特点。设计如图 2. 54 所示的盘套零件的机加工工艺。

(1)分析盘套零件工艺技术要求；

(2)确定盘套零件加工毛坯；

(3)设计盘套零件加工工艺路线；

(4)设计盘套零件加工工序；

(5)填写盘套零件加工工艺文件。

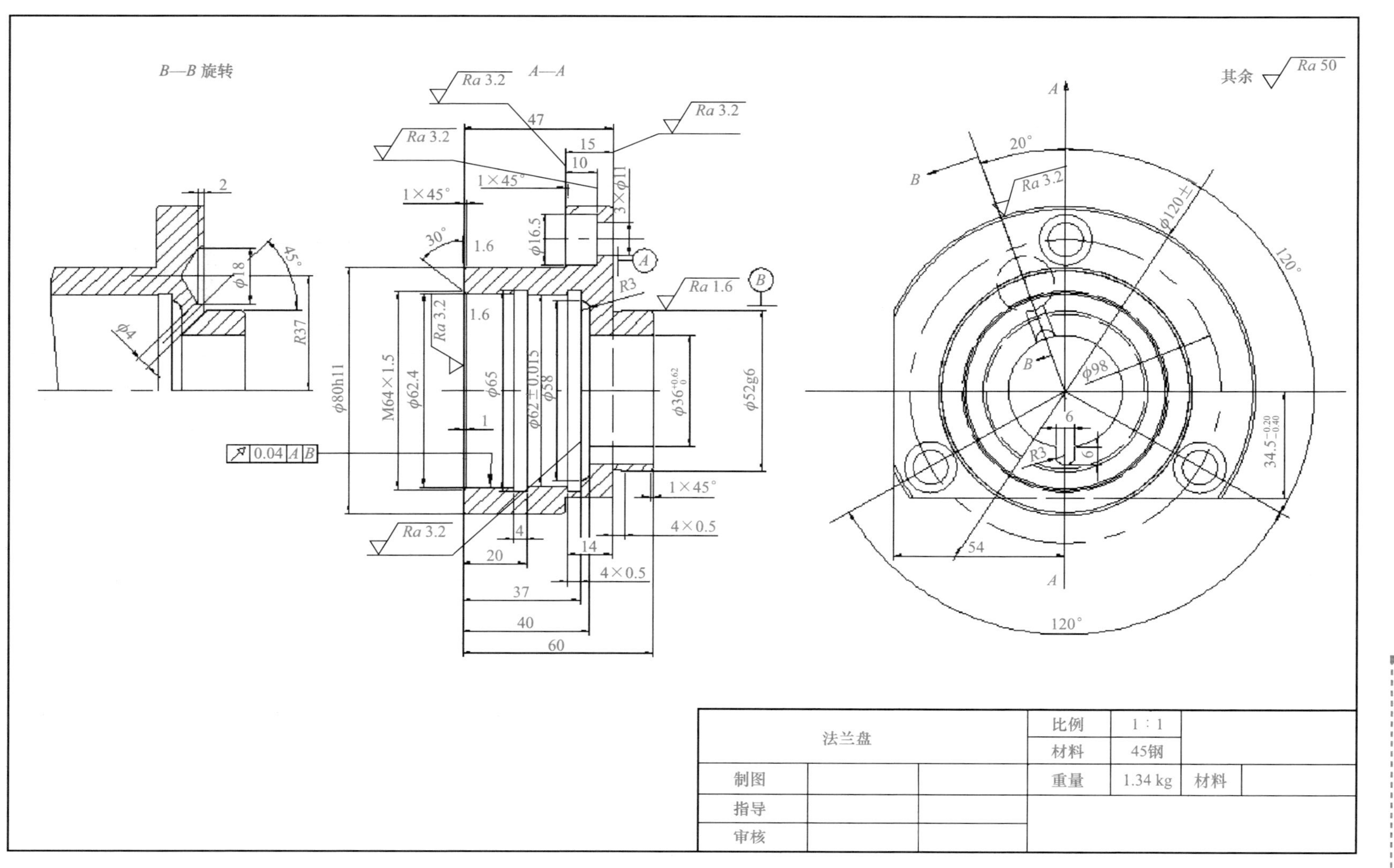
B—B 旋转
A—A
其余 Ra 50
Ra 3.2
Ra 1.6
法兰盘
比例 1∶1
材料 45钢
重量 1.34 kg
材料
制图
指导
审核
φ52g6
φ36+0.62 0
φ58
φ62±0.015
φ65
φ62.4
M64×1.5
φ80h11
φ16.5
3×φ11
φ98
φ120±
34.5-0.20 -0.40
R37
φ18
φ4
R3
0.04 A B
60
40
37
20
47
15
10
14
1×45°
4×0.5
30°
45°
120°
20°
54

图 2.54　法兰盘零件图

【课题实施】

序号	项目	详细内容
1	实施地点	机械制造实训室
2	使用工具	工艺过程卡片(空白)、工序卡片(空白)、相关工具
3	准备材料	课程记录单、机械制造工艺手册、活页教材或指导书
4	执行计划	分组进行

【相关知识】

工件定位

一、定位元件与定位方案

机械加工时，为了加工出符合技术要求的表面，必须在加工前将工件装夹在机床上。

(1)定位：使工件在机床或夹具上占据某一正确位置的过程。

(2)夹紧：使工件保持定位时的正确位置不变。

(3)装夹：工件的定位与夹紧过程，合称为装夹。

1. 工件的定位方法

(1)直接找正法。直接找正法是在机床上利用划针或百分表等测量工具(仪器)直接找正工件位置的方法。

(2)画线找正法。画线找正法是在机床上使用划针按毛坯或半成品上待加工处预先画出的线段找正工件，使其获得正确的位置的定位方法。此法受画线精度和找正精度的限制，定位精度不高。其主要用于批量、毛坯精度低及大型零件等不便于使用夹具进行加工的粗加工。

(3)夹具定位法。中批量以上生产中广泛采用专用夹具定位。使用专用夹具可以简化定位过程并保证定位精度。

三种定位方法的对比见表 2.11。

表 2.11　工件定位方法对比

定位方法	精度	生产率	生产类型	技术等级	加工阶段	特点
直接找正	取决于技术等级	低	单件	高	粗、精	简单
画线找正	低	低	小批	中	粗	合理分配余量
夹具定位	取决于夹具	高	大批大量	低	粗、精	需设计夹具

2. 六点定位原理

一个尚未定位的工件，其空间位置是不确定的，均有 6 个自由度，如图 2.55 所示，即沿空间坐标轴 X、Y、Z 3 个方向的移动和绕这三个坐标轴的转动。要确定其空间位置，就需要限制其 6 个自由度。

如图 2.56 所示，利用 6 个合理布置的支承点限制工件的 6 个自由度，这就是“六点定则”(六点定位原理)。

这里“点”是对自由度的限制，与实际接触点不同。

定位支承点限制工件自由度的作用，应理解为定位支承点与工件定位基准面始终保持紧贴接触。若两者脱离，则意味着失去定位作用。

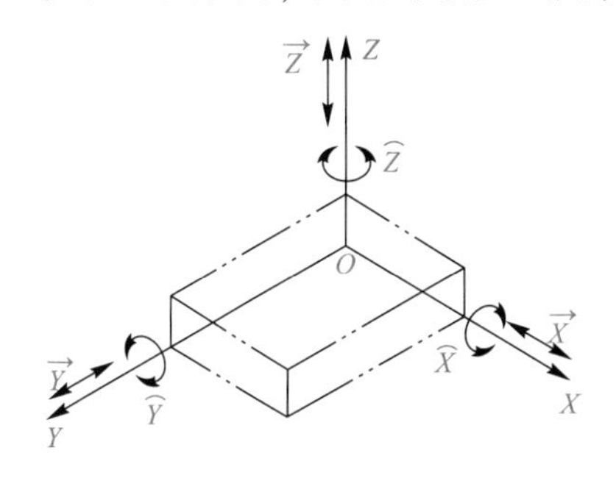

图 2.55　空间工件自由度

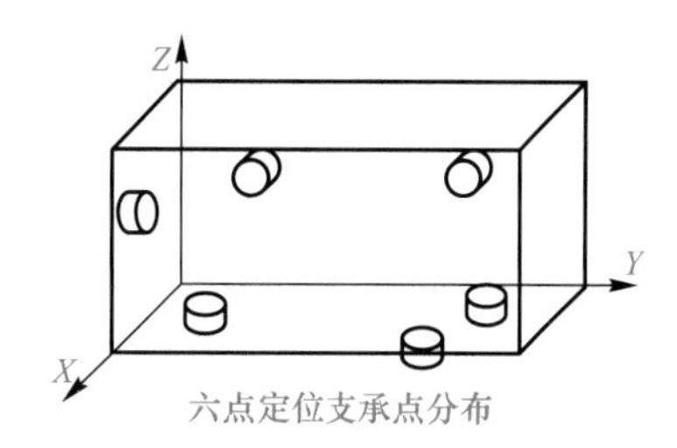

图 2.56　六点定位原理

3. 工件的定位形式

(1)完全定位：工件在空间的 6 个自由度完全被限制。

(2)不完全定位：在满足加工要求的前提下，工件被限制的自由度少于 6 个。在加工过程中优先推荐使用此种定位形式。不完全定位主要有以下两种情况：

1)工件本身相对于某个点、线是完全对称的，则工件绕此点、线旋转的自由度无法被限制(即使被限制也无意义)。如球体绕过球心轴线的转动、圆柱体绕自身轴线的转动等。

2)根据工件加工要求，不需要限制某一个或某几个自由度。如加工平板上表面，要求保证平板厚度及与下平面的平行度，则只需限制 3 个自由度就够了。

(3)过定位：工件在空间的某一个自由度重复限制。

(4)欠定位：在加工要求的前提下，应该被限制的自由度没被限制。此种不满足加工要求，不能进行加工。

4. 平面定位元件

平面定位的主要形式是支承定位。常用的定位元件有支承钉、支承板、夹具支承件和夹具体的凸台及平面等(图 2.57~图 2.61)。

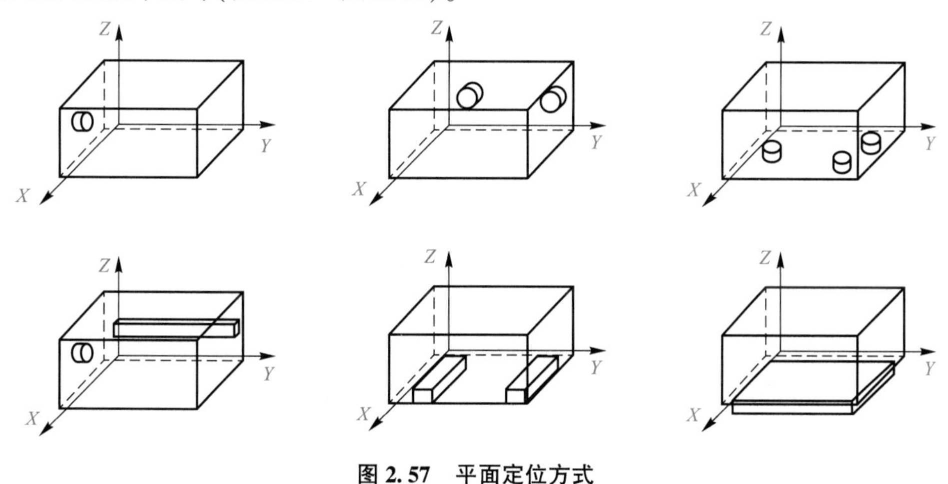

图 2.57　平面定位方式

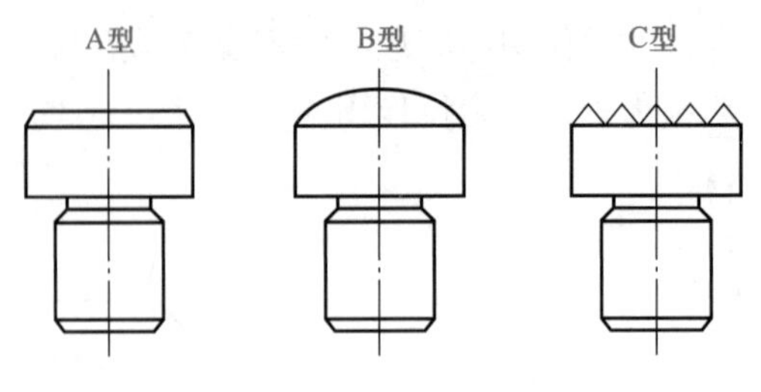

图 2.58 支承钉

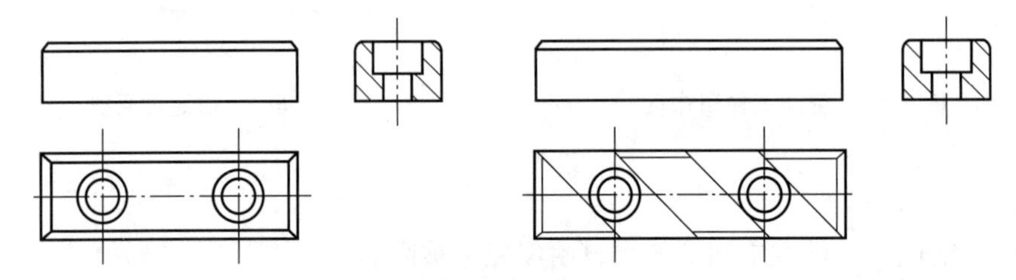

图 2.59 支承板

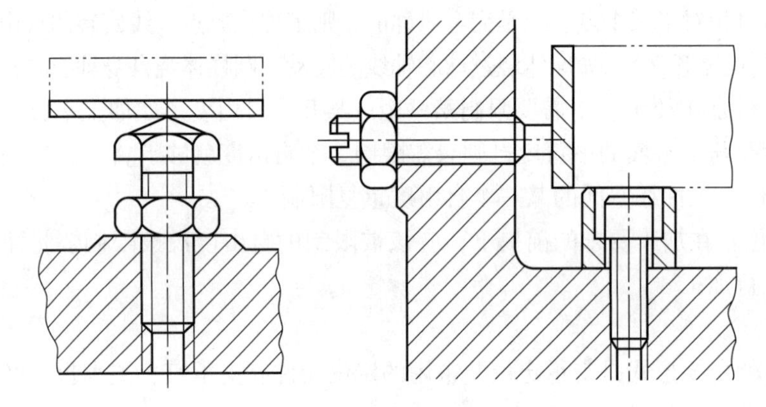

图 2.60 可调支承

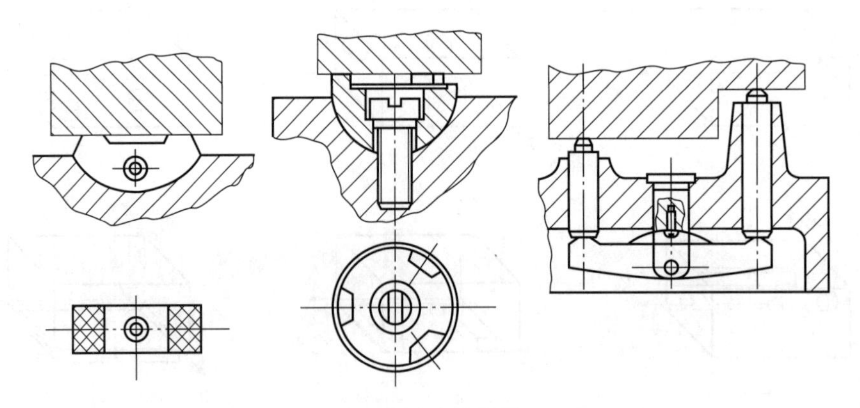

图 2.61 自位支承

5. 外圆柱面定位元件

工件以外圆柱面为定位基准时，常采用的定位元件为 V 形块、定位套、半圆套、圆锥套等(图 2.62~图 2.65)。

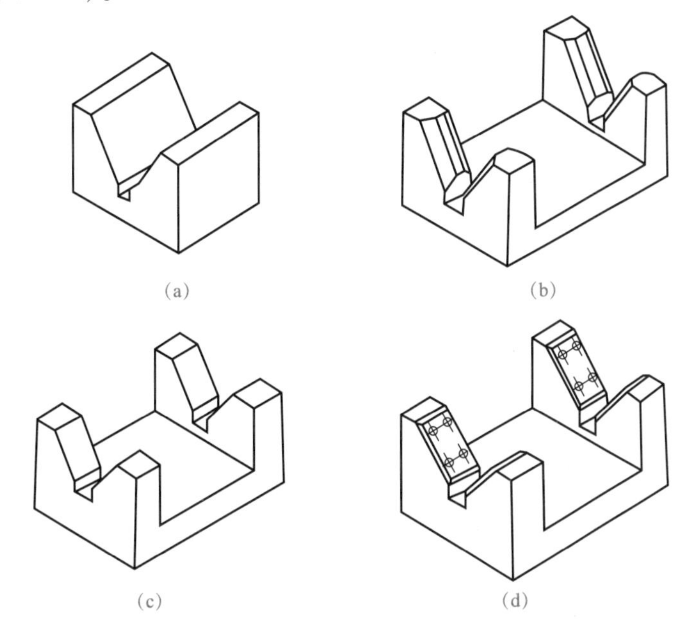

图 2.62　V 形块

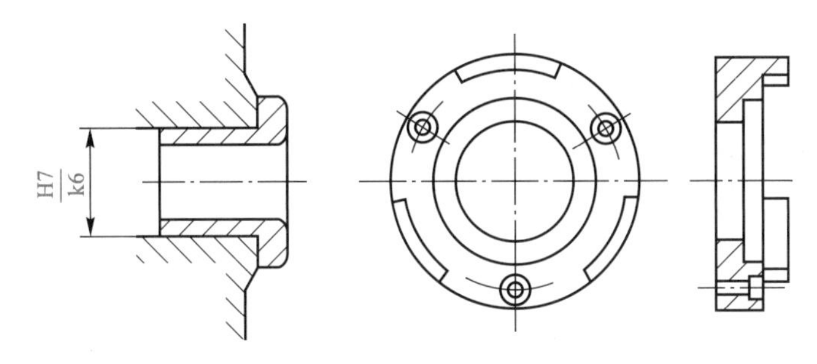

图 2.63　定位套

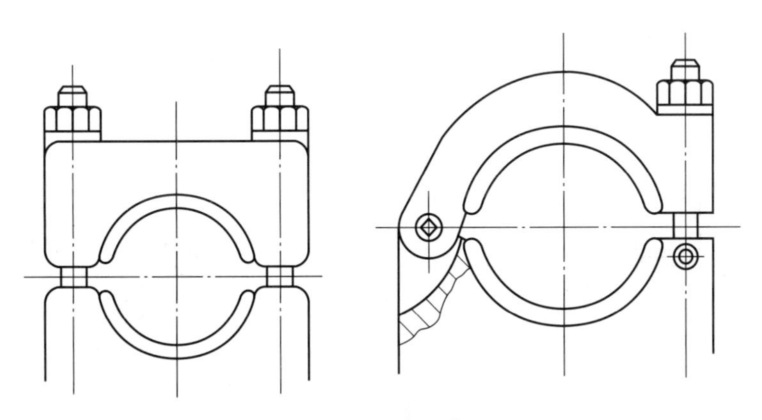

图 2.64　半圆套

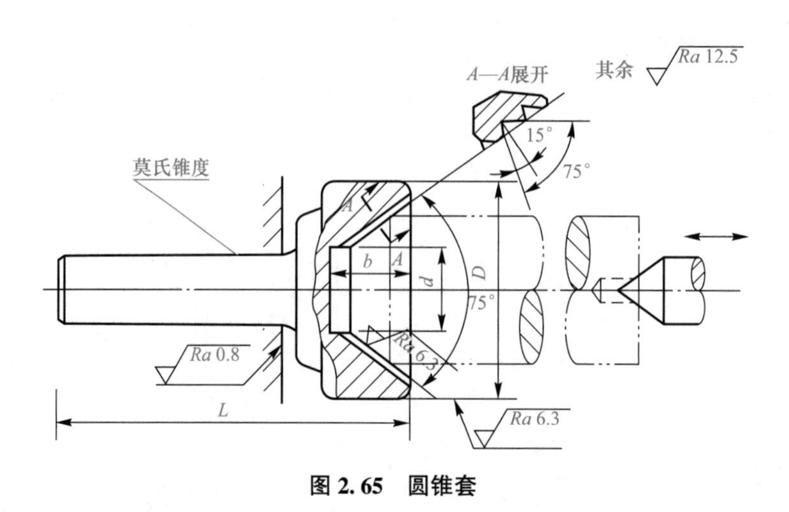

图 2.65 圆锥套

6. 内孔定位元件

工件以圆孔定位多属于定心定位。常用定位元件是定位销(图 2.66)和心轴(图 2.67)。定位销有圆柱销、圆锥销、菱形销等形式。

7. 常见定位方案的确定

一面两孔定位在加工箱体、杠杆、盖板和支架类零件时，工件常以两个轴线互相平行的孔和与两孔轴线相垂直的大平面为定位基准面。如图 2.68 所示，一个大平面限制了 3 个自由度，一个圆柱销限制了 2 个自由度，一个菱形销(削边销)限制了 1 个自由度，工件的 6 个自由度均被限制，属于完全定位。如若定位时采用两个圆柱销，那么两个圆柱销均限制工件的 2 个自由度，会造成工件在两孔中心线方向上出现过定位。另外，解决一面两孔定位的方案是缩小一个定位销的直径。

常见典型定位方案及各种定位元件限制的自由度数见表 2.12。

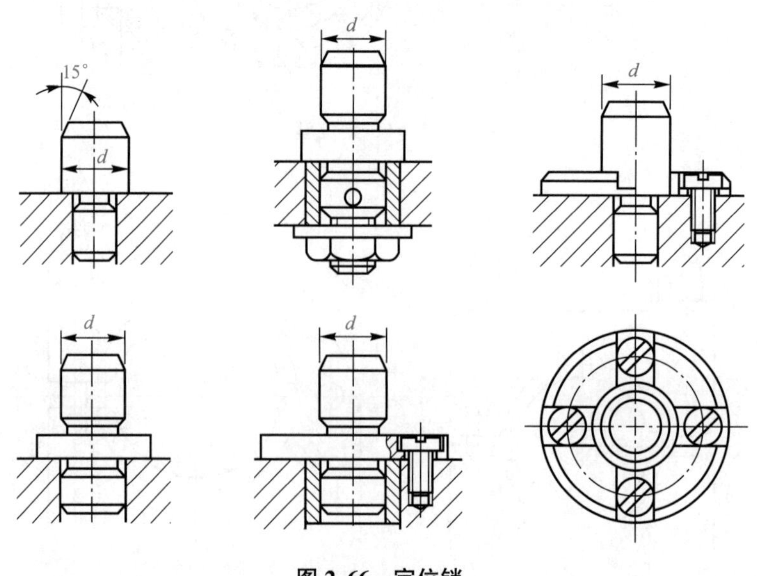

图 2.66 定位销

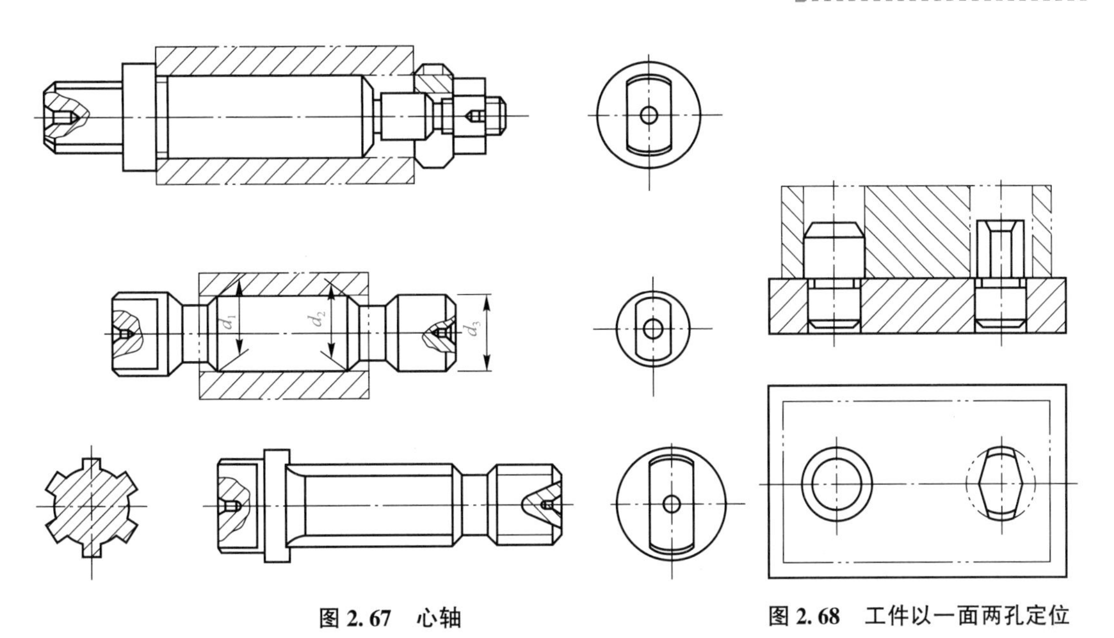

图 2.67 心轴

图 2.68 工件以一面两孔定位

表 2.12 常见典型定位方案及各种定位元件限制的自由度数

工件定位基准面	定位元件	定位方式简图	元件特点	限制的自由度
平面	支承钉			1、2、3—$\vec{Z}$、$\widehat{X}$、$\widehat{Y}$ 4、5—$\vec{X}$、$\widehat{Z}$ 6—$\vec{Y}$
	支承板		每个支承板也可设计成两个或两个以上小支承板	1、2—$\vec{Z}$、$\widehat{X}$、$\widehat{Y}$ 3—$\vec{X}$、$\widehat{Z}$
	固定支承与浮动支承		1、3—固定支承； 2—浮动支承	1、2—$\vec{Z}$、$\widehat{X}$、$\widehat{Y}$ 3—$\vec{X}$、$\widehat{Z}$
	固定支承与辅助支承		1、2、3、4—固定支承； 5—辅助支承	1、2、3—$\vec{Z}$、$\widehat{X}$、$\widehat{Y}$ 4—$\vec{X}$、$\widehat{Z}$ 5—增强刚度，不限制自由度

续表

工件定位基准面	定位元件	定位方式简图	元件特点	限制的自由度
外圆柱面 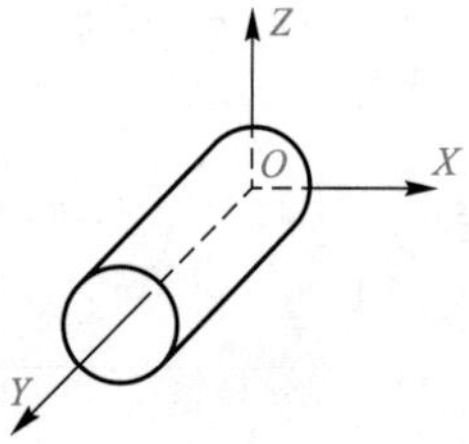	V 形块	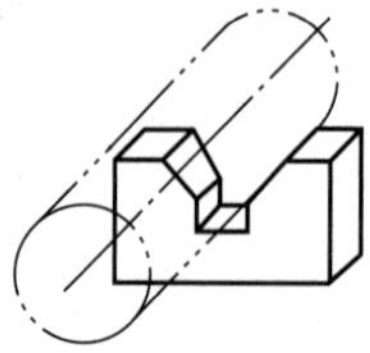	窄 V 形块	$\vec{X}$、$\vec{Z}$
		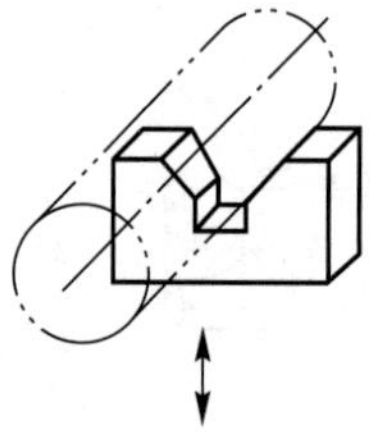	垂直运动的窄 V 形块	$\vec{X}$
		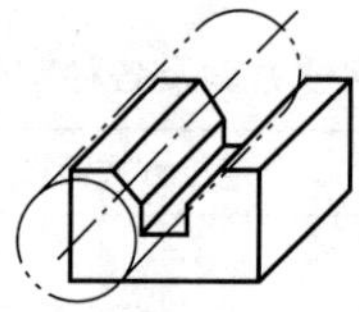	宽 V 形块或两个窄 V 形块	$\vec{X}$、$\vec{Z}$ $\widehat{X}$、$\widehat{Z}$
	定位套	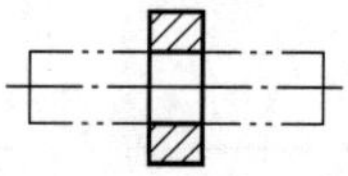	短套	$\vec{X}$、$\vec{Z}$
		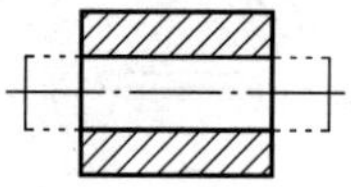	长套	$\vec{X}$、$\vec{Z}$ $\widehat{X}$、$\widehat{Z}$
	支承板或支承钉	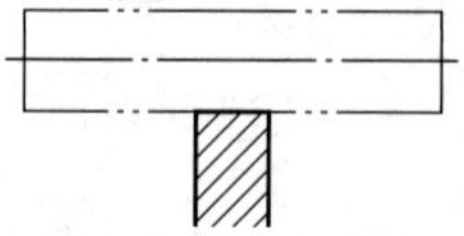	短支承板或支承钉	$\vec{Z}$
		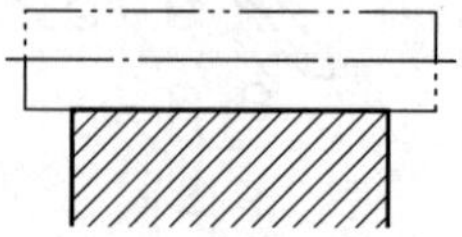	一个支承板或两个支承钉	$\vec{Z}$、$\widehat{X}$

续表

工件定位基准面	定位元件	定位方式简图	元件特点	限制的自由度
圆孔 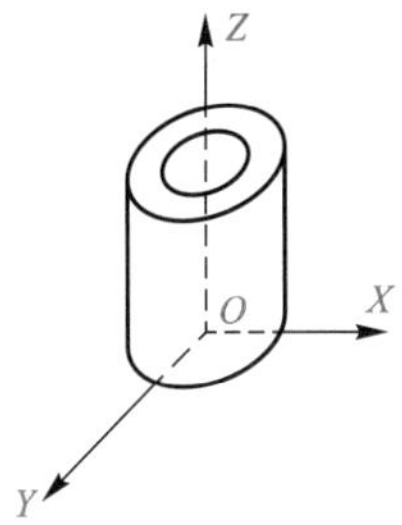	定位销（心轴）	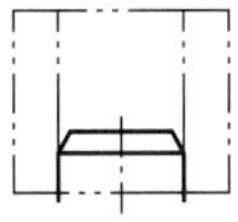	短销（短心轴）	$\vec{X}$、$\vec{Y}$
		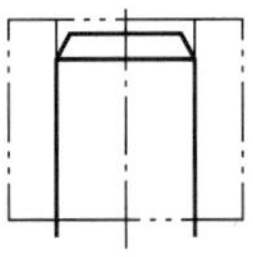	长销（长心轴）	$\vec{X}$、$\vec{Y}$ $\overset{\frown}{X}$、$\overset{\frown}{Y}$
		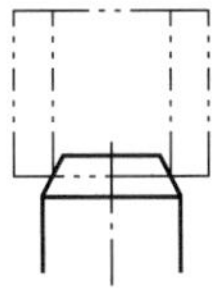	单锥销	$\vec{X}$、$\vec{Y}$、$\vec{Z}$
		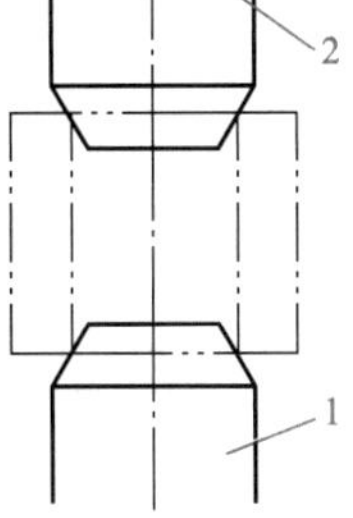	1—固定销 2—活动销	1—$\vec{X}$、$\vec{Y}$、$\vec{Z}$ 2—$\overset{\frown}{X}$、$\overset{\frown}{Y}$

二、工艺卡片的填写

制订工艺文件是机械工艺规程的最后一项工作，主要包括工序顺序及内容的填写，工序简图的绘制，工序所用机床设备的名称与型号、工艺装备的名称与型号的合理选择，以及切削用量和时间定额的合理确定等（表 2.13、表 2.14）。

表 2.13　机械加工工艺流程

机械加工工艺流程一览表	产品型号		零件图号			
	产品名称		零件名称		共　页	第　页

材料牌号		毛坯种类		毛坯外形尺寸		每毛坯件数		每台件数		备注	

序号	工　序　名　称	设备		车间	工段	工　艺　装　备	工时	
		名称	型号规格				准终	单件

										设计(日期)	校对(日期)	审核(日期)	标准化(日期)	会签(日期)
标记	处数	更改文件号	签字	日期	标记	处数	更改文件号	签字	日期					

表 2.14　机械加工工序卡片

机械加工工序卡片	产品型号		零件图号			
	产品名称		零件名称		共　页	第　页

	车间	工序号	工序名称	材料牌号
	毛坯种类	毛坯外形尺寸	每毛坯可制件数	每台件数
	设备名称	设备型号	设备编号	同时加工件数
	夹具编号		夹具名称	切削液

工步号	工　步　内　容	工　艺　装　备	主轴转速 /(r·min^{-1})	切削速度 /(m·min^{-1})	进给量 /(mm·r^{-1})	切削深度 /mm	进给次数	工步工时	
								机动	辅助

										设计(日期)	校对(日期)	审核(日期)	标准化(日期)	会签(日期)
标记	处数	更改文件号	签字	日期	标记	处数	更改文件号	签字	日期					

三、车削加工误差分析

加工质量基本概念

加工精度是加工后零件表面的实际尺寸、形状、位置3种几何参数与图纸要求的理想几何参数的符合程度。理想的几何参数，对尺寸而言，就是平均尺寸；对表面几何形状而言，就是绝对的圆、圆柱、平面、锥面和直线等；对表面之间的相互位置而言，就是绝对的平行、垂直、同轴、对称等。零件实际几何参数与理想几何参数的偏离数值称为加工误差。

1. 误差分类及影响

在机械加工时，由机床、夹具、刀具和工件构成的系统称为工艺系统。工艺系统各个环节所存在的误差称为原始误差。由于原始误差的存在，工件在加工过程中不能保证绝对状态，造成加工误差。下面将对原始误差的分类及影响进行说明。

(1)加工原理误差。加工原理误差是指采用了近似的刀刃轮廓或近似的传动关系进行加工而产生的误差。加工原理误差多出现于螺纹、齿轮、复杂曲面加工中。

例如，加工渐开线齿轮采用的齿轮滚刀，为使滚刀制造方便，采用了阿基米德基本蜗杆或法向直廓基本蜗杆代替渐开线基本蜗杆，使齿轮渐开线齿形产生了误差。又如车削模数蜗杆时，由于蜗杆的螺距等于蜗轮的周节，即 $m\pi$，其中 m 是模数，而 π 是一个无理数，但是车床的配换齿轮的齿数是有限的，选择配换齿轮时只能将 π 化为近似的分数值($\pi=3.1415$)计算，这就将引起刀具对于工件成型运动(螺旋运动)的不准确，造成螺距误差。

在加工中，一般采用近似加工，在理论误差可以满足加工精度要求的前提下(≤15%尺寸公差)，来提高生产率和经济性。

(2)调整误差。在零件加工的每道工序中，为了获得加工表面的尺寸、形状和位置精度，总得对机床、夹具和刀具进行调整，任何调整工作都必然会带来一定的误差。机械加工中零件的生产批量和加工精度往往要求不同，所采用的调整方法也不同。如大批量生产时，一般采用样板、样件、挡块及靠模等调整工艺系统；在单件、小批量生产中，通常采用机床上的刻度或利用量块进行调整。调整工作的内容也因工件的复杂程度而异，对简单表面(如内、外圆柱面)，一般只调整各成型运动的位置关系；而复杂表面(如螺旋面、渐开面)，则还要调整成型运动的速度关系。

(3)机床误差。机床误差是指机床的制造误差、安装误差和磨损。其主要包括机床导轨导向误差、机床主轴的回转误差、机床传动链的传动误差。

1)机床导机导向误差。机床导轨导向精度——导轨副运动件实际运动方向与理想运动方向的符合程度。机床导轨导向误差主要包括以下几项：

①导轨在水平面内直线度 Δy 和垂直面内的直线度 Δz(弯曲)误差；

②前后两导轨的平行度(扭曲)误差；

③导轨对主轴回转轴线在水平面内和垂直面内的平行度误差或垂直度误差。

导轨导向精度对切削加工的影响主要考虑导轨导向误差引起刀具与工件在误差敏感方向的相对位移。车削加工时误差敏感方向为水平方向，垂直方向引起的导向误差产生的加工误差可以忽略；镗削加工时误差敏感方向随刀具回转而变化；刨削加工时误差敏感方向为垂直方向，床身导轨在垂直平面内的直线度引起加工表面直线度和平面度误差。

2)机床主轴回转误差。机床主轴回转误差是指实际回转轴线对于理想回转轴线的漂移。其主要包括主轴端面圆跳动、主轴径向圆跳动、主轴几何轴线倾角摆动。

①主轴端面圆跳动对加工精度的影响：

a. 加工圆柱面时无影响；

b. 车、镗端面时将产生端面与圆柱面轴线垂直度误差或端面平面度误差；

c. 加工螺纹时，将产生螺距周期误差。

②主轴径向圆跳动对加工精度的影响：

a. 若径向回转误差表现为其实际轴线在 Y 轴坐标方向上做简谐直线运动，则镗床镗出的孔为椭圆形孔，圆度误差为径向圆跳动幅值；而对车床车出的孔无影响。

b. 若主轴几何轴线作偏心运动，无论车、镗，都能得到一个半径为刀尖到平均轴线距离的圆。

③主轴几何轴线倾角摆动对加工精度的影响：

a. 几何轴线相对于平均轴线在空间成一定锥角的圆锥轨迹，从各截面看相当于几何轴心绕平均轴心做偏心运动，而从轴向看各处偏心值不同；

b. 几何轴线在某一平面内摆动，从各截面看相当于实际轴线在一平面内做简谐直线运动，而从轴向看各处跳动幅值不同；

c. 实际上主轴几何轴线的倾角摆动为上述两种的叠加。

3)机床传动链的传动误差。机床传动链的传动误差是指传动链中首末两端传动元件之间的相对运动误差。

(4)刀具、夹具的制造误差。机械加工中常用的刀具有一般刀具、定尺寸刀具及成型刀具。一般刀具车刀单镗刀及平面铣刀等的制造误差，对加工精度没有直接影响；定尺寸刀具(如钻头、铰刀、拉刀及槽铣刀等)的尺寸误差，直接影响工件的尺寸精度，另外，刀具的工作条件，如机床主轴的跳动或因刀具安装不当引起的径向或端面圆跳动等，都会使工件产生加工误差；成型刀具成刀以轮刀等的制造误差，主要影响被加工面的形状精度。夹具的制造误差一般是指定位元件、导向元件及夹具体等零件的制造和装配误差。这些误差对工件的精度影响较大。所以，在设计和制造夹具时，凡影响工件加工精度的尺寸和位置误差都应严格控制。

(5)工艺系统的磨损误差。工艺系统在长期的使用中，会产生各种不同程度的磨损。这些磨损必将扩大工艺系统的几何误差，影响工件的各项加工精度。例如，机床导轨面的不均匀磨损，会造成工件的形状误差和位置误差；量具在使用中的磨损，会引起工件的测量误差。工艺系统中机床、夹具、刀具及量具虽然都会磨损，但其磨损速度和程度对加工精度的影响不同。其中，以刀具的磨损速度最快，甚至有时在加工一个工件过程中，就可能出现不能允许的磨损量。而机床、量具、夹具的磨损比较缓慢，对加工精度的影响也不明显。故对它们一般只进行定期鉴定和维修。

(6)工艺系统受力变形对加工精度的影响。在切削力、传动力、惯性力、夹紧力及重力等的作用下，工艺系统将产生相应的变形(弹性变形和塑性变形)和振动。这种变形和振动会破坏刀具和工件之间的成型运动的位置关系与速度关系，还影响切削运动的稳定性，从而造成各种加工误差和表面粗糙度。

(7)工艺系统热变形对加工精度的影响。工艺系统在各种热源的作用下，发生热胀冷缩，从而破坏了工件和刀具间的相对位置或相对运动关系，造成加工误差。在生产过程自动化和精密加工迅速发展的今天，对工件的加工精度和精度稳定性，提出了更高的要求。而加工精度主要取决于工艺系统的两个性能，即系统的静态—动态力学特性和热学特性。据统计，在精密加工和大件加工中，由于热变形引起的加工误差占总加工误差的40%~70%。

2. 误差的测量方法

加工精度根据不同的加工精度内容及精度要求，采用不同的测量方法。一般来说，误差的测量有以下几类方法：

(1)按是否直接测量被测参数，可分为直接测量和间接测量。

(2)按量具、量仪的读数值是否直接表示被测尺寸的数值，可分为绝对测量和相对测量。

(3)按被测表面与量具、量仪的测量头是否接触，可分为接触测量和非接触测量。

(4)按一次测量参数的多少，可分为单项测量和综合测量。

(5)按测量在加工过程中所起的作用，可分为主动测量和被动测量。

(6)按被测零件在测量过程中所处的状态，可分为静态测量和动态测量。

【知识拓展】

孔的检测内容

1. 孔径的测量

孔径尺寸精度要求较低时，可采用直尺、内卡钳或游标卡尺进行测量。当孔径尺寸精度要求较高时，可以用以下几种测量方法：

(1)内卡钳测量。当孔口试切削或位置狭小时，使用内卡钳更加方便、灵活。当前使用的内卡钳已采用量表或数显方式来显示测量数据。采用这种内卡钳可以测量出IT8~IT7级精度的内孔。

(2)塞规测量。塞规是一种专用量具，一端为通端，另一端为止端。使用塞规检测孔径时，当通端能进入孔内，而止端不能进入孔内，说明孔径合格，否则孔径不合格。与此相类似，轴类零件也可采用光环规测量。

(3)内径百分表测量。内径百分表测量内孔时，左端触头在孔内摆动，读出直径方向的最大尺寸即内孔尺寸。内径百分表适用于深度较大内孔的测量。

(4)内径千分尺测量。内径千分尺的测量方法与外径千分尺的测量方法相同，但其刻线方向和外径千分尺相反，相应地，其测量时的旋转方向也相反。内径千分尺不适合深度较大孔的测量。

2. 孔距的测量

孔距测量时，通常采用游标卡尺测量。精度较高的孔距也可采用内、外径千分尺配合圆柱测量芯棒进行测量。

3. 孔的其他精度测量

孔除要进行孔径和孔距测量外，有时还要进行圆度、圆柱度等形状精度的测量及径向圆跳动、端面圆跳动、端面与孔轴线的垂直度等位置精度的测量。

【学习评价】

学习效果考核评价表

评价类型	权重	具体指标	分值	得分		
				自评	组评	师评
职业能力	65	能够设计盘套零件加工工艺路线	15			
		能够设计盘套零件加工工序	25			
		能够完成盘套零件加工工艺文件的编写	25			
职业素养	20	坚持出勤，遵守纪律	5			
		协作互助，解决难点	5			
		按照标准规范操作	5			
		持续改进优化	5			
劳动素养	15	按时完成，认真编写记录	5			
		工作岗位“7S”处理	5			
		小组分工合理	5			
综合评价	总分					
	教师					

【相关习题】

1. 工件的定位方法有哪些？
2. 什么是六点定位原理？
3. 工件的定位形式有哪些？
4. 完成盘套零件加工工艺的编写。

项目三　综合加工箱体

项目描述 ○○○

通过学习减速器箱体的机械加工工艺规程的制订，学习者能够独立完成箱体零件的工艺分析，选择毛坯确定加工方案；熟悉机械加工金属切削方式及机床；能够掌握通过查阅资料等方法拟订工艺路线，完成工艺卡片的填写等工作。本项目的具体目标如下：

序号	项目目标	具体描述
1	知识目标	1. 会分析箱体零件的加工工艺技术要求。 2. 能合理确定箱体零件的毛坯。 3. 掌握铣、钻、镗等金属切削方式。 4. 能合理确定箱体零件机加工方案。 5. 能合理安排箱体零件加工顺序和加工工艺路线
2	能力目标	能够通过查阅箱体零件加工面等相关工艺参数资料等方法，分组配合完成减速器箱体工艺规程的制订，并填写相关工艺文件
3	素养目标	通过真实事迹的学习，讲述工匠精神。通过新技术的拓展介绍，启发创新精神的培养

夯实制造强国的人才基石 ○○○

强国之路，匠心筑梦。在首届大国工匠创新交流大会上，国家高度评价技术工人队伍的重要地位，对深化产业工人队伍建设改革提出明确要求。殷切的期望，必将激励更多劳动者特别是青年一代走技能成才、技能报国之路。培养更多高技能人才和大国工匠，为推动高质量发展、实施制造强国战略、全面建设社会主义现代化国家提供有力人才保障。

在当今世界新一轮科技革命和产业变革背景下，发达国家重塑制造业竞争力，后发经济体加快工业化追赶步伐，全球产业竞争新态势对劳动力结构和素质提出了新要求。基于对这一发展趋势的科学把握，党的十八大以来，我国高度重视技能人才培养和大国工匠培育，技能成才、技能报国之路越走越宽。从"北斗"组网到"奋斗者"深潜、从港珠澳大桥飞架三地到北京大兴国际机场凤凰展翅……一项项超级工程背后，是技能人才的身影；从汽车喷漆项目冠军杨金龙到工业机械装调项目冠军宋彪、从焊接项目冠军赵脯菠到砌筑项目冠军梁智滨……中国在世界技能大赛上累计获得36枚金牌背后，是工匠精神的体现。

当前，我国正逐步从制造大国向制造强国迈进。一方面，制造业企业数字化、智能化转型提速，一部分人工被取代之后，产生的是对高素质技能人才、紧缺技术人才更大的需求；另一方面，技能人才总量不足、结构不合理、高技能领军人才匮乏等问题凸显。数据显示，预计到2025年，我国制造业十大重点领域人才需求总量将接近6 200万人，人才需求缺口约3 000万人，缺口率达48%。

“供”与“需”的不匹配，成为制约制造由“大”到“强”的瓶颈。突破瓶颈，既需要企业家追求卓越、生产者耐心坚守，更需要职业教育的改革、职业精神的培养。职业教育担负着培养大规模高质量技术技能人才的责任，得益于国家近年来密集出台的改革政策，其发展已进入“快车道”，但仍有待啃的“硬骨头”。如何切实增强职业教育适应性，落实好专业设置与产业需求适应、教学内容与职业标准对接、教学过程与生产过程协调的要求，并在产教融合、多方联动过程中减少人才供需的信息差，急需进一步探索。

突破瓶颈、推动制造由“大”到“强”的跃升，任重而道远。时隔多年首次修订《中华人民共和国职业教育法》，这是重要的一步。

在此基础上，完善落实技术工人培养、使用、评价、考核机制，提高技能人才待遇水平，畅通技能人才职业发展通道，完善技能人才激励政策，让更多技能人才脱颖而出，成为担使命勇创新的主力军、本领高能力强的奋斗者、建新功创辉煌的圆梦人。

课题一　视窗盖的加工

【课题内容】

学习者在读图时要分析减速器视窗盖零件加工工艺技术要求。依据减速器视窗盖零件毛坯选材特点，通过铣削加工方式，设计盘盖类零件工艺路线，正确填写减速器视窗盖零件相关工艺文件。在工艺设计过程中，查阅参数手册等资料。通过本课题的学习，学习者能够更加牢固地掌握工艺设计及工艺文件的制订。

设计如图3.1所示的减速器视窗盖零件的机加工工艺。

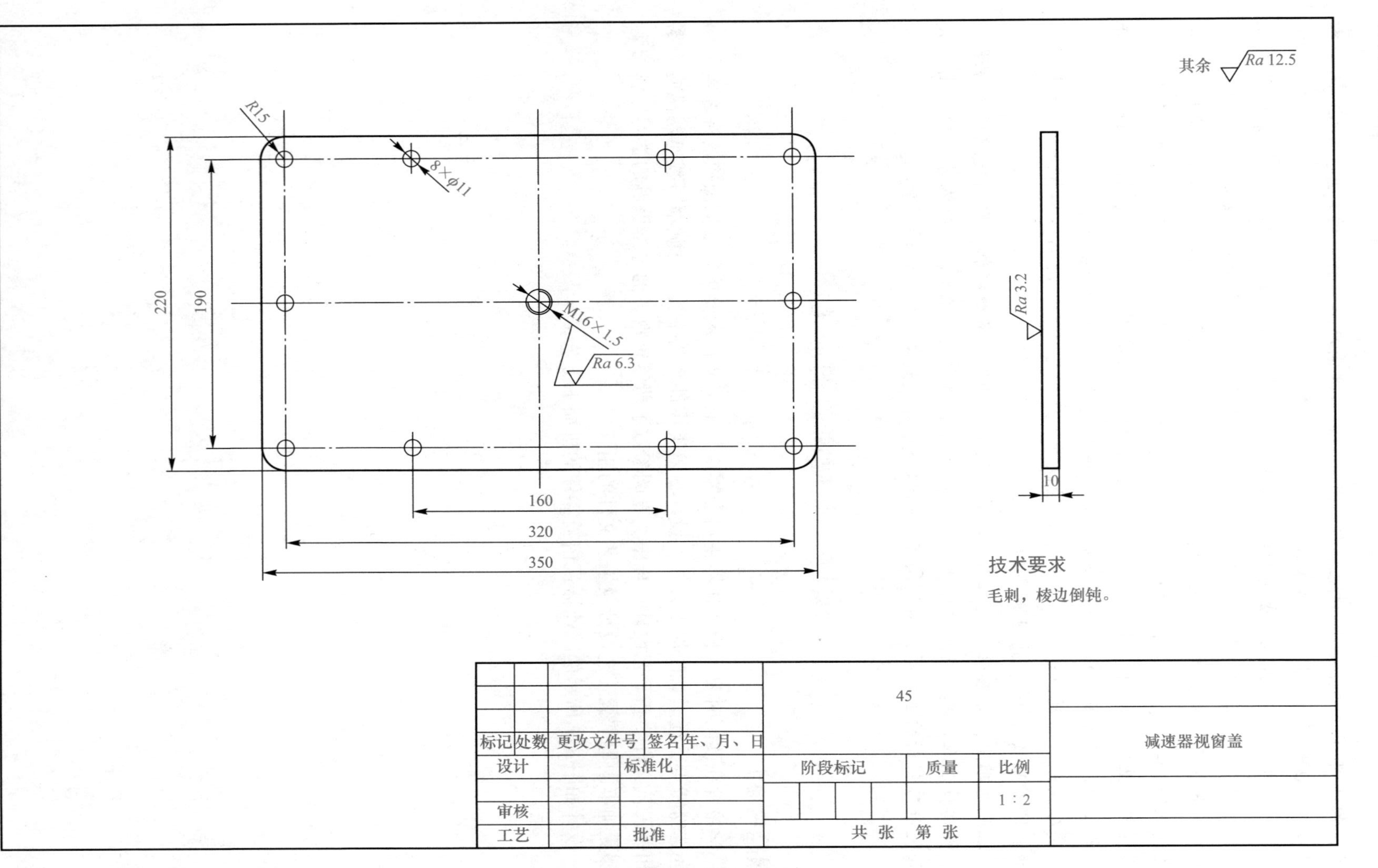

图 3.1 减速器视窗盖零件图

【课题实施】

序号	项目	详细内容
1	实施地点	机械制造实训室
2	使用工具	工艺过程卡片(空白)、工序卡片(空白)、相关工具
3	准备材料	课程记录单、机械制造工艺手册、活页教材或指导书
4	执行计划	分组进行

【相关知识】

一、分析减速箱透视窗盖零件工艺技术要求

1. 功用与结构分析

减速箱透视窗主要用于检查传动零件的啮合情况、润滑状况、接触斑点、齿侧间隙、轮齿损坏情况，并向减速器箱体内注入润滑油，应在箱盖顶部的适当位置设置透视(检查)窗，由透视窗可直接观察到齿轮啮合部位。

透视窗应有足够的大小，允许手伸入箱体检查齿面磨损情况。机体上开透视窗处应设置凸台，以便机械加工出支承盖板的表面并用垫片加强密封，盖板常用钢板或铸铁制成，平时检查孔用孔盖盖住，孔盖通过螺钉固定在箱盖上。

2. 减速箱透视窗盖加工工艺要求分析

从零件的结构上看，该零件包括 350 mm×220 mm×10 mm 的长方形平板、8×ϕ11 mm 的通孔、M16×1. 5 的螺纹，其结构形状简单，为板类零件。

零件整体加工形位公差没有要求，表面粗糙度 Ra 最高为 3. 2 μm，其余表面都需要加工，孔的精度要求不高，可以根据生产纲领的要求使用普通铣床和钻床进行加工。

二、确定减速箱透视窗盖零件加工毛坯

根据图纸选用零件的材料为 45 钢的板材，长度和厚度方向留有合理的加工余量即可。

三、设计减速箱透视窗零件加工工艺路线及加工工序

根据零件的几何形状、尺寸精度与位置精度等技术要求，以及加工方法所能达到的经济精度，在生产纲领已确定的情况下，可以考虑采用万能性机床配以专用卡具，并尽量使工序集中来提高生产率。除此之外，还应当考虑经济效果，以便使生产成本尽量降低。

1. 平面加工

通过工艺分析，在平板厚度方向上的尺寸精度要求很低，并且表面粗糙度的要求稍高，所以，在加工时主要考虑加工方法对表面粗糙度 Ra 值的影响，根据各种加工方法能达到的表面粗糙度可知，精铣可以达到 Ra = 3. 2 μm 的要求并且选择端铣，在《机械工艺设计手册》中提供了加工方案选择粗铣—精铣。

2. 孔表面加工

因减速箱透视窗零件仅有 M16×1. 5 的螺纹和 8×ϕ11 mm 的通孔，根据《机械工艺设计

手册》中提供的加工方案只需要钻削加工即可完成。

工序01：粗铣减速箱透视窗下表面，以上表面为粗基准，采用立式铣床加通用夹具；

工序02：粗铣减速箱透视窗上表面，以下表面为粗基准，采用立式铣床加通用夹具；

工序03：精铣减速箱透视窗上表面，以下表面为粗基准，采用立式铣床加通用夹具；

工序04：粗铣减速箱透视窗四侧平面，以上大平面为定位基准，采用立式铣床和通用夹具；

工序05：画线、钻8个 ϕ11 mm的孔，以上表面中心线为基准，采用立式钻床加通用夹具；

工序06：钻M16×1.5的螺纹孔并攻螺纹，以上表面中心线为基准，采用立式钻床加通用夹具；

工序07：去毛刺；

工序08：终检。

四、填写减速箱透视窗零件加工工艺文件

减速箱透视窗零件机械加工工艺流程见表3.1。

五、零件工艺分析

零件图是制订工艺规程的主要依据。对于关键零件还要借助装配图进行分析，以了解零件在产品中的作用、性能及工作条件。

1. 零件技术要求分析

零件的技术要求分析内容如下：

(1)分析零件材料、性能及热处理要求等。零件材料的力学性能直接对切削过程产生影响，因此是分析的重点。

(2)精度分析。包括尺寸精度、形状精度和位置精度要求等。

(3)表面质量分析。包括表面粗糙度、表面缺陷要求等。

(4)其他要求分析。如毛坯、倒角、倒圆、清洗、去毛刺、涂防锈剂等。

2. 零件结构工艺分析

通过阅读图纸，了解零件的形状(如外圆、端面、内孔、台阶、沟槽、曲面、螺纹等形状)、大小和结构，以确定加工类型，如轴类零件，可以安排车、磨等，箱体零件可以安排刨、铣、镗等。

零件的结构工艺性是指所设计的零件在能满足使用要求的前提下制造的可行性和经济性(表3.2)。

表 3.1 机械加工工艺流程

<table>
<tr><td colspan="6" rowspan="2">机械加工工艺流程一览表</td><td>产品型号</td><td>JSQ-0. 1</td><td>零件图号</td><td>JSQ-0. 1-001</td><td colspan="2"></td></tr>
<tr><td>产品名称</td><td>减速器</td><td>零件名称</td><td>透视窗</td><td>共 1 页</td><td>第 1 页</td></tr>
<tr><td>材料牌号</td><td>45</td><td>毛坯种类</td><td>型材</td><td>毛坯外形尺寸</td><td>355×225×12</td><td>每毛坯件数</td><td>1</td><td>每台件数</td><td>1</td><td>备注</td><td></td></tr>
</table>

<table>
<tr><td rowspan="2">序号</td><td rowspan="2">工序名称</td><td rowspan="2">工序内容</td><td colspan="2">设备</td><td rowspan="2">车间</td><td rowspan="2">工段</td><td rowspan="2">工 艺 装 备</td><td colspan="2">工时</td></tr>
<tr><td>名称</td><td>型号规格</td><td>准终</td><td>单件</td></tr>
<tr><td>1</td><td>备料</td><td>下料</td><td></td><td></td><td></td><td></td><td></td><td></td><td></td></tr>
<tr><td>2</td><td>粗铣</td><td>粗铣减速箱透视窗下表面</td><td>立式铣床</td><td>X5040</td><td></td><td></td><td>YG6 硬质合金铣刀</td><td></td><td></td></tr>
<tr><td>3</td><td>粗铣</td><td>粗铣减速箱透视窗上表面</td><td>立式铣床</td><td>X5040</td><td></td><td></td><td>YG6 硬质合金铣刀</td><td></td><td></td></tr>
<tr><td>4</td><td>精铣</td><td>精铣减速箱透视窗上表面</td><td>立式铣床</td><td>X5040</td><td></td><td></td><td>YG6 硬质合金铣刀</td><td></td><td></td></tr>
<tr><td>5</td><td>粗铣</td><td>粗铣减速箱透视窗四侧平面</td><td>立式铣床</td><td>X5040</td><td></td><td></td><td>YG6 硬质合金铣刀</td><td></td><td></td></tr>
<tr><td>6</td><td>画线、钻</td><td>画线、钻 8×ϕ11 mm 的孔</td><td>立式铣床</td><td>X5040</td><td></td><td></td><td>高速钢麻花钻</td><td></td><td></td></tr>
<tr><td>7</td><td>钻、攻</td><td>钻 M16×1. 5 的螺纹孔并攻螺钉</td><td>立式铣床</td><td>X5040</td><td></td><td></td><td>高速钢麻花钻、丝锥 M1</td><td></td><td></td></tr>
<tr><td>8</td><td>钳</td><td>去毛刺</td><td>立式钻床</td><td>Z525</td><td></td><td></td><td></td><td></td><td></td></tr>
<tr><td>9</td><td>检验</td><td>终检</td><td>立式钻床</td><td>Z525</td><td></td><td></td><td></td><td></td><td></td></tr>
<tr><td></td><td></td><td></td><td></td><td></td><td></td><td></td><td></td><td></td><td></td></tr>
<tr><td></td><td></td><td></td><td></td><td></td><td></td><td></td><td></td><td></td><td></td></tr>
<tr><td></td><td></td><td></td><td></td><td></td><td></td><td></td><td></td><td></td><td></td></tr>
</table>

<table>
<tr><td></td><td></td><td></td><td></td><td></td><td></td><td></td><td></td><td></td><td></td><td>设计(日期)</td><td>校对(日期)</td><td>审核(日期)</td><td>标准化(日期)</td><td>会签(日期)</td></tr>
<tr><td>标记</td><td>处数</td><td>更改文件号</td><td>签字</td><td>日期</td><td>标记</td><td>处数</td><td>更改文件号</td><td>签字</td><td>日期</td><td></td><td></td><td></td><td></td><td></td></tr>
</table>

表 3.2　零件的结构工艺性

主要要求	结构工艺性		工艺性好的结构优点
	不合理	合理	
加工面积尽可能小			1. 减少加工量； 2. 减少材料及切削工具的消耗量
钻孔的入端和出端应避免斜面			1. 避免刀具损坏； 2. 提高钻孔精度； 3. 提高生产效率
避免斜孔			1. 简化夹具结构； 2. 几个平行的孔便于同时加工； 3. 减少孔的加工量
孔的位置不能距壁太近		S　S>D/2　D	1. 可采用标准刀具和辅具； 2. 提高加工精度

六、铣床与铣削加工

按国家标准机床通用型号的分类方法，铣车床有 10 个组、67 个系列。其基本类型主要有升降台式铣床、无升降台式铣床、龙门铣床和工具铣床等。其中，XW6132 万能升降台卧式铣床应用比较广泛。

1. 铣削加工的特点及应用

(1)铣削加工生产率高；

(2)铣削加工属于断续切削；

(3)容屑和排屑的问题；

(4)同一种被加工表面可以选用不同的铣削方式和刀具，铣削工艺精度等级达 IT8，表面粗糙度 $Ra=1.6\ \mu m$。

常用加工方法

铣削加工范围如图 3.2、图 3.3 所示。

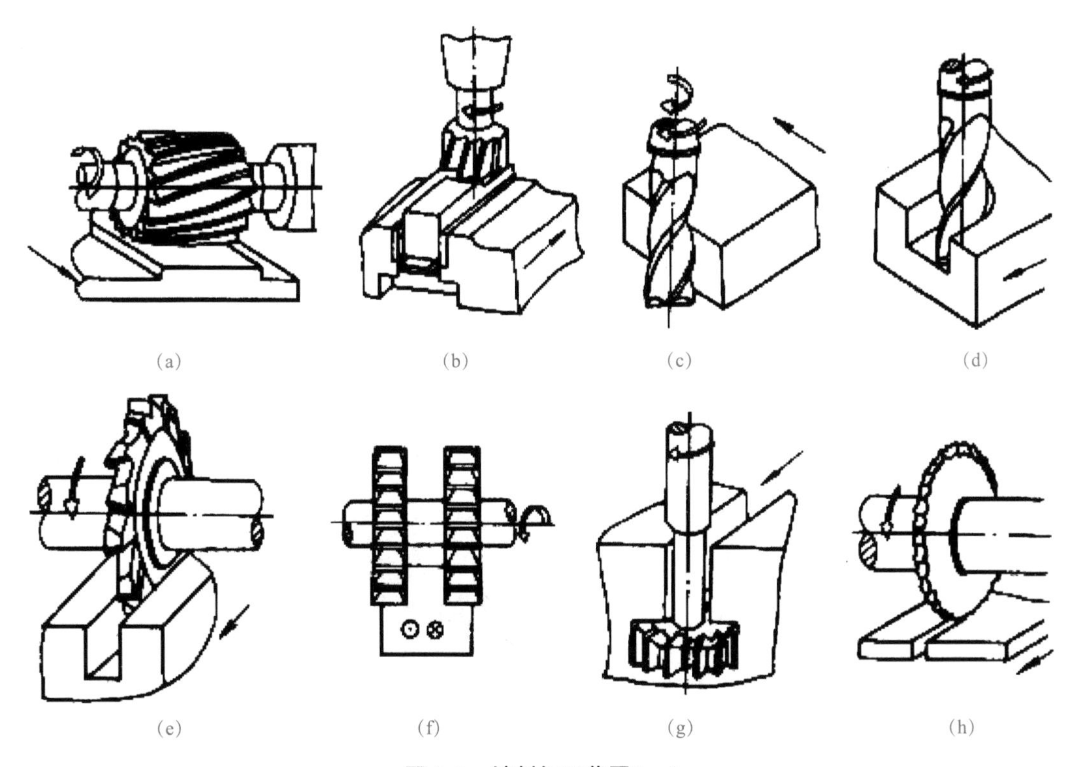

图 3.2　铣削加工范围(一)

(a)~(c)铣平面；(d)、(e)铣沟槽；(f)铣台阶；(g)铣 T 形槽；(h)铣狭缝

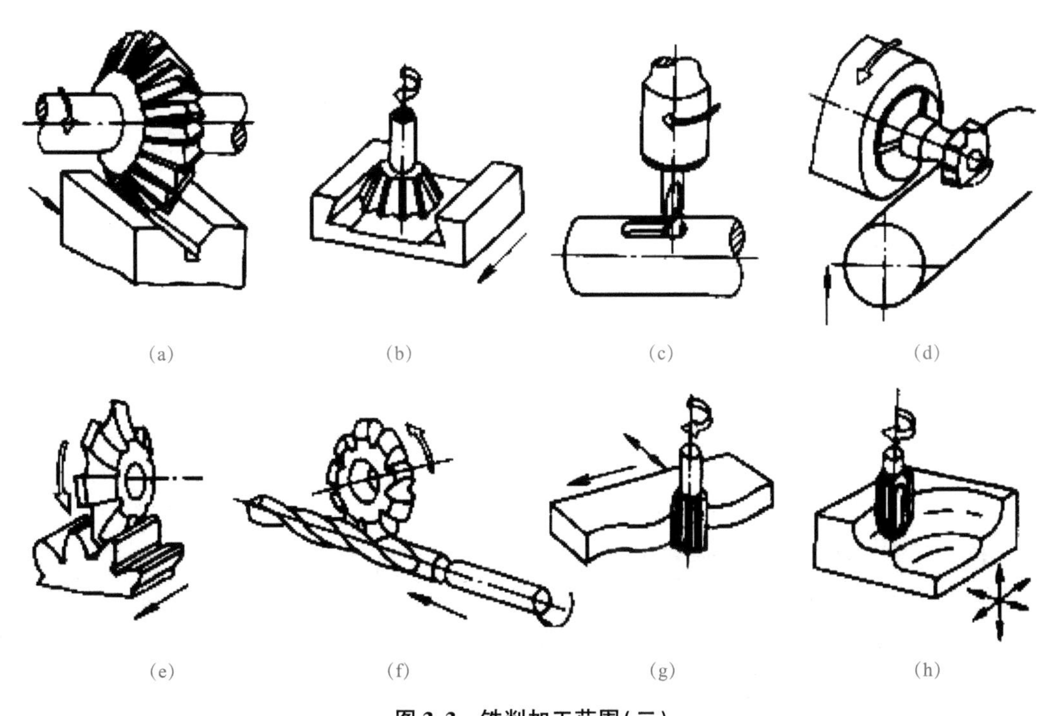

图 3.3　铣削加工范围(二)

(a)、(b)铣角；(c)、(d)铣键槽；(e)铣齿形；(f)铣螺旋槽；(g)铣曲面；(h)铣立体曲面

2. 铣床结构

图 3.4 所示为 XW6132 铣床的外形图。铣床的主要技术参数见表 3.3。

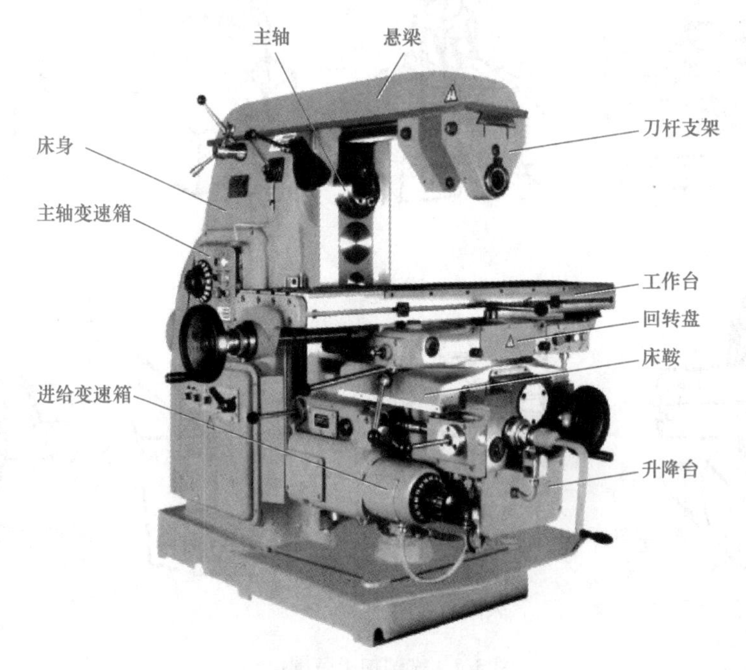

图 3.4 XW6132 铣床

表 3.3 XW6132 铣床主要技术参数

序号	参数名称	参数值
1	工作台宽度/mm	320
2	工作台长度/mm	1 250
3	工作最大纵向行程/mm	800
4	工作台最大横向行程/mm	300
5	工作台最大升降行程/mm	400
6	工作台最大回转角度/(°)	±45
7	主轴转速/($r \cdot min^{-1}$)(18 级)	30~1 500
8	主轴锥孔锥度	7 : 24
9	纵向进给速度/($mm \cdot min^{-1}$)(21 级)	15~1 500
10	横向进给速度/($mm \cdot min^{-1}$)(21 级)	15~1 500
11	升降进给速度/($mm \cdot min^{-1}$)(21 级)	5~500
12	刀杆直径/mm	22、27、32
13	主电动机功率/kW	7.5
14	进给电动机功率/kW	1.5

铣床主轴呈水平布置。在主轴上可直接安装铣刀或铣刀杆。在铣刀杆上又可安装圆柱铣刀、盘形铣刀、成型铣刀和组合铣刀等。顶部悬梁可沿着燕尾槽导轨调整前后位置。悬梁上的刀杆支架用以支承刀杆，以提高刀杆的刚度。升降台安装在床身前面垂直导轨上，可使工作台做升降运动。床鞍安装在升降台上部，床鞍可带动工作台沿升降台上的横向导轨运动。床鞍上面安装回转盘，可使工作台在水平面内做±45°范围内的偏转。最上面的工作台可以做纵向运动。铣床主轴变速箱安装在床身内，转速变换手柄就是一个转盘。铣床进给变速箱安装在升降台上，也是一个转速变换转盘，变换起来十分方便。铣床工作台的进给(纵向单独一个，横向和升降合为一个)操纵手柄很多，以方便操作者在不同位置时的操控。

铣床主要用来加工非回转体零件，可铣平面、沟槽、台阶、键槽、齿形、螺旋槽和曲面等(图 3.5~图 3.7)。

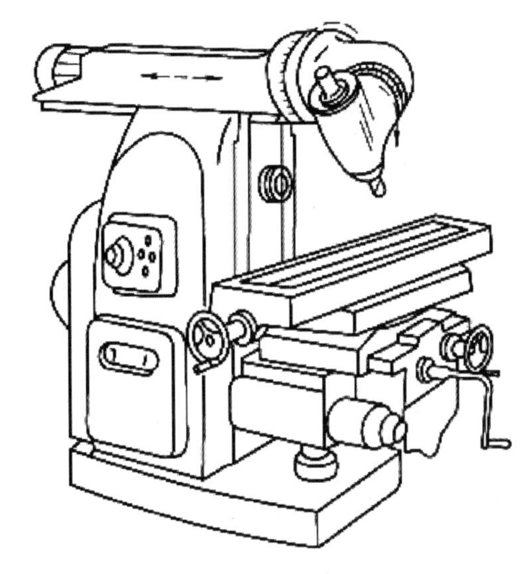

图 3.5　万能回转头铣床

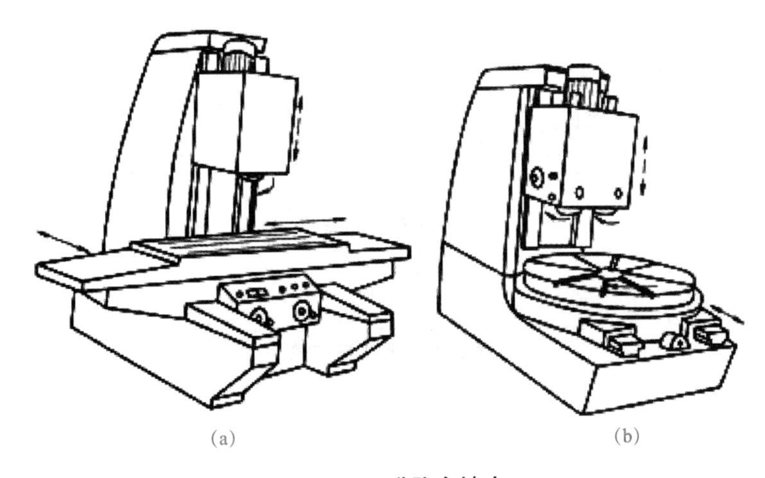

(a)　　(b)

图 3.6　无升降台铣床

(a)工作台移动；(b)工作台转动

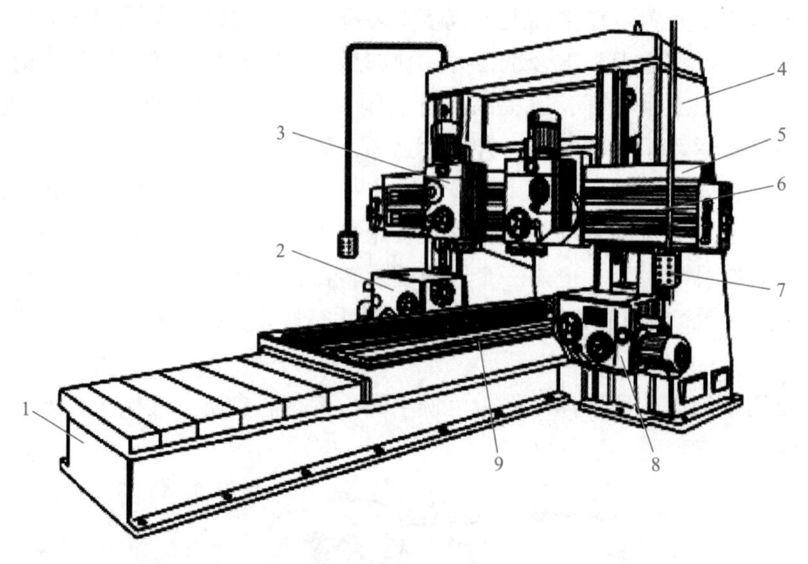

图 3.7 龙门铣床

1—床身；2、8—卧铣头；3、6—立铣床；4—立柱；5—横梁；7—按钮站；9—工作台

3. 铣削加工方法

(1)顺铣和逆铣(图 3.8)。

1)顺铣。顺铣是指铣刀旋转方向与工件进给方向相同。铣削时每齿切削厚度从最大逐渐减小到零。

2)逆铣。逆铣是指铣刀旋转方向与工件进给方向相反。铣削时每齿切削厚度从零逐渐到最大而后切出。

顺铣切削厚度大，接触长度短，铣刀寿命长，加工表面光洁，但不宜加工带硬皮的工件，且进给丝杠与螺母间应消除间隙；否则，应采用逆铣。

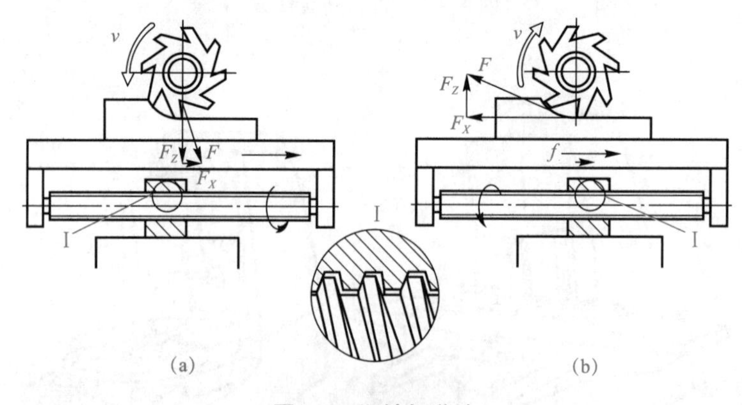

图 3.8 顺铣与逆铣

(a)顺铣；(b)逆铣

3)两者的缺点：

①逆铣时，每个刀齿的切削厚度由零增至最大。但切削刃并非绝对锋利，铣刀刃口处

总有圆弧存在，刀齿不能立刻切入工件，而是在已加工表面上挤压滑行，使该表面的硬化现象严重，影响了表面质量，也使刀齿的磨损加剧。

②顺铣时刀齿的切削厚度是从最大到零，但刀齿切入工件时的冲击力较大，尤其工件待加工表面是毛坯或有硬皮时。

4)两者的优点：

①顺铣时作用于工件上的垂直切削分力 F_{fN} 始终压下工件，这对工件的夹紧有利。

②逆铣时力向上，有将工件抬起的趋势，易引起振动，影响工件的夹紧。铣薄壁和刚度差的工件时影响更大。

(2)对称铣与不对称铣。端铣有对称铣、不对称逆铣、不对称顺铣三种方式(图 3.9)。

铣淬硬钢采用对称铣；铣碳钢和合金钢采用不对称逆铣，减小切入冲击，增加刀具寿命；铣不锈钢和耐热合金采用不对称顺铣。

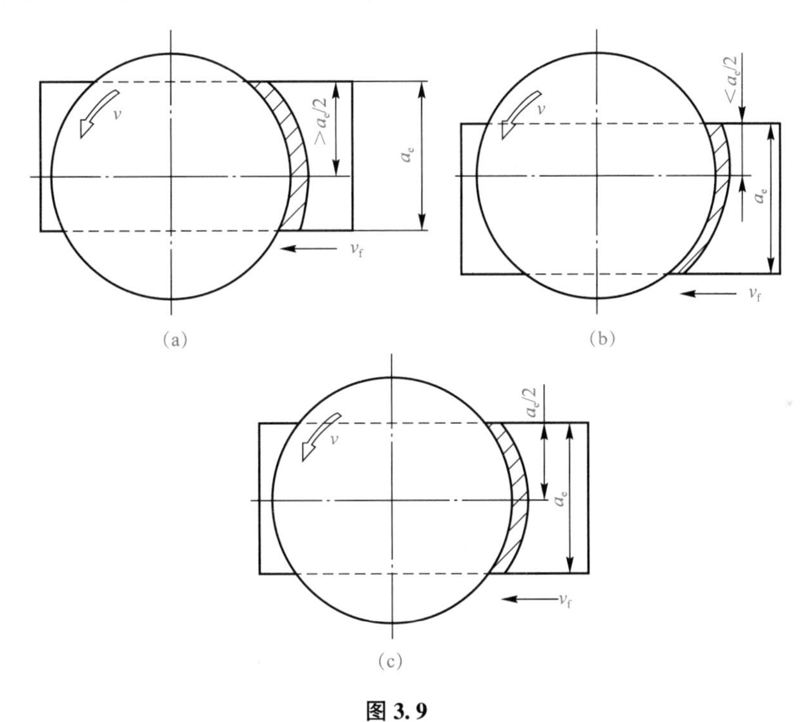

图 3.9

(a)对称铣；(b)不对称逆铣；(c)不对称顺铣

(3)周铣与端铣(图 3.10)。

1)周铣是指利用分布在铣刀圆柱面上的切削刃来形成平面(或表面)的铣削方法。

2)端铣是指利用分布在铣刀端面上的端面切削刃来形成平面的铣削方法。

端铣与周铣相比，其优点：刀轴比较短，铣刀直径比较大，工作时同时参加切削的刀齿较多，铣削时较平稳，铣削用量可适当增大，切削刃磨损较慢，能一次铣出较宽的平面；缺点：一次的铣削深度一般不及周铣；在相同的铣削用量条件下，一般端铣比周铣获得的表面粗糙度值要大。

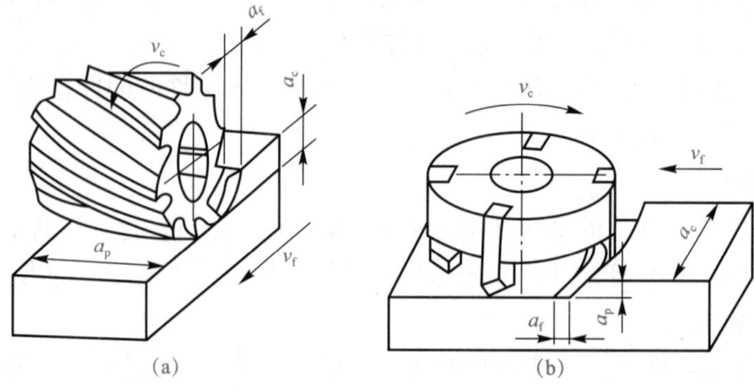

图 3.10　周铣与端铣

(a)周铣；(b)端铣

常用加工方法

七、钻床与钻削加工

按机床通用型号的分类方法，钻床有 9 个组，43 个系列，主要类型有台式钻床、立式钻床、摇臂钻床、铣钻床和中心孔钻床等。钻床是在主轴孔中安装钻头、扩孔钻头或铰刀等，由主轴旋转运动带动刀具旋转并做轴向移动的孔加工机床。Z3040×16 摇臂钻床具有结构可靠、性能稳定，操纵方便、工作区域大等优点。其适用于单件和中小批量生产中加工大、中型零件。

1. 钻削加工的特点及应用

孔是各种机器零件上出现最多的几何表面之一。箱体类零件上孔表面很多，其中有一系列具有相互位置精度要求的孔系。由于箱体功用及结构需要，这些孔往往本身精度要求较高，而且孔距精度和相互位置精度要求也较高，所以孔系加工是箱体类零件加工的关键。孔表面的加工方法很多，其中钻削加工和镗削加工是加工孔的重要方法。除此之外，还有拉孔、磨孔及珩磨孔、研磨孔、滚压孔等精密加工方法。

钻削加工是最常用的孔加工工艺方法。它是在钻床上用钻头或扩孔钻等刀具来加工孔的。在钻床上钻削加工的主要工作如图 3.11 所示。

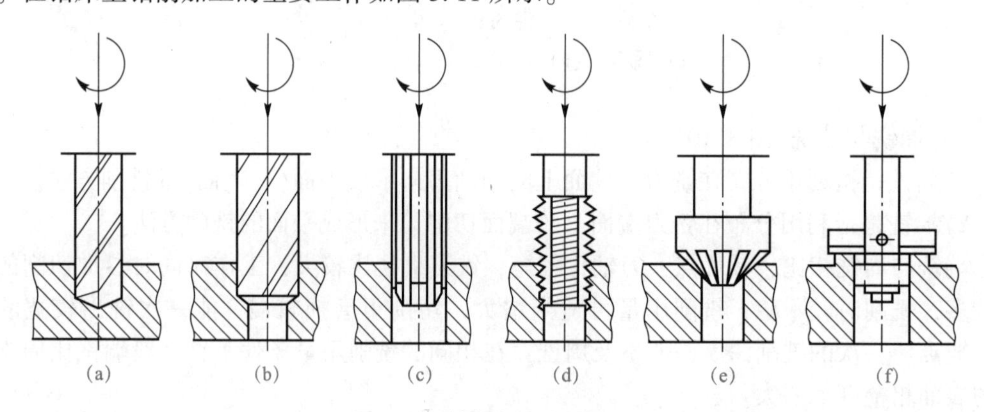

图 3.11　钻削加工主要工作

(a)钻孔；(b)扩孔；(c)铰孔；(d)攻螺纹；(e)锪孔；(f)锪平面

钻孔是在实体材料上用钻头一次加工孔的工序，钻孔加工的孔精度低，表面较粗糙；对已有的孔(铸孔、锻孔、预钻孔等)用扩孔钻头再进行扩大，以提高其精度，减小表面粗糙度值的工序称为扩孔；锪孔是在钻孔孔口表面上加工出倒棱、平面或沉孔的工序，它属于扩孔范围；铰孔是利用铰刀对孔进行半精加工和精加工的工序。因此，钻孔是一种粗加工方法，对精度要求不高的孔，可作为终加工方法，如螺栓孔、润滑油通道孔等。对于精度要求较高的孔，由钻孔进行预加工后再进行扩孔、铰孔或镗孔。

钻削加工的主要特点如下：

(1)钻头刚性和定心作用均较差，因而，容易导致钻孔时的孔轴线歪斜和钻头扭断现象。

(2)易出现孔径扩大现象。这不仅与钻头引偏有关，还与钻头的刃磨质量有关。钻头的两个主切削刃应磨得对称一致，否则钻出的孔径就会大于钻头直径，产生扩张量。

(3)钻削加工是一种半封闭式切削，由于切屑较宽且切屑变形大，容屑槽尺寸又受到限制，所以排屑困难，已加工表面质量不高。

(4)切削热不易传散。钻削时，高温切屑不能及时排出，切削液又难以注入切削区，因此，切削温度较高，刀具磨损加快，这就限制了切削用量的提高和生产率的提高。

由上述特点可知，钻孔的加工质量较差，尺寸精度一般为 IT13~IT11，表面粗糙度 Ra 值为 12.5~50 μm。钻孔的直径一般不大于 80 mm。

2. 钻床结构

图 3.12 所示为 Z3040×16 摇臂钻床外形，表 3.4 所示为钻床的主要技术参数。

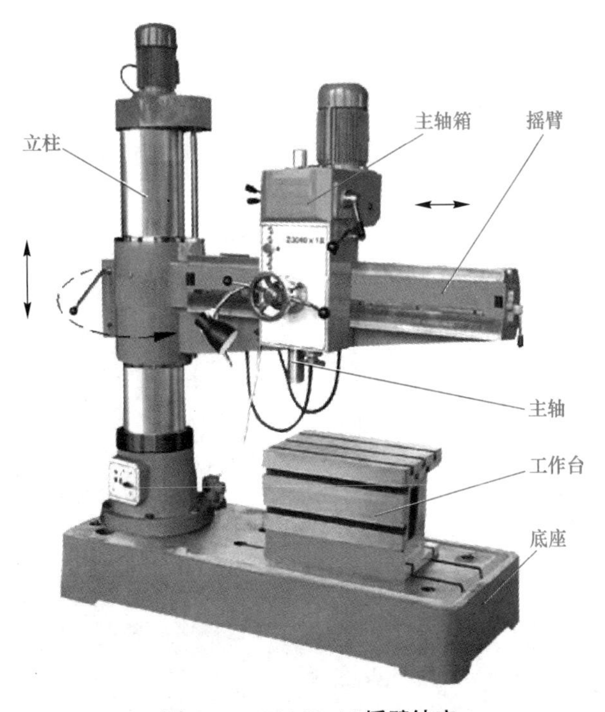

图 3.12 Z3040×16 摇臂钻床

表 3.4　Z3040×16 摇臂钻床主要技术参数

序号	参数名称	参数值
1	最大钻孔直径/mm	40
2	主轴中心至立柱中心最大距离/mm	1 600
3	主轴中心至立柱中心最小距离/mm	350
4	主轴箱水平移动距离/mm	1 250
5	主轴箱至底座工作面最大距离/mm	1 250
6	主轴箱至底座工作面最小距离/mm	350
7	砂轮转速/($r \cdot min^{-1}$)	1 670
8	摇臂升降距离/mm	600
9	摇臂回转角度/(°)	360
10	主轴前锥孔	莫氏 4 号
11	主轴转速范围/($r \cdot min^{-1}$)(16 级)	25~2 000
12	主轴进给量范围/($mm \cdot r^{-1}$)	0.04~3.2
13	主轴行程/mm	315
14	主电动机功率/kW	3

Z3040×16 摇臂钻床由底座、立柱、摇臂和主轴箱等组成。主轴箱装在可绕立柱回转的摇臂导轨上，可沿摇臂导轨做横向移动。为适应加工高度不同的工件，摇臂可沿立柱做上下升降。这样，主轴箱的横向移动，加上摇臂的升降和回转运动，可使钻床主轴到达环形立体区域内的任意位置，适应面广。

图 3.13 所示为 TPX6111B 数显卧式镗床外形图，表 3.5 所示为镗床的主要技术参数。

图 3.13　TPX6111B 数显卧式镗床外形图

表 3.5　TPX6111B 卧式镗床的主要技术参数

序号	参数名称	参数值
1	镗轴直径/mm	110
2	最大镗孔直径/mm	240
3	主轴中心线至工作表面距离/mm	5~775
4	工作台质量/kg	2 000
5	主轴转速/$(r \cdot min^{-1})$(18 级)	12~950
6	工作台纵向行程/mm	1 110
7	工作台横向行程/mm	850
8	工作精度(圆柱度、端面平直度)/mm	0.02
9	表面粗糙度 Ra/μm	1.6
10	主轴前锥孔	莫氏 4 号
11	外形体积(长×宽×高)/mm^3	4 970×2 100×2 760
12	自重/t	10.7
13	电动机台数/台	2
14	主电动机功率/kW	6.5/8

镗床是具有固定平旋盘的铣镗床，由床身、主轴箱、工作台、平旋盘和前、后立柱等组成。主轴箱安装在前立柱的垂向导轨上，可沿导轨上下移动。主轴箱装有镗轴、平旋盘、主运动和进给运动的变速机构及操纵机构等。镗轴可做轴向进给运动，平旋盘上的径向刀具溜板在随平旋盘旋转的同时，可做径向进给运动。工作台由下滑座、上滑座等组成。工作台可随下滑座做纵向运动；随上滑座做横向运动。工作台还可沿上滑座的环形导轨绕垂向轴线转位，以便加工分布在不同表面上的孔。后立柱的垂向导轨上有支承架，用来支承较长的镗杆，增强镗杆的刚性。支承架可沿后立柱的垂向导轨上下移动，以保持与镗轴同轴。后立柱也可沿镗床纵向移动。镗床采用三坐标数显装置，显示工作台、主轴轴线的坐标，用来精确定位。

3. 钻削加工方法

钻削加工常采用麻花钻。麻花钻为双刃刀具，由柄部、颈部和工作部分组成。一般钻头直径小于 13 mm 时采用圆柱柄；大于 13 mm 时采用圆锥柄(图 3.14)。

一般把深径比在 5 以上的称为深孔，常使用加长麻花钻加工；深径比在 20 以上的，采用深孔钻加工。

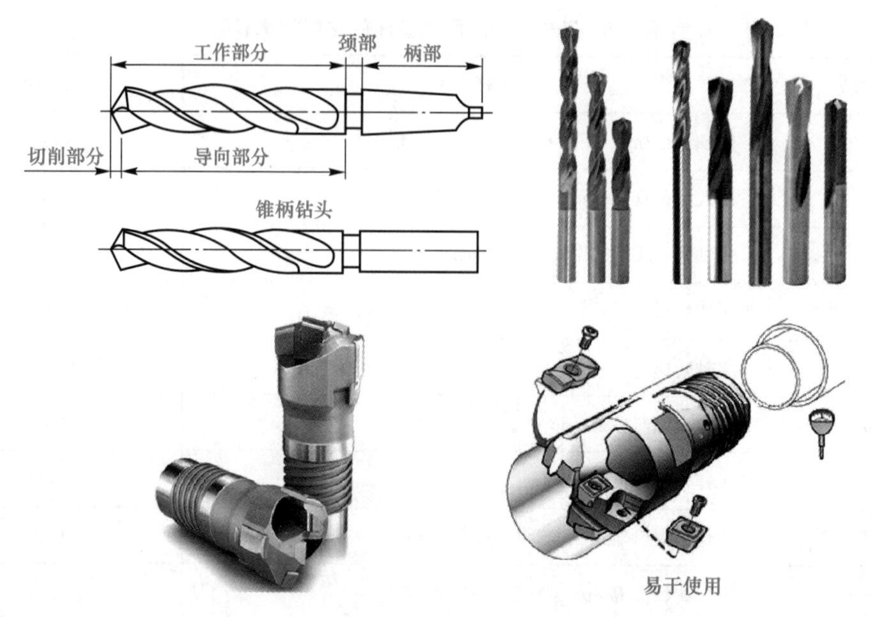

图 3.14　各类钻头

八、工件的夹紧

1. 夹紧装置的组成及要求

在机械加工过程中，工件会受到切削力、离心力、重力、惯性力等的作用，在这些外力作用下，为了使工件仍能在夹具中保持已由定位元件所确定的加工位置，而不致发生振动或位移，保证加工质量和生产安全，一般夹具结构中都必须设置夹紧装置将工件可靠夹牢。

(1)夹紧装置的组成。图 3.15 所示为夹紧装置组成示意，它主要由以下三部分组成：

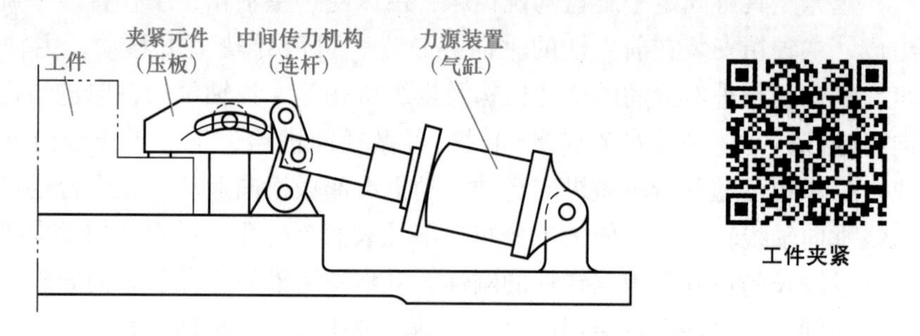

图 3.15　夹紧装置组成示意

1)力源装置。产生夹紧作用力的装置。所产生的力称为原始力，如气动、液动、电动等，图中的力源装置是气缸。对于手动夹紧来说，力源来自人力。

2)中间传力机构。介于力源装置和夹紧元件之间传递力的机构，如图中的连杆。在传递力的过程中，它能够改变作用力的方向和大小，起增力作用；还能使夹紧实现自锁，保证力源装置提供的原始力消失后，仍能可靠地夹紧工件，这对手动夹紧尤为重要。

3)夹紧元件。夹紧装置的最终执行件，与工件直接接触完成夹紧动作，如图中的压板。

(2)对夹具装置的要求。必须指出，夹紧装置的具体组成并非一成不变，须根据工件的加工要求、安装方法和生产规模等条件来确定。但无论其组成如何，都必须满足以下基本要求：

1)夹紧时应保持工件定位后所占据的正确位置。

2)夹紧力大小要适当。夹紧机构既要保证工件在加工过程中不产生松动或振动；同时，又不得产生过大的夹紧变形和表面损伤。

3)夹紧机构的自动化程度和复杂程度应和工件的生产规模相适应，并有良好的结构工艺性，尽可能采用标准化元件。

4)夹紧动作要迅速、可靠，且操作要方便、省力、安全。

2. 夹紧力的确定

夹紧装置设计和选择的核心问题是夹紧力的方向、作用点和大小。

(1)夹紧力的方向。夹紧力的方向选取考虑以下三个方面：

1)工件用几个表面作为定位基准。大型工件，为保持工件的正确位置，朝向各定位元件都要有夹紧力；小型工件，则只要垂直朝向主定位面有夹紧力，保证主要定位面与定位元件有较大的接触面面积，就可以使工件装夹稳定、可靠(图 3. 16)。

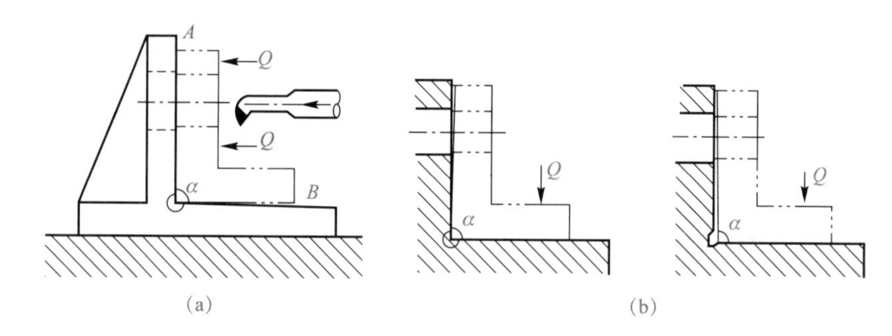

图 3. 16　夹紧力方向应朝向主要定位基准面

(a)合理；(b)不合理

2)夹紧力的方向应方便装夹和有利于减小夹紧力。夹紧力 Q、重力 G、切削力 F 三者之间的方向组合关系如图 3. 17 所示。

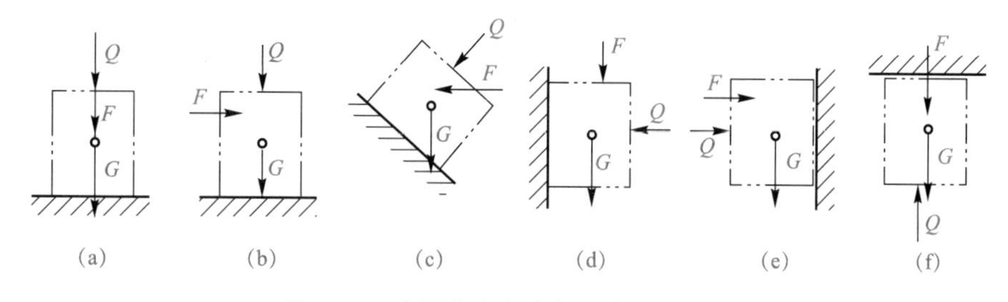

图 3. 17　夹紧方向与夹紧力大小的关系

(a)最合理；(b)较合理；(c)可行；(d)不合理；(e)不合理；(f)最不合理

3)夹紧力的方向应使工件夹紧后的变形小。由于工件在不同方向上刚性不同，因此对工件在不同方向施加夹紧力时所产生的变形也不同(图 3. 18)。

(2)夹紧力的作用点。夹紧力方向确定后，夹紧力作用点的位置和数目的选择将直接影响工件定位后的可靠性和夹紧力的变形。对作用点位置的选择和数目的确定应注意以下几个方面：

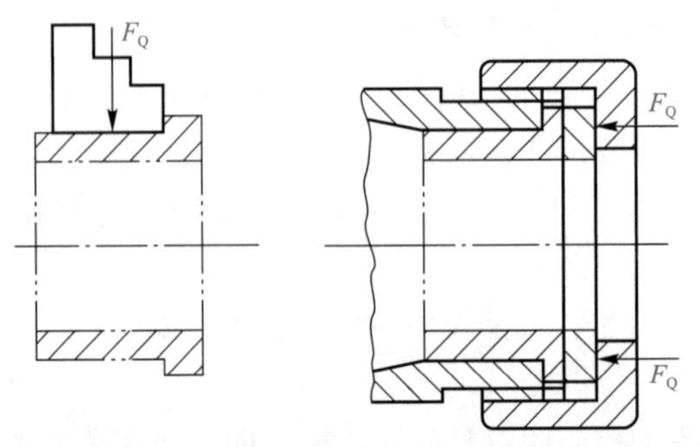

图 3.18　夹紧力应朝向工件刚性较好的方向

1)力的作用点的位置应能保持工件的正确定位而不发生位移或偏转。为此，作用点的位置应靠近支承面的几何中心，使夹紧力均匀分布在接触面上(图 3.19)。

2)夹紧力的作用点应位于工件刚性较大处，且作用点应有足够的数目，这样可使工件的变形量最小(图 3.20)。

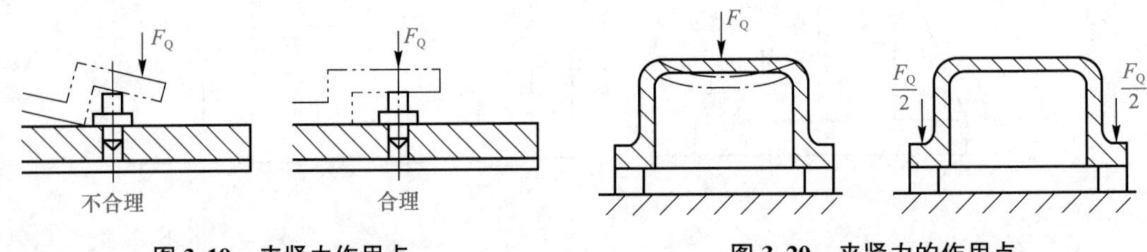

图 3.19　夹紧力作用点应靠近支承面的几何中心

图 3.20　夹紧力的作用点应位于工件刚性较大处

3)夹紧力的作用点应尽量靠近工件被加工表面。这样可使切削力对该作用点的力矩减小，同时减小工件的振动。若加工面远离夹紧力的作用点，可增加辅助支承并附加夹紧力以防止工件在加工中产生位置变动、变形或振动(图 3.21)。

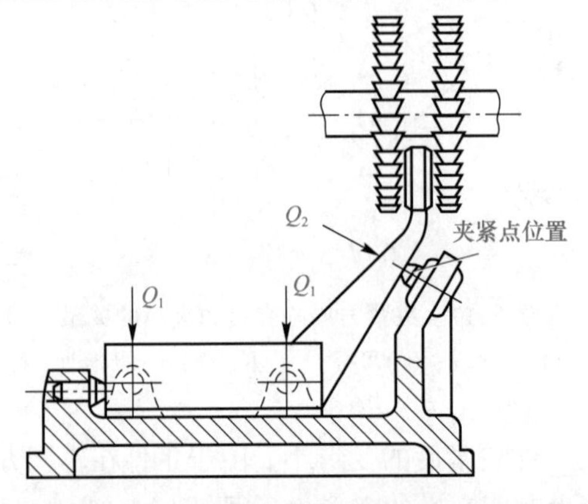

图 3.21　夹紧力的作用点尽量靠近加工表面

(3)夹紧力的大小。对工件所施加的夹紧力要适当。夹紧力过大，会引起工件变形；夹紧力过小，易破坏定位。

进行夹紧力计算时，通常将夹具和工件看作一刚性系统，以简化计算。根据工件在切削力、夹紧力(重型工件要考虑重力，高速时要考虑惯性力)作用下处于静力平衡，列出静力平衡方程式，即可计算出理论夹紧力。

为安全起见，计算出的夹紧力应乘以安全系数 K，故实际夹紧力一般比理论计算值大 2~3 倍。

3. 典型的夹紧装置

夹具中常用的夹紧装置有楔块夹紧装置、螺旋夹紧装置、偏心夹紧装置和定心夹紧装置等，它们都是根据斜面夹紧原理夹紧工件。下面分别介绍各种夹紧装置。

(1)楔块夹紧装置。斜楔夹紧机构如图 3.22 所示，主要用于增大夹紧力或改变夹紧装置力方向。楔块夹紧常与杠杆、压板、螺旋等组合使用。

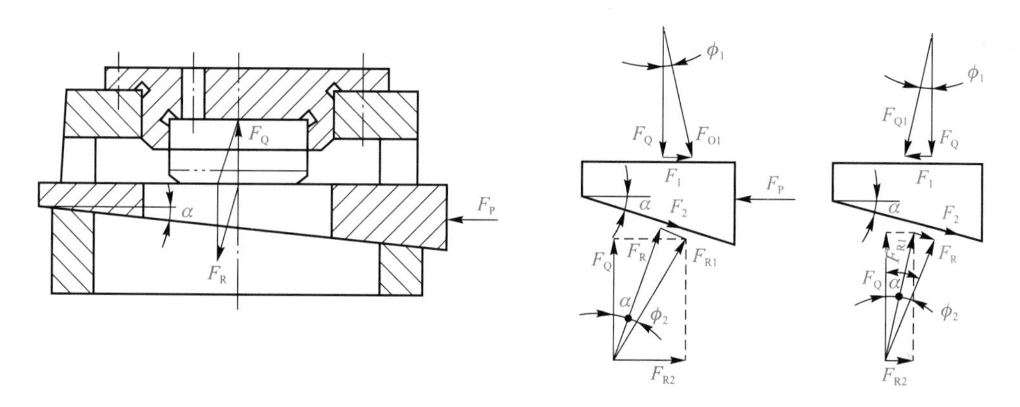

图 3.22　斜楔夹紧机构

特点：有增力作用；夹紧行程小；结构简单，但操作不方便。

(2)螺旋夹紧装置。螺旋夹紧装置是从楔块夹紧装置转化而来的，相当于将楔块绕在圆柱体上，转动螺旋时即可夹紧工件。图 3.23 所示为单螺旋夹紧机构；图 3.24 所示为螺旋压板夹紧机构。

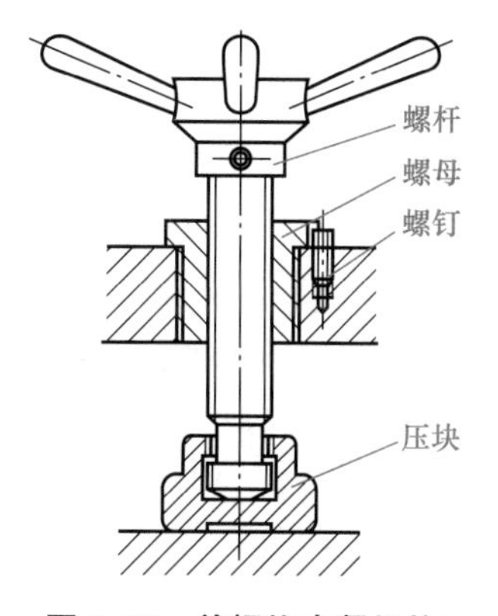

图 3.23　单螺旋夹紧机构

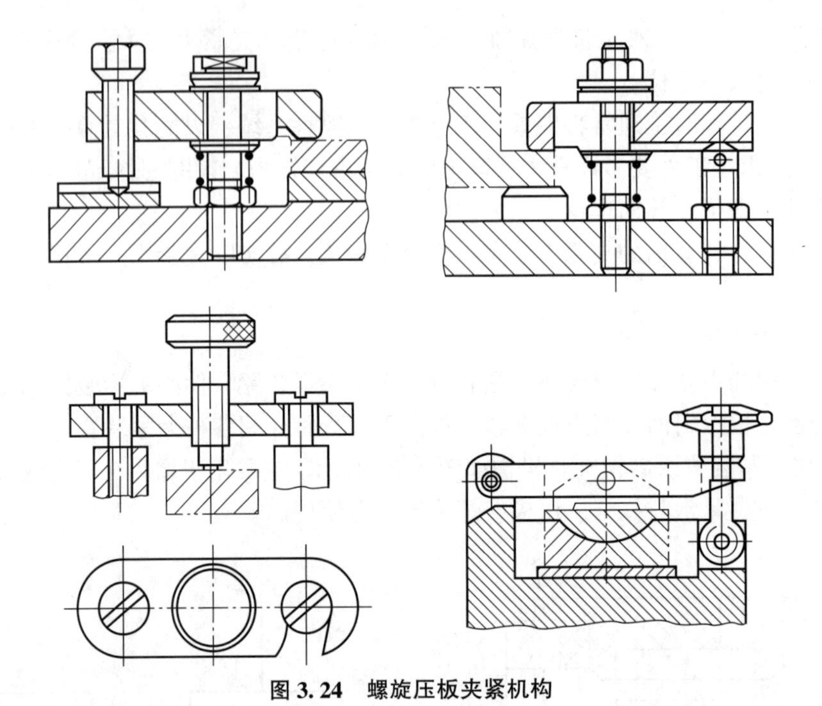

图 3.24　螺旋压板夹紧机构

特点：夹紧结构简单，夹紧可靠，在夹具中得到广泛应用；夹紧力比斜楔夹紧力大，螺旋夹紧行程不受限制，所以在手动夹紧中应用极广；螺旋夹紧动作慢，辅助时间长，效率低，在实际生产中，螺旋压板组合夹紧比单螺旋夹紧应用更为普遍。

(3)偏心夹紧装置。偏心夹紧装置是将楔块包在圆盘上，旋转圆盘使工件得以夹紧。偏心夹紧经常与压板联合使用。常用的偏心轮有圆偏心和曲线偏心。曲线偏心为阿基米德曲线或对数曲线，这两种曲线的优点是升角变化均匀或不变，可使工件夹紧稳定可靠，但制造困难，故使用较少；圆偏心由于制造容易，因而使用较广(图 3.25)。

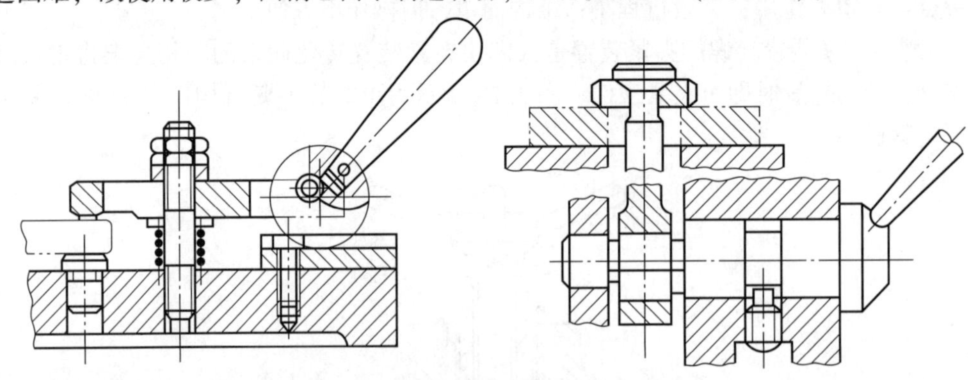

图 3.25　偏心夹紧机构

特点：由于圆偏心夹紧时的夹紧力小，自锁性能不是很好，且夹紧行程小，故多用于切削力小、无振动、工件尺寸公差不大的场合，但是圆偏心夹紧机构是一种快速夹紧机构。

(4)定心夹紧装置。在切削加工中，若工件是以中心线或对称面为工序基准，为使定位误差为 0，可采用一种保证工件准确定心或对中的装置，使工件的定位和夹紧过程同时完成，而定位元件与夹紧元件合二为一。这种装置称为定心夹紧装置(图 3.26)。

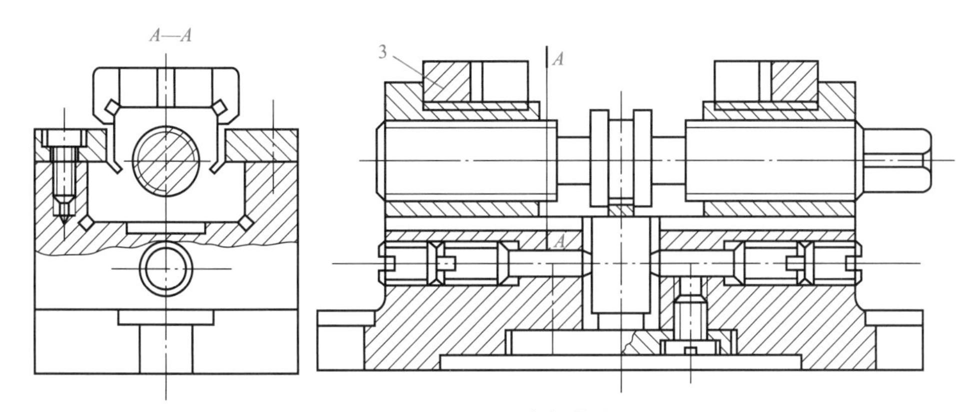

图 3.26　定心夹紧装置

特点：夹紧行程小，定心精度高，但制造较困难。

【知识拓展】

一、铣床结构及传动系统

1. XW6132 型万能升降台铣床主要部件及其功能

XW6132 型万能升降台铣床是目前国内应用比较广泛的一种卧式铣床，此机床结构比较完善，变速范围大，刚性较好，操作方便，有纵向进给间隙自动调节装置，具有一定的代表性。图 3.27 所示为 XW6132 型卧式万能升降台铣床的外形图。

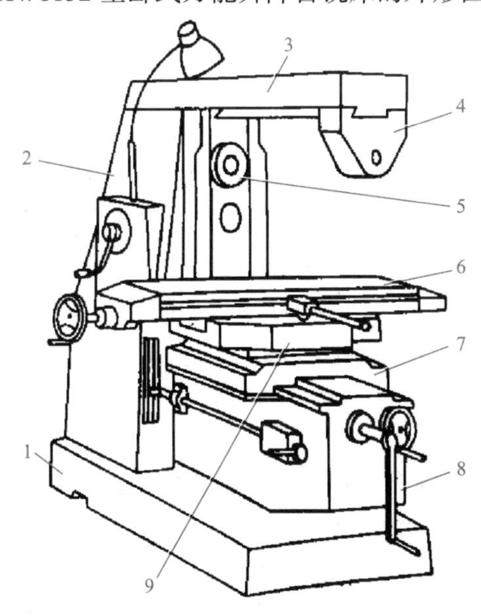

图 3.27　XW6132 型卧式万能升降台铣床的外形图

1—底座；2—床身；3—悬梁；4—刀杆支架；5—主轴；6—工作台；7—床鞍；8—升降台；9—回转盘

(1)主要技术参数表(表3.6)。

表3.6　XW6132型卧式万能升降台铣床主要技术参数

主参数为工作台宽度/mm	320
第二主参数为工作台长度/mm	1 250
工作台最大纵向行程/mm	800
工作台最大横向行程/mm	300
工作台最大升降行程/mm	400
工作台最大回转角度/(°)	±45
主轴转速(18级)/($r \cdot min^{-1}$)	30~1 500
主轴锥孔锥度	7∶24
刀杆直径/mm	22、27、32

(2)主要部件及其功能。

1)主变速机构。主变速机构将主电动机的转速通过带轮降速和滑移齿轮变速，变换成18种不同的转速，传递给主轴。主变速机构采用孔盘式集中操纵机构，操纵盘和速度盘设置在床身左侧。

2)主轴部件。主轴是前端带锥孔的空心轴，前端锥孔的锥度为7∶24，用于安装刀杆或刀具，主轴孔前端面上还装有两个端面键，与刀杆锥柄或刀柄上的键槽配合，传递转矩。在主轴靠近前轴承处的大齿轮上装有飞轮，以增大主轴的转动惯量，减小铣削时切削力变动的影响，使铣削平稳。

铣削的特点之一是采用多齿刀具，铣削力周期性变化，容易引起振动。这就要求主轴部件应具有较高刚性及抗振性，因此主轴采用三支承结构，如图3.28所示。前支承6采用D级精度的圆锥滚子轴承，用于承受径向力和向左的轴向力；中间支承4采用E级精度的圆锥滚子轴承，用于承受径向力和向右的轴向力；后支承2采用G级精度的单列深沟球轴承，只承受径向力。主轴的回转精度主要由前支承及中间支承来保证。调整主轴轴承间隙时，先将悬梁移开，并拆下床身盖板，露出主轴部件。然后拧松中间支承左侧螺母11上的锁紧螺钉3，用专用勾头扳手勾住螺母11上的槽，再用一根短铁棍通过主轴前端的两个端面键8扳动主轴顺时针旋转，使中间支承的内圈向右移动，从而使中间支承的间隙得到消除。如果继续转动主轴，使主轴向左移动少许，并通过主轴轴肩带动的内圈左移，可以消除前轴承的间隙。调整后，主轴应以1 500 r/min转速试运转1 h，轴承温度不得超过60 ℃。

3)升降台(图3.27)。升降台8安装在床身正面的垂直燕尾导轨上，支承床鞍7、回转盘9和工作台6，并带动它们一起做上下移动。升降台内部安装有进给电动机及进给变速机构。

4)回转盘(图3.27)。回转盘9处在床鞍7和工作台6之间，它可以使工作台在水平面内旋转±45°的转角。

5)工作台(图3.27)及顺铣机构。工作台6是用来装夹工件与夹具的，并带工件和夹具做纵向(或斜向)的进给运动。工作台面上有3条T形槽，以便使用T形螺钉紧固工件、夹具或其他附件。

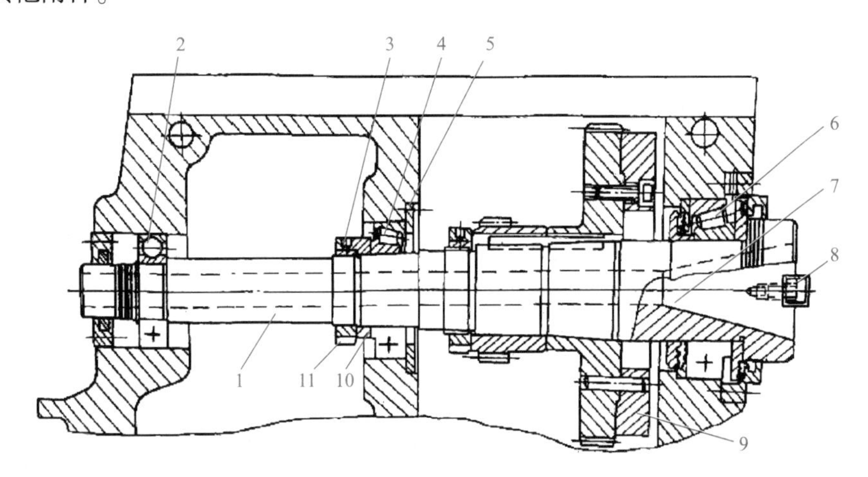

图3.28　主轴部件结构

1—主轴；2—后支承；3—锁紧螺钉；4—中间支承；5—轴承盖；6—前支承；7—主轴前锥孔；8—端面键；9—飞轮；10—隔套；11—螺母

如图3.29所示，工作台部件由工作台6、床鞍1及回转盘2三层组成，并安装在升降台的顶面上。工作台6可沿回转盘2顶面上的燕尾导轨做纵向移动，并可通过床鞍1与升降台相配合的矩形导轨做横向移动。工作台不做横向移动时，可通过手柄13经偏心轴12的作用将床鞍夹紧在升降台上。工作台可连同回转盘一起绕圆锥齿轮轴XⅧ的轴线回转±45°。回转盘转至所需要的位置后，可用螺栓14和两块弧形压板11固定在床鞍上。纵向进给丝杠3的左端通过滑动轴承及前支架5支承，右端由圆锥滚子轴承、推力球轴承及后支架9支承。圆锥滚子轴承和推力球轴承的间隙可用螺母10进行调整。回转盘左端安装有双螺母，右端装有带端面齿的空套圆锥齿轮。离合器以M_5花键与花键套筒8相连，而花键套筒8又以滑键7与铣有长键槽的纵向进给丝杠3相连。

因此，当M_5左移与空套圆锥齿轮的端面齿啮合，轴XⅧ的运动就可由圆锥齿轮副、离合器M_5、花键套筒8传送至纵向进给丝杠3，使丝杠转动，由于双螺母既不能转动又不能轴向移动，所以丝杠在旋转的同时做轴向移动，从而带动工作台6纵向进给。纵向进给丝杠3的左端空套有手轮4，将手轮向右推压缩弹簧，使端面齿与离合器结合，便可手摇工作台纵向移动。纵向进给丝杠的右端有带键槽的轴头，可以安装配换挂轮。

铣床在进行切削加工时，如进给方向与切削力F的水平分力F_X方向相反，就称为逆铣，如图3.30(a)所示；如进给方向与切削力F的水平分力F_X方向相同，则称为顺铣，如图3.30(b)所示。如工作台向右移动，则丝杠螺纹的左侧面为工作表面，与螺母螺纹的右侧面接触，如图3.30放大图所示。当采用逆铣法切削时，切削力F的水平分力F_X的方向向左，正好使丝杠螺纹左侧面紧靠在螺母螺纹右侧面上，因而工作台进给运动平稳。当采用顺铣法切削时，切削力F的水平分力F_X方向向右，当切削力足够大时，就会使丝杠螺纹左侧面与螺母螺纹的右侧面脱开，导致工作台由水平分力F_X带动向右窜动。由于铣削采用多刃刀具，切削力不断变化，从而使工作台在丝杠与螺母间隙范围内来回窜动，影响加工质量。为了解决顺铣时工作台窜动的问题，XW6132 型万能铣床设有顺铣机构，其结构如图 3. 30(c)所示。齿条 5 在弹簧 6 的作用下右移，使冠状齿轮 4 按箭头方向旋转，并通过左螺母 1、右螺母 2 外圆的齿轮，使两者做相反方向转动，如图 3. 30(c)中的箭头所示，从而使左螺母 1 的螺纹左侧面与丝杠螺纹右侧面靠紧，右螺母 2 的螺纹右侧面与丝杠螺纹左侧面靠紧。顺铣时，丝杠的轴向力由左螺母 1 承受。由于右丝杠与左螺母 1 之间摩擦力的作用，左螺母 1 有随丝杠转动的趋势，并通过冠状齿轮使右螺母 2 产生与丝杠反向旋转的趋势，从而消除了螺母 2 与丝杠间的间隙，不会产生轴向窜动。逆铣时，丝杠的轴向力由螺母 2 承受，两者之间产生较大摩擦力，因而使右螺母 2 有随丝杠一起转动趋势，通过冠状齿轮使左螺母 1 产生与丝杠反向旋转趋势，使左螺母 1 螺纹左侧面与丝杠螺纹右侧面间产生间隙，减少丝杠的磨损。

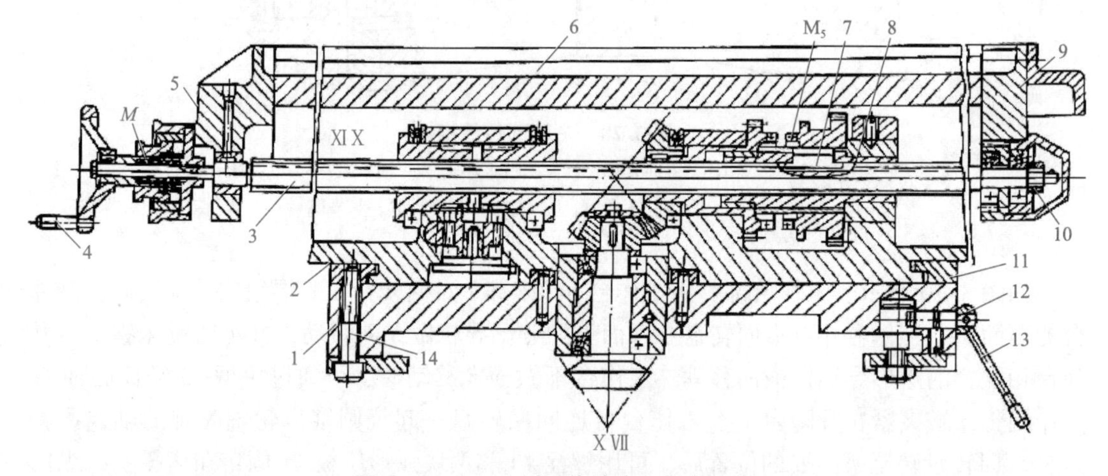

图 3. 29　X6132 型万能铣床工作台结构

1—床鞍；2—回转盘；3—纵向进给丝杠；4—手轮；5—前支架；6—工作台；
7—滑键；8—花键套筒；9—后支架；10—螺母；11—压板；12—偏心轴；13—手柄；14—螺栓

6)进给变速机构。由进给电动机通过滑移齿轮变速机构带动进给丝杠旋转，经丝杠上的螺母机构传送给工作台，使工作台实现纵向进给运动、横向进给运动和垂向进给运动。进给变速机构也是用孔盘式集中操纵的方式变换各种不同的进给速度。

2. 铣床传动系统

铣床的传动系统可分为主运动传动系统和进给运动传动系统，分别由主电动机和进给电动机驱动。传动系统如图 3. 31 所示。

(1)主运动(主轴的旋转)。主运动由主电动机(7. 5 kW、1 450 r/min)驱动，经$\frac{\phi150}{\phi290}$带轮传动至轴Ⅱ，再由轴Ⅱ—轴Ⅲ间和轴Ⅲ—轴Ⅳ间两组三联滑移齿轮变速组，以及轴Ⅳ—轴Ⅴ间双联滑移齿轮变速组的传动，将运动和动力传至主轴，使主轴获得 18 级转速。为便于读懂传动系统，现给出主运动传动系统框图，如图 3. 32 所示。

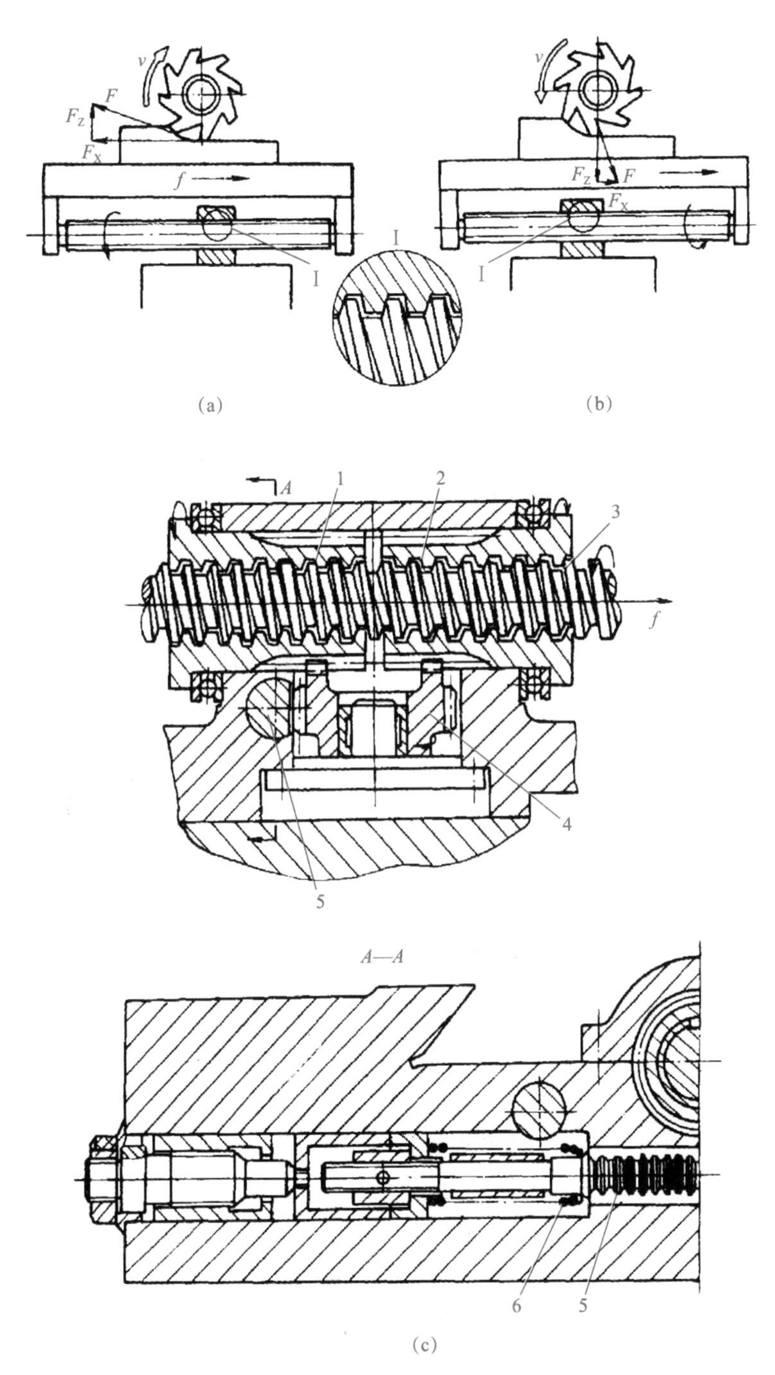

图 3.30　顺铣机构工作原理

(a)逆铣；(b)顺铣；(c)顺铣机构的结构

1—左螺母；2—右螺母；3—右旋丝杠；4—冠状齿轮；5—齿条；6—弹簧

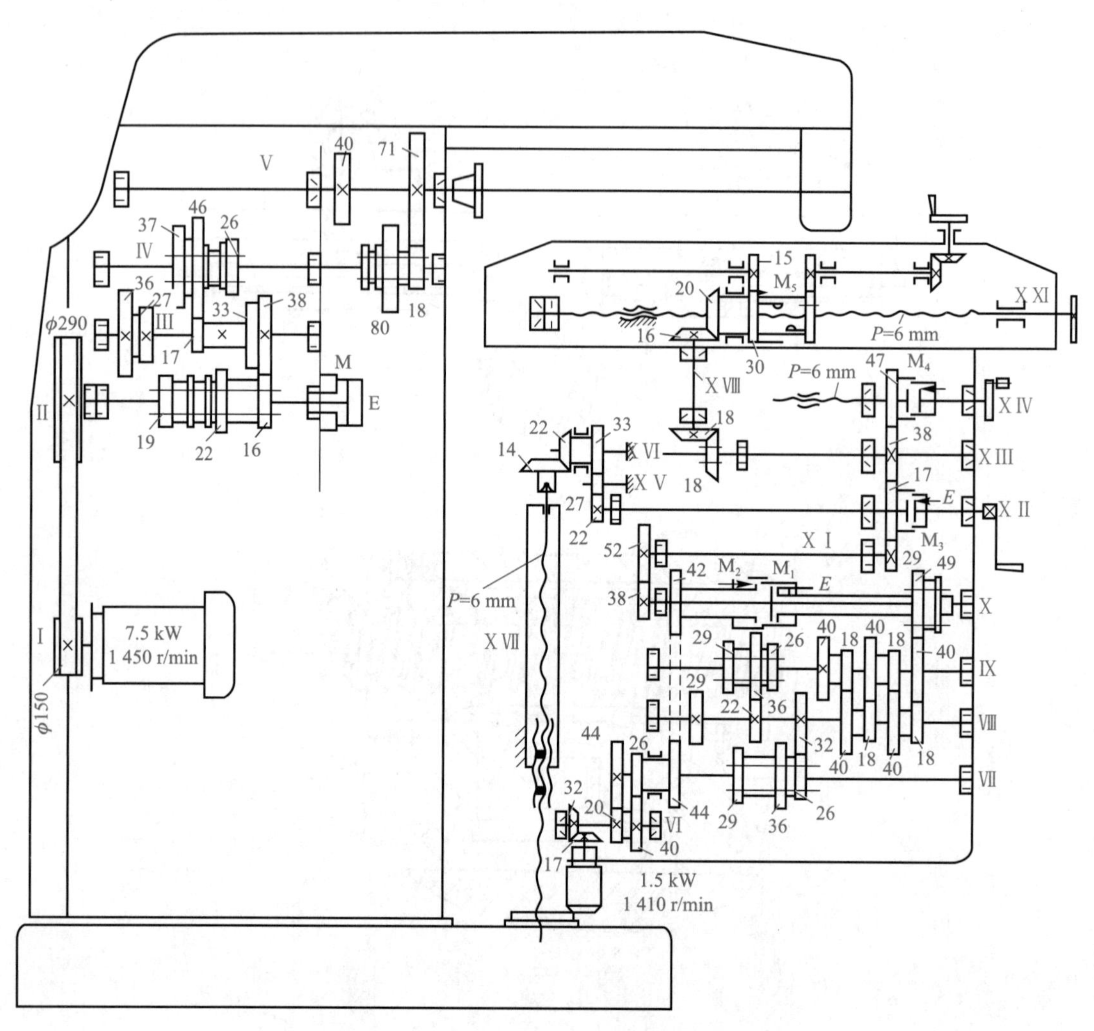

图 3.31　XW6132 型万能铣床传动系统

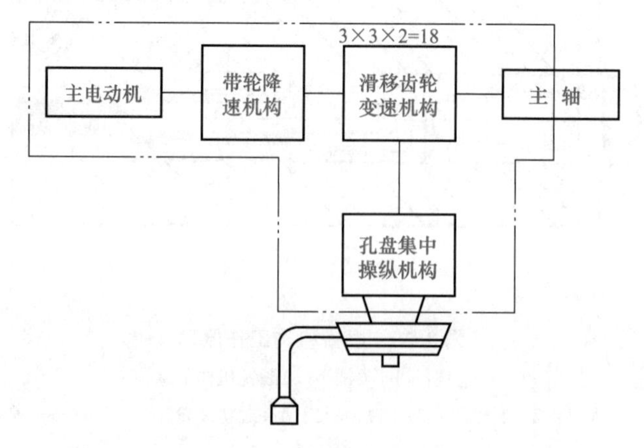

图 3.32　XW6132 型万能铣床主运动传动系统框图

主运动传动路线表达式为

$$\text{电动机}(7.5\ \text{kW、}1\ 450\ \text{r/min})—\text{Ⅰ}—\frac{\phi150}{\phi290}—$$

$$\text{Ⅱ}—\begin{Bmatrix}\frac{16}{38}\\ \frac{22}{33}\\ \frac{19}{36}\end{Bmatrix}—\begin{Bmatrix}\frac{38}{26}\\ \frac{17}{46}\\ \frac{27}{37}\end{Bmatrix}—\text{Ⅳ}—\begin{Bmatrix}\frac{18}{71}\\ \frac{80}{40}\end{Bmatrix}—\text{Ⅴ(主轴)}$$

由主运动传动路线表达式，可得到主轴的转速级数 3×3×2=18(级)。

主轴的转速可按下列运动平衡方程式计算：

$$n_{主} = 1\ 450 \times \frac{150}{290}(1 - \xi)u_{\text{Ⅱ-Ⅲ}}u_{\text{Ⅲ-Ⅳ}}u_{\text{Ⅳ-Ⅴ}}$$

式中 $n_{主}$——铣床主轴转速(r/min)；

ξ——带轮传动的滑移系数，可取 $\xi=0.02$；

$u_{\text{Ⅱ-Ⅲ}}$、$u_{\text{Ⅲ-Ⅳ}}$、$u_{\text{Ⅳ-Ⅴ}}$——轴Ⅱ—轴Ⅲ、轴Ⅲ—轴Ⅳ、轴Ⅳ—轴Ⅴ间的变速传动比。

例如，根据图 3.31 中主传动链齿轮啮合位置，可计算出：

$$n_{主}=1\ 450\times\frac{150}{290}\times(1-0.02)\times\frac{16}{38}\times\frac{17}{46}\times\frac{18}{71}=29(\text{r/min})\approx30\ \text{r/min}$$

主轴的旋转方向由主电动机改变正转、反转而得到变向。主轴的制动由安装在轴Ⅱ上的电磁制动器 M 进行控制。

(2)进给运动(工作台的纵向、横向和垂向移动)。图 3.33 所示为进给传动系统框图。该机床的工作台可以做纵向、横向和垂向 3 个方向的进给运动及快速移动。进给运动由进给电动机(1.5 kW、1 410 r/min)驱动。电动机的运动经一对圆锥齿轮 17/32 降速传送至轴Ⅵ，然后根据轴Ⅹ上的电磁离合器 M_1、M_2 的结合情况，分别为进给传动路线和快速移动

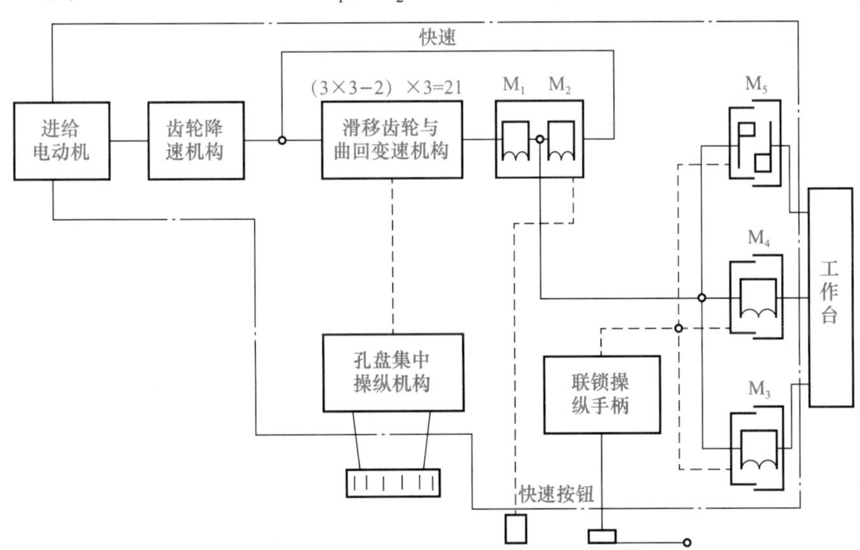

图 3.33 XW6132 型万能铣床进给传动系统框图

传动路线驱动工作台运动。如果轴Ⅹ上的离合器 M_1 脱开、M_2 啮合，轴Ⅵ的运动经齿轮副 40/26、44/42 及离合器 M_2 传送至轴Ⅹ。这条传动路线就是工作台做快速移动的传动路线。如果轴Ⅹ上的离合器 M_2 脱开、M_1 啮合，轴Ⅵ的运动再经齿轮副 20/44 降速传送至轴Ⅶ，经轴Ⅶ—轴Ⅷ间和轴Ⅷ—轴Ⅸ间两组三联滑移齿轮变速组及轴Ⅷ—轴Ⅸ间的曲回机构，经离合器 M_1 将运动传送至轴Ⅹ。这条传动路线使工作台做正常进给运动。

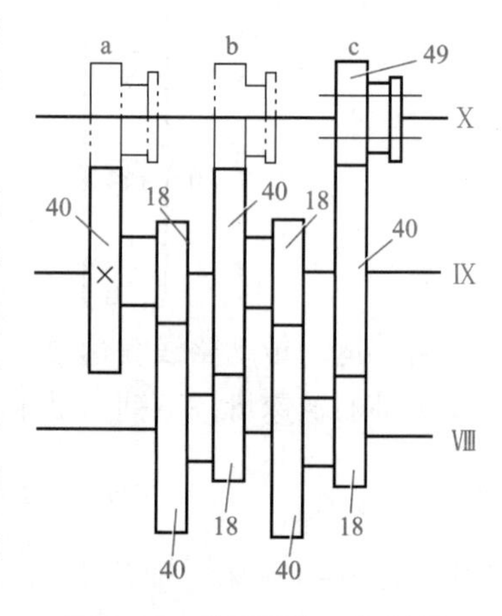

图 3.34　曲回机构工作原理

图 3.34 所示为轴Ⅷ—轴Ⅸ间的曲回机构工作原理图。轴Ⅹ上单联滑移齿轮 z49 有 3 个啮合位置。当单联滑移齿轮 z49 在 a 啮合位置时，轴Ⅸ的运动直接由齿轮副 40/49 传送至轴Ⅹ；当单联滑移齿轮 z49 在 b 啮合位置时，轴Ⅸ的运动经曲回机构齿轮副 18/40—18/40—40/49 传送至轴Ⅹ；当单联滑移齿轮 z49 在 c 啮合位置时，轴Ⅸ的运动经曲回机构齿轮副 18/40—18/40—18/40—18/40—40/49 传送至轴Ⅹ。通过上述分析可知，轴Ⅹ上单联滑移齿轮 z49 的 3 个啮合位置 a、b、c 可使曲回机构得到 3 种不同的传动比。其表达式如下：

$$u_a=\frac{40}{49}$$

$$u_b=\frac{18}{40}\times\frac{18}{40}\times\frac{40}{49}$$

$$u_c=\frac{18}{40}\times\frac{18}{40}\times\frac{18}{40}\times\frac{18}{40}\times\frac{40}{49}$$

这样，轴Ⅹ的运动又可经过离合器 M_3、M_4、M_5 及相应的后续传送动机构传送给工作台，使工作台分别得到垂向、横向及纵向的移动。根据图 3.31 所示的进给运动系统，可写出进给运动的传动路线表达式为

$$\text{电动机(1.5 kW、1 410 r/min)}—\frac{17}{32}—\text{Ⅵ}—$$

$$\left\{\begin{array}{l}\dfrac{20}{44}—\text{Ⅶ}—\left\{\begin{array}{c}\dfrac{29}{29}\\\dfrac{36}{22}\\\dfrac{26}{32}\end{array}\right\}—\text{Ⅷ}—\left\{\begin{array}{c}\dfrac{29}{29}\\\dfrac{22}{36}\\\dfrac{32}{26}\end{array}\right\}—\text{Ⅸ}—\left\{\begin{array}{c}\dfrac{40}{49}\\\dfrac{18}{40}\times\dfrac{18}{40}\times\dfrac{18}{40}\times\dfrac{18}{40}\times\dfrac{40}{49}\\\dfrac{18}{40}\times\dfrac{18}{40}\times\dfrac{40}{49}\end{array}\right\}—M_1\text{ 合(工作进给)}\\ \qquad\qquad —\dfrac{40}{26}\dfrac{44}{42}—M_2\text{ 合(快速)}—\end{array}\right\}—\text{Ⅹ}—$$

$$\frac{38}{52}—\text{Ⅺ}—\frac{29}{47}\left\{\begin{array}{l}\dfrac{47}{38}—\text{Ⅻ}—\left\{\begin{array}{l}\dfrac{18}{18}—\text{XVIII}—\dfrac{16}{20}—M_5\text{ 合—XIX(纵向进始)}\\\qquad\dfrac{38}{47}—M_4\text{ 合—XIV(横向进给)}\end{array}\right.\\M_3\text{ 合—Ⅻ—}\dfrac{22}{27}—\text{XV}—\dfrac{27}{33}—\text{XVI}—\dfrac{22}{44}—\text{XVII(垂向进给)}\end{array}\right.$$

从铣床进给运动的传动路线表达式中可知，在相互垂直的3个进给方向上均应获得3×3×3=27种不同的进给量，但是，由于轴Ⅶ—轴Ⅸ间的两组三联滑移齿轮变速组的3×3=9种传动比中，有3种是相等的，轴Ⅶ—轴Ⅸ间的两个滑移齿轮变速组只有3×3-2=7种不同的传动比，即

$$\frac{26}{32}\times\frac{32}{26}=\frac{29}{29}\times\frac{29}{29}=\frac{36}{22}\times\frac{22}{36}=1$$

因而，轴Ⅹ上的单联滑移齿轮z49只有(3×3-2)×3=21种不同的转速。因此，实际上，工作台的纵向、横向、垂向3个方向的进给量均为21级。

铣床工作台的纵向、横向、垂向3个方向的每分钟进给量或进给速度，可按下列平衡方程式计算：

$$v_{f1}=1\ 410\times\frac{17}{32}\times\frac{20}{44}\times u_{Ⅶ-Ⅷ}u_{Ⅷ-Ⅸ}u_{Ⅸ-Ⅹ}\times\frac{38}{52}\times\frac{29}{47}\times\frac{47}{38}\times\frac{18}{18}\times\frac{16}{20}\times P$$

$$v_{f2}=1\ 410\times\frac{17}{32}\times\frac{20}{44}\times u_{Ⅶ-Ⅷ}u_{Ⅷ-Ⅸ}u_{Ⅸ-Ⅹ}\times\frac{38}{52}\times\frac{29}{47}\times\frac{47}{38}\times\frac{38}{47}\times P$$

$$v_{f3}=1\ 410\times\frac{17}{32}\times\frac{20}{44}\times u_{Ⅶ-Ⅷ}u_{Ⅷ-Ⅸ}u_{Ⅸ-Ⅹ}\times\frac{38}{52}\times\frac{29}{47}\times\frac{22}{27}\times\frac{27}{33}\times\frac{22}{44}\times P$$

式中 v_{f1}、v_{f2}、v_{f3}——纵向、横向和垂向的进给速度(mm/min)；

$u_{Ⅶ-Ⅷ}$、$u_{Ⅷ-Ⅸ}$、$u_{Ⅸ-Ⅹ}$——轴Ⅶ—轴Ⅷ、轴Ⅷ—轴Ⅸ、轴Ⅸ—轴Ⅹ间的变速传动比；

P——进给丝杠轴Ⅹ Ⅸ、轴Ⅹ Ⅳ、轴Ⅹ Ⅶ的导程，本机床P均为6 mm。

经上述平衡方程式计算工作台的纵向、横向、垂向3个方向的进给速度均为21级，其中，纵向和横向的进给速度范围为15~1 500 mm/min，垂向进给速度范围为5~500 mm/min。工作台快速移动的速度，纵向和横向约为3 250 mm/min，垂向约为1 080 mm/min。

工作台纵向、横向、垂向3个方向上的进给运动是互锁的，只能按需要接通一个方向的进给运动，不能同时接通。进给运动的变向通过改变进给电动机旋转方向实现。

3. 铣刀

(1)铣刀的种类。通用规格的铣刀已标准化，一般由专业工具厂生产。铣刀的种类很多，按用途分类，常用铣刀有以下几种：

1)圆柱铣刀如图3.35所示。螺旋形切削刃分布在圆柱表面，没有副切削刃，主要用于卧式铣床上铣平面。螺旋形的刀齿切削时是逐渐切入和脱离工件的，其切削过程比较平稳，一般适用于加工宽度小于铣刀长度的狭长平面。一般圆柱铣刀都用高速钢制成整体式，根据加工要求不同有粗齿、细齿之分。粗齿的容屑槽大，用于粗加工；细齿的容屑槽小，用于半精加工。圆柱铣刀外径较大时，常制成镶齿式。

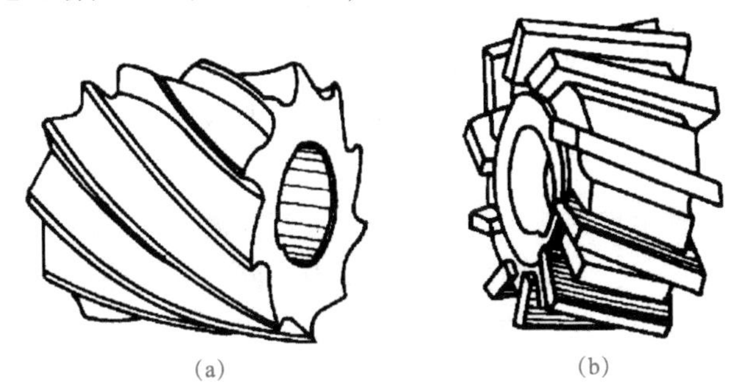

图3.35 圆柱铣刀
(a)整体式；(b)镶齿式

2)面铣刀如图3.36所示。其切削刃位于圆柱的端头，圆柱或圆柱面上的刃口为主切削刃，端面刀刃为副

切削刃。铣削时，铣刀的轴线垂直于被加工表面，适用于在立铣床上加工平面。用面铣刀加工平面，同时参加切削的刀齿较多，又有副切削刃的修光作用，故加工表面的粗糙度值较小，因此，可以用较大的切削用量，大平面铣削时都采用面铣刀铣削，生产率较高。小直径面铣刀采用高速钢做成整体式；大直径的面铣刀是在刀体上安装焊接式硬质合金刀头，或采用机械夹固式可转位硬质合金刀片。

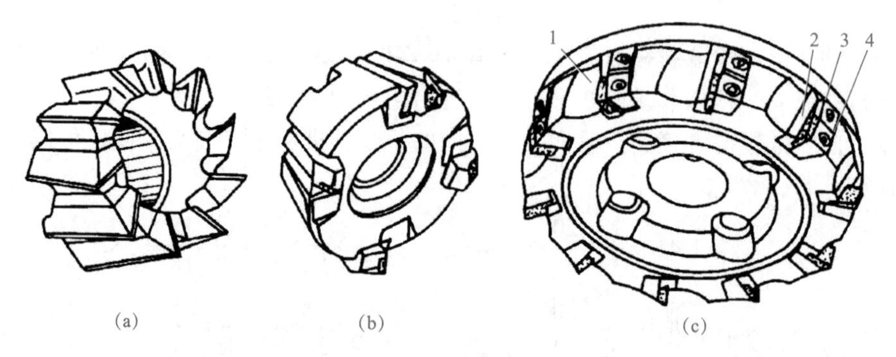

图 3.36　面铣刀

(a)整体式刀片；(b)镶焊接式硬质合金刀片；(c)机械夹固式可转位硬质合金刀片

1—刀体；2—定位座；3—定位座夹板；4—刀片夹板

3)立铣刀相当于带柄的、在轴端有副切削刃的小直径圆柱铣刀，因此，既可以作圆柱铣刀用，又可以利用端部的副切削刃起面铣刀的作用。各种立铣刀如图 3.37 所示，它以柄部装夹在立铣头主轴中，可以铣削窄平面、直角台阶、平底槽等，应用十分广泛。另外，还有粗齿大螺旋角立铣刀、玉米铣刀、硬质合金波形刃立铣刀等，它们的直径较大，可以采用大的进给量，生产效率很高。

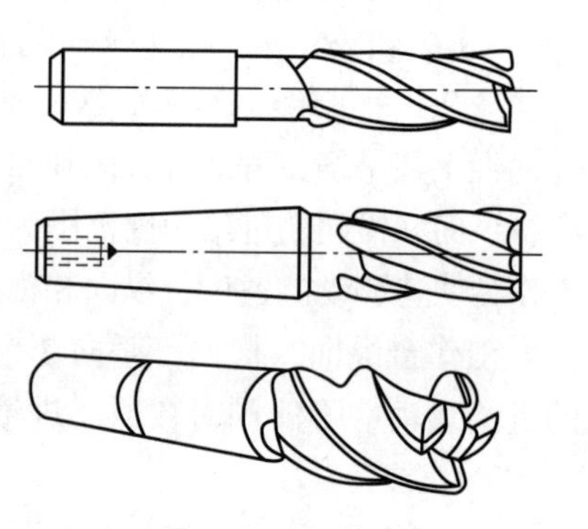

图 3.37　立铣刀

4)三面刃铣刀也称盘铣刀，如图 3.38 所示。由于在刀体的圆周上及两侧环形端面上均有刀刃，所以称为三面刃铣刀。它主要用在卧式铣床上加工台阶面和一端或两端贯通的浅沟槽。三面刃铣刀的圆周刀刃为主切削刃，侧面刀刃是副切削刃，只对加工侧面起修光作用。三面刃铣刀有直齿和交错齿两种，交错齿三面刃铣刀能改善两侧的切削性能，有利于沟槽的切削加工。直径较大的三面刃铣刀常采用镶齿结构；直径较小的往往采用高速钢制成整体式。

5)锯片铣刀如图 3.39 所示。它本身很薄，只在圆周上有刀齿，主要用于切断工件和在工件上铣狭槽。为避免夹刀，其厚度由边缘向中心减薄，使两侧形成副偏角。还有一种切口铣刀，它的结构与锯片铣刀相同，只是外径比锯片铣刀小，齿数更多，适用于在较薄的工件上铣狭窄的切口。

6)键槽铣刀如图 3.40 所示。它主要用来铣轴上的键槽。它的外形与立铣刀相似，不同的是它在圆周上只有两个螺旋刀齿，其端面刀齿的刀刃延伸至中心，因此，在铣两端不通的键槽时，可以做适量的轴向进给。还有一种半圆键槽铣刀，专用于铣轴上的半圆键槽。

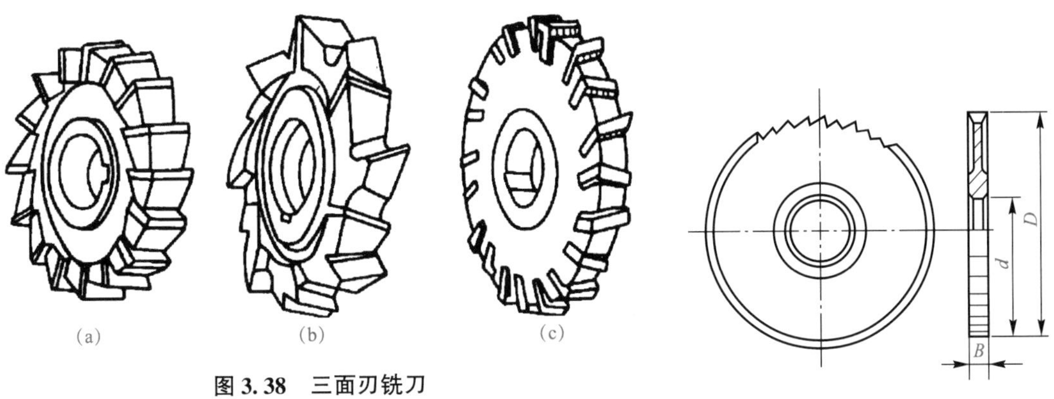

图 3.38　三面刃铣刀

(a)直齿；(b)交错齿；(c)镶齿

图 3.39　锯片铣刀

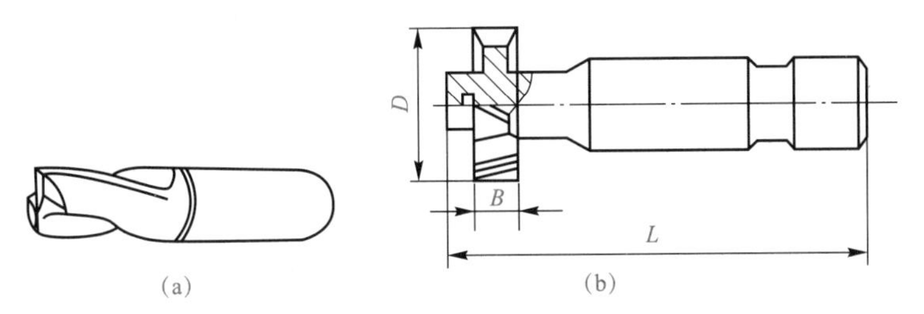

图 3.40　键槽铣刀

(a)普通键槽铣刀；(b)半圆键槽铣刀

除以上几种铣刀外，还有角度铣刀、成型铣刀、T 形槽铣刀、燕尾槽铣刀、仿形铣用的指状铣刀等，它们统称为特种铣刀，如图 3.41 所示。

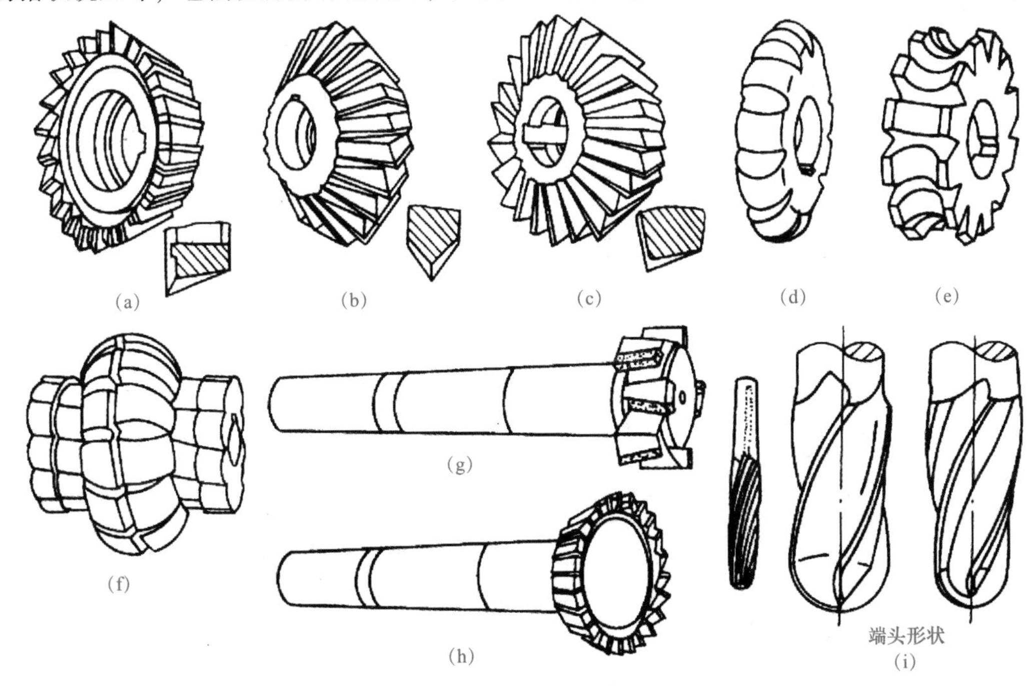

图 3.41　特种铣刀

(a)~(c)角度铣刀；(d)~(f)成型铣刀；(g)T 形槽铣刀；(h)燕尾槽铣刀；(i)指状铣刀

(2)铣刀的几何参数。铣刀的种类、形状虽多，但都可以归纳为圆柱铣刀和面铣刀两种基本形式，每个刀齿可以看作绕中心旋转的一把简单刀头。因此，只要通过对一个刀齿的分析，就可以了解整个铣刀的几何角度。对于以绕自身轴线旋转做主运动的铣刀，它的基面 p_r，是通过切削刃选定点且端剖面包含铣刀轴线的平面，并假定主运动方向与基面垂直。

圆柱铣刀各部分名称及标注角度如图 3.42 所示。圆柱铣刀的主剖面是垂直于铣刀轴线的端剖面，切削平面是通过切削刃选定点的圆柱的切平面，因此，刀齿的前角 γ_o 和后角 α_o 都标注在端剖面上。螺旋角 β 在切削平面相当于刃倾角 λ_s，当 $\beta=0$ 时，就是直齿圆柱铣刀。加工铣刀齿槽时及刃磨刀齿时都需要铣刀齿槽的法向剖面形状，因此，如果是螺旋槽铣刀，还要标注法向剖面上的前角 γ_n 和后角 α_n 及螺旋角 β。

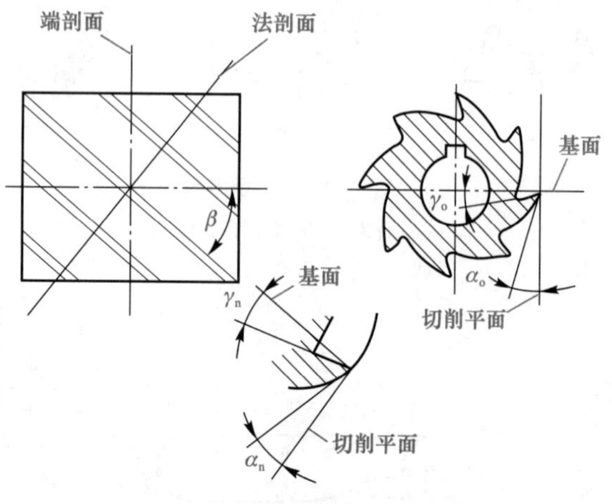

图 3.42　圆柱铣刀的标注角度

如果圆柱铣刀的螺旋角为 β，前角为 γ_o，其与法向剖面上的前角 γ_n、后角 α_o 与法向剖面上的后角 α_n 之间的关系，可用下列公式计算：

$$\tan\gamma_n = \tan\gamma_o \cos\beta$$

$$\cot\alpha_n = \cot\alpha_o \cos\beta$$

面铣刀的各部分结构及标注角度如图 3.43 所示。面铣刀的一个刀齿可以看作一把刀尖向下倒立着、镗平面的镗刀或车平面的车刀，因此，面铣刀每个刀齿都有前角 γ_o、后角 α_o、主偏角 κ_r 和刃倾角 λ_s 4 个基本角度。除此之外，还有过渡角 b_e、副偏角 κ'_r 及过渡刃主偏角 κ_{re} 等。由于面铣刀的每个齿相当于一把车刀，其各角度的定义可参照车刀确定。

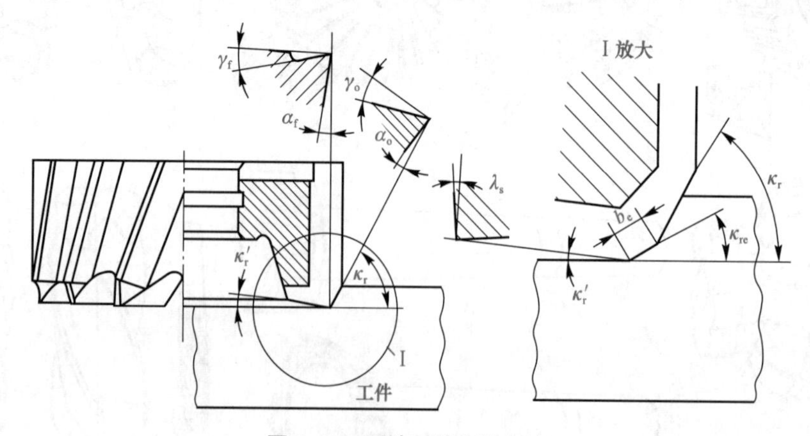

图 3.43　面铣刀的标注角度

(3)铣刀的安装。在铣床上铣削加工任何一种工件，都必须将铣刀正确地安装在铣床的主轴上并夹紧。安装的方法应根据铣刀结构的不同而有所不同。

圆柱铣刀、三面刃铣刀、特种铣刀等带孔的铣刀，都是在卧式铣床上使用，用带锥柄的刀杆安装在铣床的主轴上。刀杆的直径与铣刀的孔径应相同，尺寸已标准化，常用的直径为 22 mm、27 mm、32 mm、40 mm 和 50 mm。图 3.44 所示为这种刀杆的结构和应用的情形。刀杆的锥柄与卧式铣床主轴锥孔相符，锥度为 7∶24，锥柄端部有螺纹孔，用以通过拉杆将刀杆紧固在主轴锥孔中，另一端具有外螺纹，铣刀和固定环(或垫圈)装入刀杆后使用螺母夹紧。受力较小的铣刀可通过拧紧螺母，使铣刀两面和固定环端面之间产生摩擦力来承受铣削转矩：在铣削力较大时，铣刀安装时就要加键，铣刀杆是直径较小的杆件，容易弯曲，铣刀杆弯曲将会使铣刀产生不均匀铣削，因此，铣刀杆平时应垂直吊置。固定环两端面的平行度要求很高，否则当螺母将刀杆上的固定环压紧时会使刀杆弯曲。

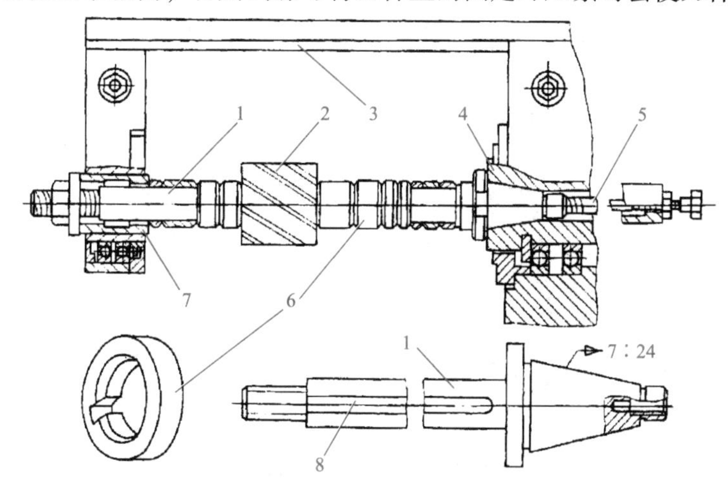

图 3.44　刀杆的结构和应用

1—刀杆；2—铣刀；3—悬梁；4—主轴；5—拉杆；6—固定环；7—定位衬套；8—键槽

带柄铣刀的锥柄尺寸如果与机床主轴锥孔相符合，就可将锥柄直接插入主轴孔，并且用拉杆紧固即可。但是带锥柄的铣刀柄部锥度大部分采用莫氏锥度，而机床主轴锥孔的锥度多采用 7∶24，因此，这种直接安装方式十分少见。如果铣刀锥柄的锥体尺寸比主轴锥孔小，并且为莫氏锥度时，就必须加中间套筒，中间套筒的结构和使用方法如图 3.45 所示。

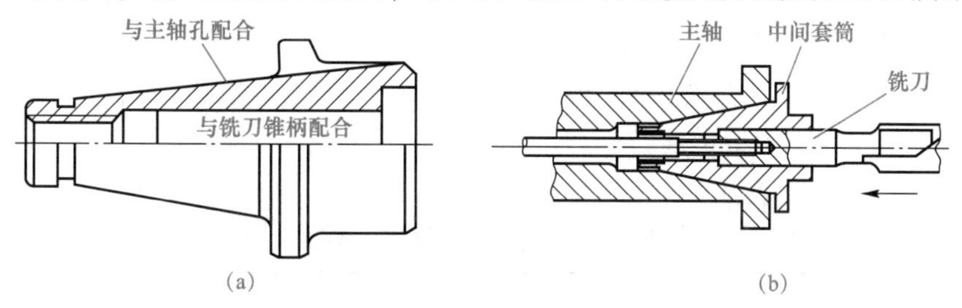

图 3.45　中间套筒

(a)结构；(b)使用方法

圆柱柄铣刀又称直柄铣刀。这类铣刀的柄部直径比较小，一般利用弹簧夹头进行装夹。常见的弹簧夹头结构如图 3.46 所示。它主要由中间有圆柱孔、外部做成锥体、两端叉开各开 3 条窄缝的弹簧套筒 3，带有内锥孔的夹头体 1 和内孔有锥度的压紧螺母 2 等组成。弹簧夹头可通过夹头体的锥柄直接装入铣床主轴孔，直柄铣刀柄部插入弹簧套筒的孔，将压紧螺母拧紧，使弹簧套筒的外锥体受力而直径缩小，内孔直径收缩将铣刀柄部夹紧。不同的柄部直径要配用相应直径的弹簧套筒。

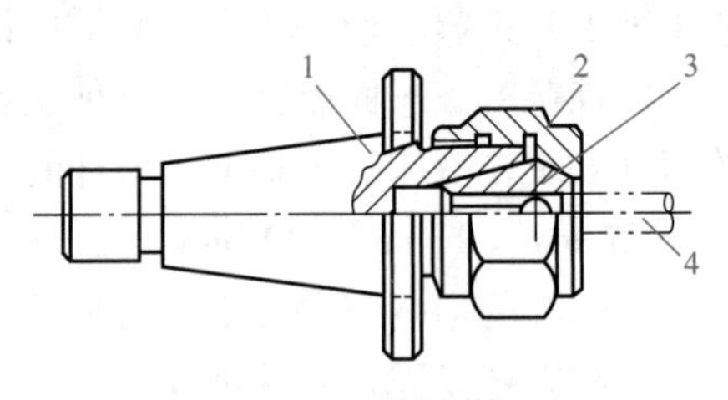

图 3.46　弹簧夹头

1—夹头体；2—压紧螺母；3—弹簧套筒；4—铣刀圆柱柄

大直径面铣刀常制成具有圆柱孔的套装形式，图 3.47 所示为这种安装方式的刀轴，为防止铣刀刀轴在主轴锥孔和铣刀在刀轴上转动，刀轴上有两个槽口套在铣床主轴端面的两个端面键上，铣刀则采用螺钉和相应的键与刀轴配合，如图 3.47(a)所示。图 3.47(b)所示为在凸缘端面上带有键的刀轴，适用于安装在端面上开有键槽的面铣刀，这种刀轴应用也十分广泛。

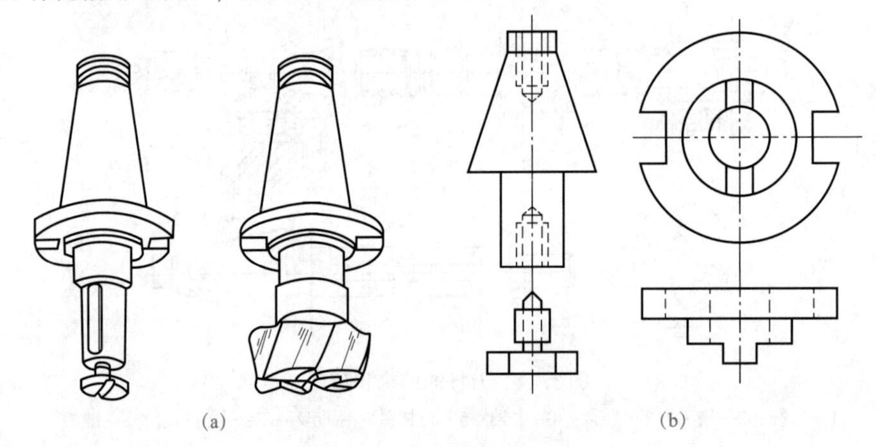

图 3.47　装面铣刀用的刀轴

(a)带槽口刀轴；(b)凸缘端面带键槽的刀轴

二、钻床结构及深孔钻

1. 摇臂钻床主要部件及其功能

Z3040×16 型摇臂钻床具有结构可靠、性能稳定、操纵方便等优点，适用于单件和中小批量生产中加工大、中型零件。

(1)主要技术参数(表 3.7)。

表 3.7　摇臂钻床主要技术参数

主参数为最大钻孔直径/mm	40
第二主参数为主轴中心线至立柱中心线的距离/mm	
最大	1 600
最小	350
主轴箱水平移动距离/mm	1 250

续表

主参数为最大钻孔直径/mm	40
主轴端面至底座工作面距离/mm	
最大	1 250
最小	350
摇臂升降距离/mm	600
摇臂升降速度/$(m\cdot min^{-1})$	1.2
摇臂回转角度/(°)	360
主轴前锥孔	莫氏 4 号
主轴转速范围(16 级)/$(r\cdot min^{-1})$	25~2 000
主轴进给量范围(16 级)/$(mm\cdot r^{-1})$	0.04~3.2
主轴行程/mm	315
主电动机功率/kW	3
摇臂升降电动机功率/kW	1.1

(2)主要部件及其功能。图 3.48 所示为 Z3040×16 型摇臂钻床，它由底座、立柱、摇臂和主轴箱等部件组成。主轴箱 4 安装在可绕垂直轴线回转的摇臂 3 的水平导轨上，通过主轴箱在摇臂上的横向移动及摇臂的回转，可以很方便地将主轴 5 调整到机床尺寸范围内的任意位置。为适应加工不同高度的需要，摇臂可沿立柱 2 上下移动以便调整位置。工件应根据其大小装夹在工作台 6 或底座 1 上。

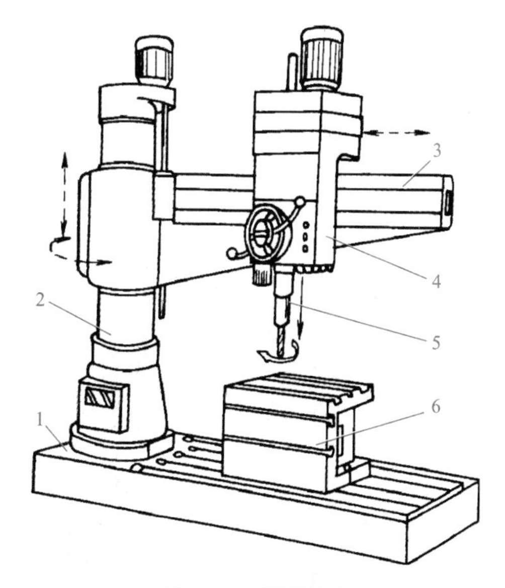

图 3.48 摇臂钻床

1—底座；2—立柱；3—摇臂；4—主轴箱；5—主轴；6—工作台

1)主轴部件。摇臂钻床主轴部件的结构应保证主轴既能做旋转运动，又能做轴向移动，因而采用了双层结构，如图 3.49 所示，主轴 1 通过轴承支承在主轴套筒 2 内，主轴套筒安装在主轴箱体的镶套 13 中。传动齿轮可通过主轴尾部的花键使主轴旋转。小齿轮 4 可通过主轴套筒侧面的齿条，使套筒连同主轴一起做轴向移动。

主轴的径向支承采用深沟球轴承，为增加主轴部件的刚度，主轴前端布置了两个深沟球轴承。钻削产生的向上轴向力，由主轴前端的推力球轴承承受。主轴后端的推力球轴承主要承受主轴的质量或倒锪端面产生的向下的轴向力。推力球轴承的间隙可由螺母 3 调整。

主轴前端有 4 号莫氏锥度孔，用来安装刀具，两个横向扁孔，上面一个可与刀柄相配，传递扭矩，并可使用专用卸刀扳手卸下刀具，下面一个用于倒刮端面时将楔块楔入锁紧刀具，防止刀具从锥孔中掉下。

为防止主轴因自重下落，以及使操纵主轴升降轻便，设有圆柱弹簧—凸轮平衡机构。该装置主要由弹簧 8、链条 5、链轮 6、凸轮 9、小齿轮 4 和齿轮 10 等组成。弹簧 8 的弹力通过套 11、链条 5、凸轮 9、齿轮 10 和小齿轮 4 作用在主轴套筒 2 上，与主轴质量相平衡。主轴上下移动时，转动齿轮 10 和凸轮 9，并拉动链条 5 改变弹簧 8 的压缩量，使弹力发生变化，但同时由于凸轮 9 的转动，改变了链条至凸轮 9 及齿轮 10 回转中心的距离，改变了力臂大小，从而使力矩保持不变。平衡力大小可通过内六角螺钉 12 调整弹簧压缩量来调节。

2）立柱。Z3040×16 型摇臂钻床的立柱结构如图 3.50 所示，由圆柱形的内外两层立柱组成，内立柱 4 使用螺钉固定在底座 8 上；外立柱 6 通过上部的推力球轴承 2 和深沟球轴承 3 及下部的滚柱链 7 支承在内立柱上。摇臂 5 以其一端的套筒部分套在外立柱 6 上，并用滑键连接（图中未示出）。调整主轴位置时，先将夹紧机构松开，此时，在平板弹簧 1 的作用下，使外立柱相对于内立柱向上抬起 0.2~0.3 mm，从而使内外立柱下部的圆锥配合面 *A* 脱离接触，外立柱和摇臂能轻便地绕内立柱转动。摇臂调整好位置后，利用夹紧机构产生向下夹紧力使平板弹簧 1 变形，外立柱下移并压紧在圆锥面 *A* 上，依靠摩擦力将外立柱锁紧在内立柱上。

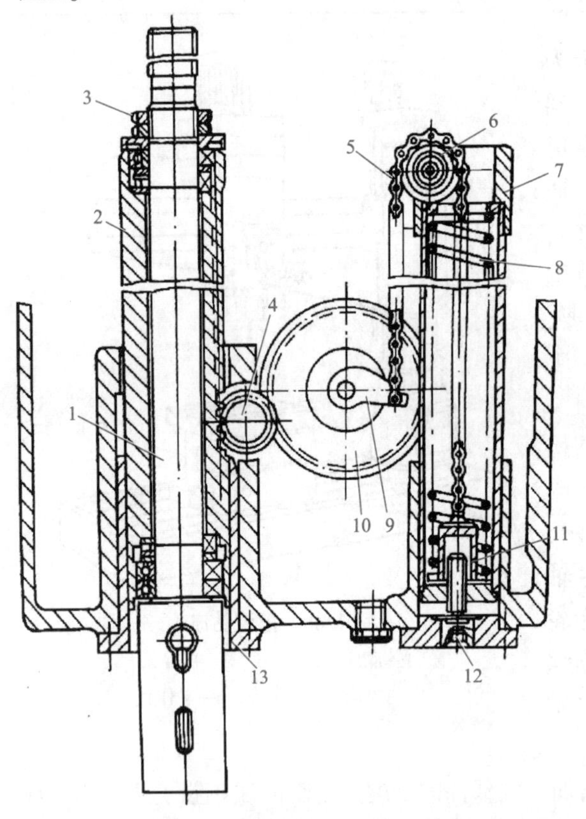

图 3.49　摇臂钻床主轴部件结构

1—主轴；2—主轴套筒；3—螺母；4—小齿轮；5—链条；6—链轮；7—弹簧座；8—弹簧；9—凸轮；10—齿轮；11—套；12—内六角螺钉；13—镶套

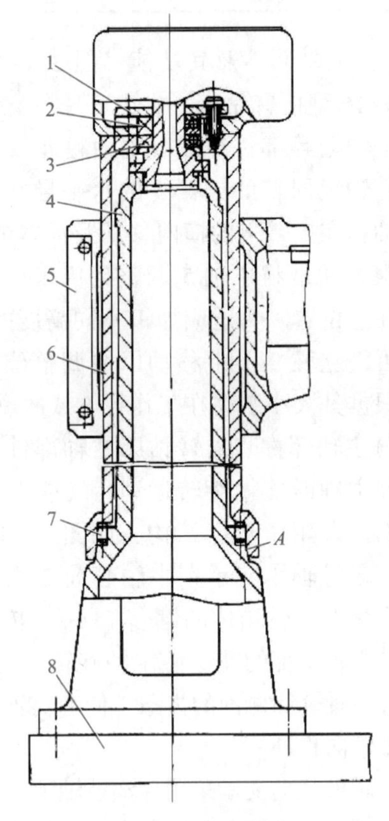

图 3.50　立柱结构

1—平板弹簧；2—推力球轴承；3—深沟球轴承；4—内立柱；5—摇臂；6—外立柱；7—滚柱链；8—底座

A—圆锥面

3）摇臂钻床的夹紧机构。主轴箱、摇臂及外立柱在调整好位置后，必须使用各自的夹紧机构夹紧，以保证机床在切削时有足够的刚度和定位精度。

摇臂钻床主轴的旋转运动为主运动，主轴的轴向移动为进给运动；摇臂的升降运动和回转运动及主轴箱沿摇臂的水平移动为辅助运动。

2. 常用钻削刀具

(1)麻花钻。

1)麻花钻的结构。麻花钻由柄部、颈部和工作部分组成，如图 3.51 所示。

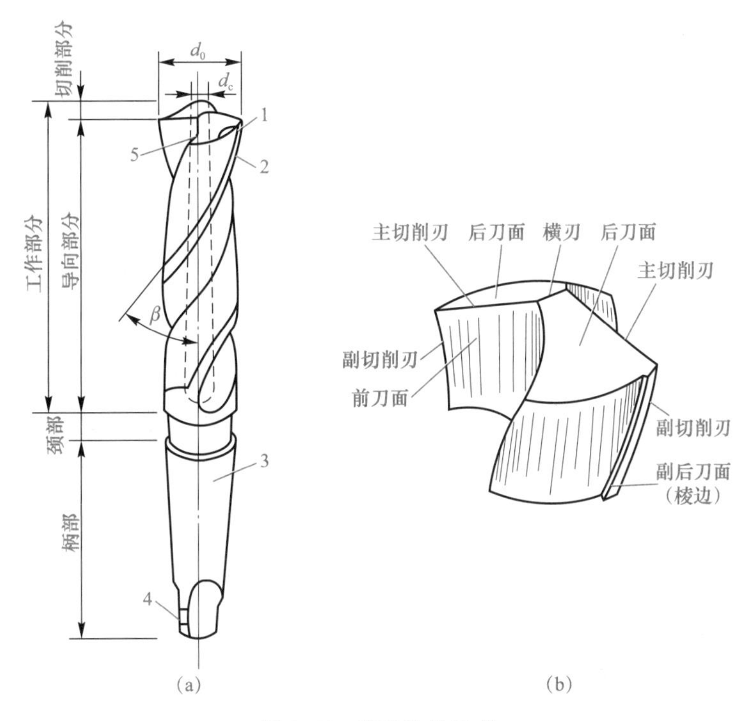

图 3.51　麻花钻的组成

(a)麻花钻组成；(b)切削部分

1—刃瓣；2—棱边；3—莫氏锥柄；4—扁尾；5—螺旋槽

①柄部：用于安装并传递钻削力和扭矩。一般钻头直径小于 13 mm 时，采用圆柱柄；钻头直径大于 13 mm 时，采用圆锥柄；扁尾是为防止锥柄打滑和用斜铁将锥柄从钻套中取出来。

②颈部：连接柄部和工作部分，并为磨外径时砂轮退刀和打印标记之处。

③工作部分：由导向部分和切削部分组成。

a. 导向部分就是麻花钻螺旋槽部分。它的径向尺寸决定了麻花钻直径 d_0，直径向尾部方向制造成倒锥，前大后小，倒锥量为 0.05/100~0.12/100，螺旋槽是排屑通道，两条棱边起导向作用。两条螺旋形刃瓣中间由钻芯相连，以保证刃瓣连接强度，钻芯直径 $d_c=(0.125\sim0.15)d_0$，并从切削部分到尾部方向制成正锥(前小后大)。导向部分也是钻头的备磨部分。

b. 图 3.51(b)所示为麻花钻的切削部分，它由两个螺旋形沟槽形成的两个螺旋形前刀面、经刃磨获得的两个后刀面、圆柱形的副后刀面(两个棱边)组成。前刀面与后刀面的交线形成两条主切削刃，前刀面与棱边交线形成两条副切削刃，两后面的交线形成横刃。

2)麻花钻的主要几何角度。麻花钻的主要几何角度如图 3.52 所示。

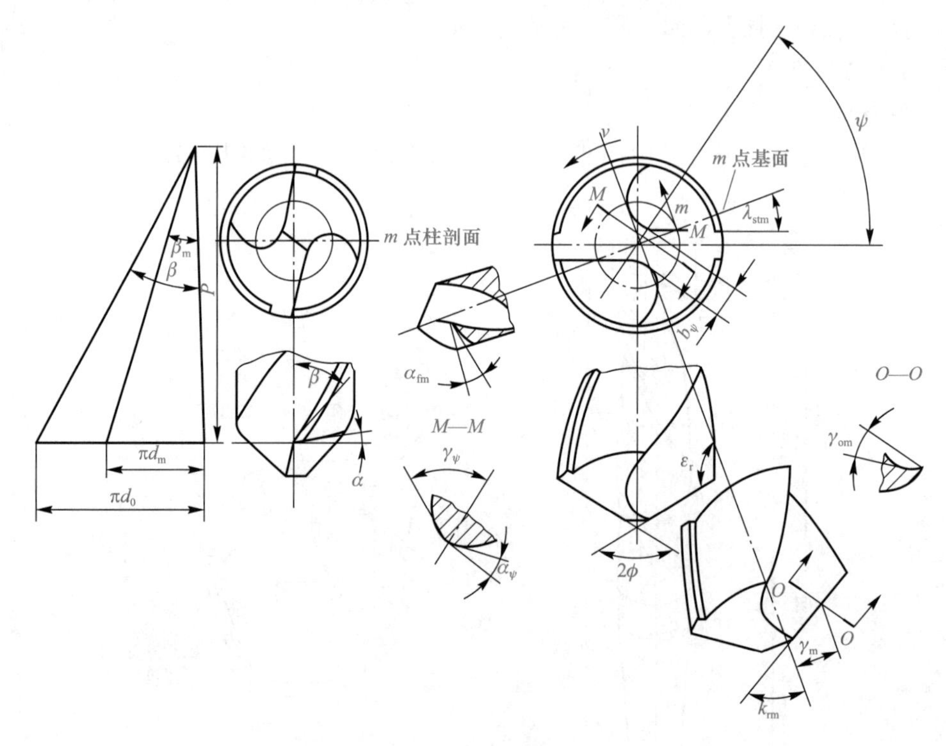

图 3.52　麻花钻的几何角度

①螺旋角 β。麻花钻螺旋槽上最外缘的螺旋线展开成直线后与麻花钻轴线之间的夹角称为螺旋角 β。

麻花钻不同直径处的螺旋角不同，外径处螺旋角最大，越靠近中心螺旋角越小。螺旋角不仅影响排屑，而且影响切削刃强度，标准麻花钻的螺旋角 $\beta=18°\sim30°$，大直径取大值。螺旋角 β 的方向一般为右旋。

②顶角(锋角)2ϕ。麻花钻两主切削刃在与它们平行面上的投影的夹角称为顶角。顶角越小，主切削刃越长，单位切削刃上负荷减小，轴向力小，定心作用较好，刀尖角 ε_r 增加，有利于散热和提高刀具耐用度；顶角过小，麻花钻强度减小，变形增大，扭矩增大，容易折断麻花钻。因此，应根据工件材料的强度和硬度来刃磨合理的顶角。加工钢和铸铁的标准麻花钻取 $2\phi=118°$。

③主偏角 κ_{rm}。主切削刃选定点 m 的切线在基面上的投影与进给方向的夹角称为主偏角。麻花钻的基面是过主切削刃选定点、包含麻花钻轴线的平面。由于麻花钻主切削刃不通过轴线，主切削刃上各点基面不同，各点主偏角也不同。当顶角磨出后，各点主偏角也就确定了。

④前角 γ_{om}。前角是主剖面 $O—O$ 内前刀面和基面间的夹角。麻花钻主切削刃上各点前角是变化的，麻花钻外圆处，前角最大，约为 30°，接近麻花钻中心，靠近横刃处约为-30°。

⑤后角 α_{fm}。麻花钻主切削刃上选定点的后角，是通过该点柱剖面中的进给后角 α_{fm} 来表示的。柱剖面是过主切削刃选定点 m，作与麻花钻轴线平行的直线，该直线绕麻花钻轴

线旋转所形成的圆柱面。α_{fm} 沿主切削刃也是变化的。名义后角是指麻花钻外圆处后角 α，通常取 8°～10°，横刃处后角取 20°～25°。

⑥横刃斜角 ψ。横刃斜角是在端面投影中横刃和主切削刃间的夹角。当麻花钻后刀面磨成后，ψ 自然形成。一般 ψ=50°～55°。

⑦横刃前角 γ_{ψ}。横刃前角是在横刃剖面中前刀面与基面间夹角，标准顶角时，γ_{ψ}=-(54°～60°)。

⑧横刃后角 α_{ψ}。横刃后角是在横刃剖面中后刀面与切削平面间夹角，$\alpha_{\psi}\approx 90°-|\gamma_{\psi}|$。

3)麻花钻的缺陷与修磨。

①标准麻花钻的缺陷。标准麻花钻由于本身结构的原因，存在以下缺陷：

a. 主切削刃上各点前角相差较大，从外缘到靠近中心处，由+30°～-30°，切削性能相差很大。

b. 横刃较长，又为负前角，钻削时轴向力大，定心性差。

c. 主切削刃长，切削刃上各处切削速度的大小和方向差别很大，使切屑卷曲和排出困难。

d. 主切削刃与棱边转角处切削速度最高，副后角为零，因此磨损最快。

为了克服标准麻花钻的缺陷，提高切削能力，常对其几何角度进行修磨。

②麻花钻的修磨。

a. 修磨双重刃。在麻花钻转角处增出过渡刃 $2\phi'$=70°～75°，使麻花钻具有双重刃，如图 3.53 所示。顶角减小，使轴向力减小，同时使转角处刀尖角 ε'_r 增大，改善了散热条件，提高了刀具的耐用度和已加工表面的质量。

b. 修磨横刃。将横刃修磨短，并修磨出正前角 γ_{ϕ}，这样有利于麻花钻定心和减小轴向力，如图 3.54 所示。

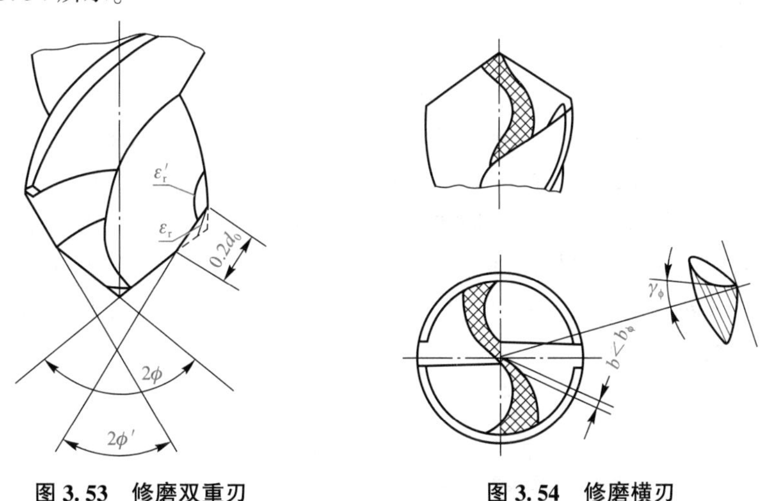

图 3.53　修磨双重刃　　**图 3.54　修磨横刃**

c. 修磨棱边。由于麻花钻的副后角为零，在较软材料上钻削大于 ϕ12 mm 的孔时，为减少棱边与孔壁的摩擦，应在棱边处磨出副后角，如图 3.55 所示。修磨后可减少磨损和提高刀具的耐用度。

d. 磨出分屑槽。在钻削韧性材料时，为使切屑排出顺利，可在主切削刃上交错磨出分屑槽，将切屑分割成窄条，如图 3. 56 所示。

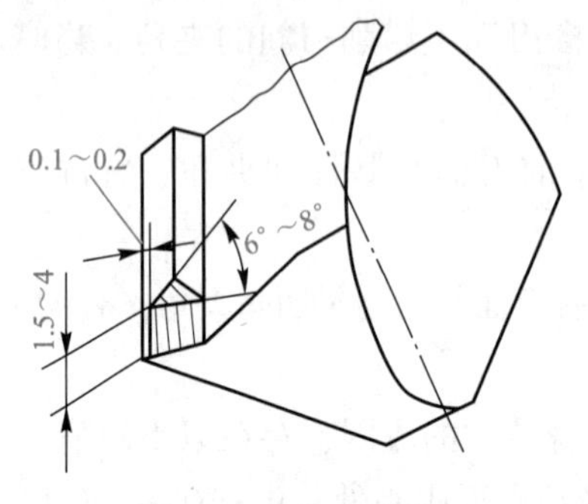

图 3. 55 修磨棱边

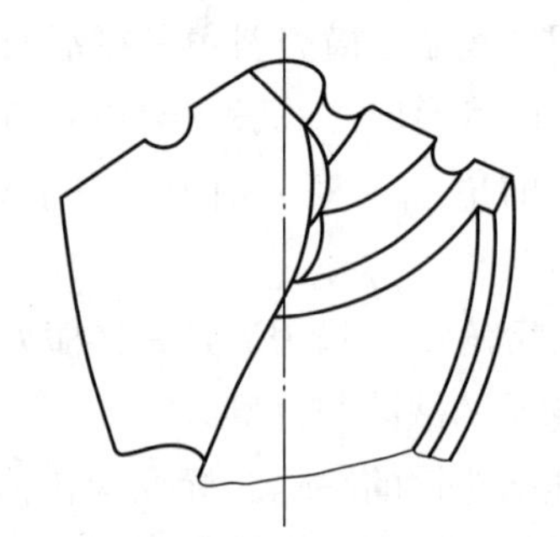

图 3. 56 磨出分屑槽

(2)深孔钻。

1)深孔加工的特点及对刀具的要求。一般将深径比在 5 以上的孔称为深孔。对深径比为 5~20 的普通深孔，可在车床或钻床上用加长麻花钻加工。对深径比在 20 以上的深孔，应在深孔钻床上用深孔钻加工。对于要求较高且直径较大的深孔，可以在深孔镗床上加工。

深孔加工比普通孔加工的难度大得多，主要原因如下：

①刀具导向部分和柄部细长，刚性很差，加工时易产生弯曲变形和振动。使孔的位置偏斜，难以保证孔的加工精度。

②排屑困难。

③切削液难以进入切削区域起充分的冷却和润滑作用，切削热不易导出。

针对深孔加工的特点，对深孔刀具有以下要求：足够的刚性和良好的导向功能；可靠的断屑和排屑功能；有效的冷却和润滑功能。

2)常用深孔钻。

①单刃外排屑深孔钻。单刃外排屑深孔钻最初用于加工枪管，又称枪钻，如图 3. 57 所示。它用于加工直径为 ϕ3~20 mm 的小直径深孔，深径比可以大至 100 以上。深孔的加工精度为 IT8~IT10，表面粗糙度 Ra 为 0. 8~3. 2 μm。加工时，工件旋转为主运动，钻头做轴向进给运动，切削液为 3 号锭子油加 20%的柴油，并以 3. 5~10 MPa 的高压从无缝钢管制成的钻杆后端进入，通过切削部分的进油孔进入切削区，对钻头进行冷却和润滑。与此同时，高压切削液将切屑从切削部分经钻杆呈 120°的 V 形槽冲出来。这样就基本满足了深孔刀具对冷却和排屑的要求。

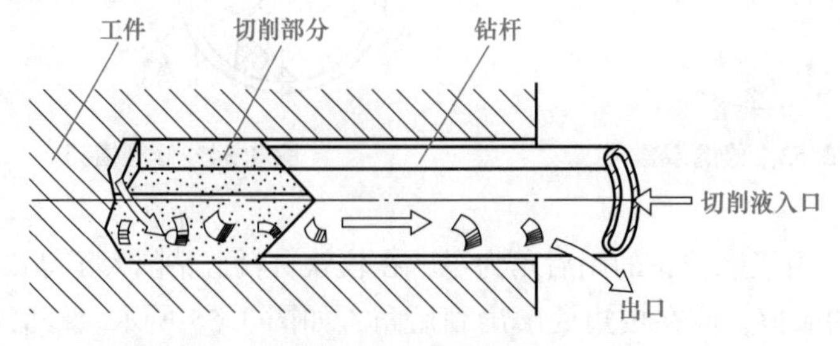

图 3. 57 枪钻工作原理

钻头工作时的良好导向功能是从三个方面获得的：一是在钻头的切削部分做出两个导向面Ⅰ和Ⅱ，如图 3. 58 所示；二是钻头只有一侧有主切削刃，当钻头直径为 d_0 时，并使钻尖偏离轴线 $e=d_0/4$ 的距离，再对余偏角 ψ_{r1} 和 ψ_{r2} 选取适当的角度，就可以产生一个大小适宜的背向力 F_p，它始终指向导向面Ⅰ；三是由于钻尖的偏移，钻孔时在钻尖前方形成一个小圆锥体，它也有助于钻头的定心。另外，120° V 形槽的中心低于钻头轴线距离 $H=(0.010\sim0.015)d_0$，切削时产生一个直径为 $2H$ 的导向圆柱，它也能起一定的定心导向作用。

枪钻的切削部分可用高速钢或硬质合金制造。

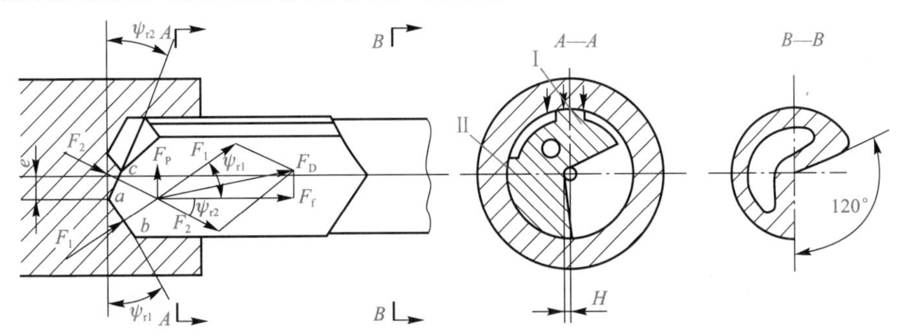

图 3. 58　枪钻构造及受力

②错齿内排屑深孔钻（BTA）。错齿内排屑深孔钻是比较典型的一种，又称 BTA 深孔钻或炮钻，如图 3. 59 所示。刀齿采用硬质合金刀片焊接在刀体上，彼此间交错排列。该深孔钻是以 2~6 MPa 的高压切削液由钻杆与孔壁之间的空隙处输入至切削区对钻头冷却和润滑，然后连同切屑从钻杆内孔排出，故称为内排屑。这种内排屑方式不仅已成功地应用于直径较大的钻头，也能用于直径小至 ϕ6 mm 的钻头。BTA 深孔钻主要用于钻削直径为 ϕ20~120 mm、深径比在 100 以内的深孔，加工精度为 IT9~IT7，表面粗糙度 Ra 为 1. 6~6. 3 μm。

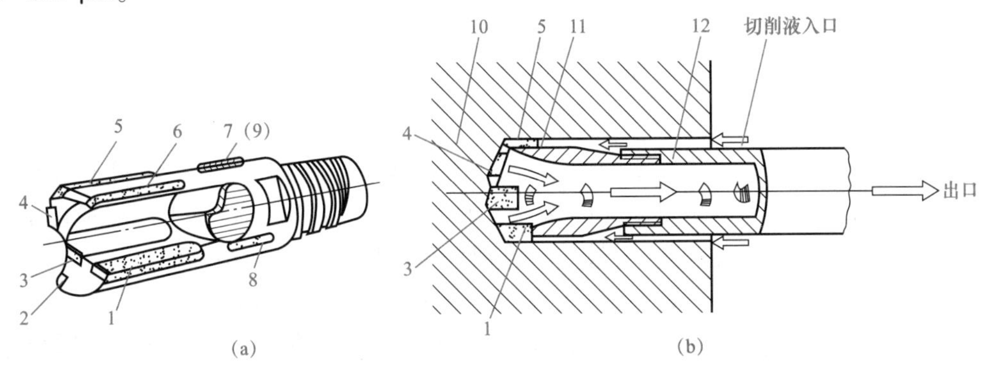

图 3. 59　错齿内排屑深孔钻

（a）外形图；（b）工作原理

1、3、4—刀片；2、5、6、7、8、9—导向块；10—工件；11—钻头；12—钻杆

这种钻头与枪钻的共同之处：没有横刃；利用两个余偏角 ψ_{r1} 和 ψ_{r2} 合理配置产生的

适当背向力恰好指向原先设计好的导向面上，使背向力得到合理的平衡。导向块共有两组，每组3块(2、5、6和7、8、9，图中未全画出)，钻孔时起导向作用。这种钻头的重要特点之一是主切削刃不是由一个完整的刀齿构成，而是由分布于轴线两侧的硬质合金刀片1、3、4构成。这种错齿式分布方式，不但对分屑和排屑十分有利，而且可以按照刀片1、3、4的不同切削条件分别选用不同牌号的刀片。另外，由于采用圆环形截面钻杆，具有较高的抗扭和抗弯刚度，加工时可选用较大的进给量，而且孔轴线偏斜量小。由于切屑不与孔壁摩擦，故可获得较小的表面粗糙度值。钻头与钻杆之间采用多线矩形螺纹连接。

BTA深孔钻常用的切削参数为v=60~120 m/min，f=0.03~0.25 mm/r。

直径大于ϕ50 mm的深孔钻，可以采用机夹可转位结构，如图3.60所示。刀片1、2、3的夹紧方式分别为杠杆式、偏心式和杠销式。4、5为导向块，采用斜楔式紧固方式。

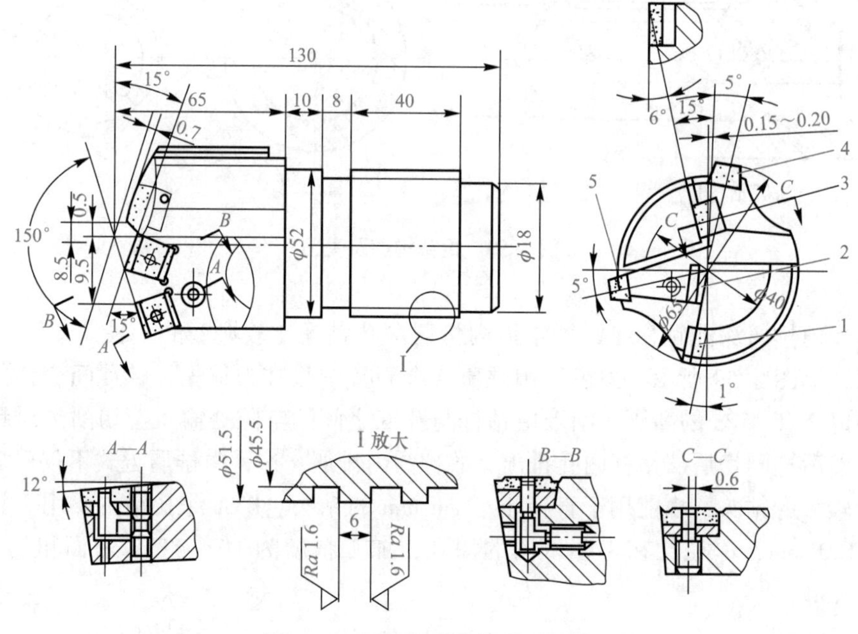

图3.60　可转位式内排屑深孔钻

1、2、3—刀片；4、5—导向块

③喷吸钻。喷吸钻是一种新型的内排屑深孔钻，如图3.61所示。一般用于加工直径为ϕ20~65 mm、深径比不超过100的深孔，加工精度为IT10~IT7，表面粗糙度Ra为0.8~1.6 μm。它利用切削液的喷射效应来排屑，压力比枪钻和炮钻都低，为1~2 MPa，钻削时无须高压密封装置，可在车床、钻床或镗床等通用机床上使用。

图3.61所示为一种喷吸钻系统的工作原理。喷吸钻头一般制成内排屑式硬质合金错断结构。工作时，具有一定压力的切削液由进液口流入连接器7，其中的2/3通过内管5和外管6之间的间隙，经过钻头上6个径向小孔流至切削区对切削刃和刀面进行冷却与润滑，并把切屑冲至出液口。另外，1/3左右的切削液从内管后端四周的月牙形喷嘴向后喷射。喷嘴缝很窄，使流速大而形成喷射流，并在喷射流的周围产生一个低压区，从而在内管的前后端产生了压力差，使后端具有一定的吸力把切屑吸向出液口。

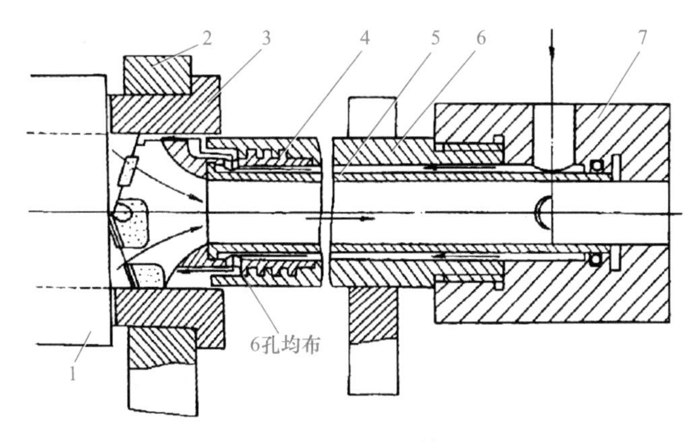

图 3.61 喷吸钻

1—工件；2—导套支架；3—导套；4—钻头；5—内管；6—外管；7—连接器

连接器，既对外管 6 的支承起固定作用，又起输油作用。钻深孔时大多为工件回转，钻头做轴向进给，采用非回转式连接器。

上述喷吸钻系统采用内外两层喷管，结构不太紧凑，容屑空间较小，难以用于ϕ18 mm 以下的深孔加工。结构上做了重要改进的 DF 系统，又称双进液器深孔钻。在工件的端面处增加了一个 BTA 系统推压方式的进液器，从而将 BTA 深孔钻和喷吸钻中推和吸两种排屑方式结合起来，切削液流速快，切屑排出量增大，中小直径的深孔加工效果很好。

【学习评价】

学习效果考核评价表

评价类型	权重	具体指标	分值	得分		
				自评	组评	师评
职业能力	70	独立完成零件的工艺分析	15			
		认识铣床，熟悉铣削工作原理及方法	20			
		认识钻床，熟悉钻削工作原理及方法	20			
		熟悉工件夹紧装置，能够针对工件选择适当的夹紧装置	15			
职业素养	20	坚持出勤，遵守纪律	5			
		协作互助，解决难点	5			
		按照标准规范操作	5			
		持续改进优化	5			
劳动素养	10	按时、认真完成任务	5			
		小组分工合理	5			
综合评价	总分					
	教师					

【相关习题】

1. 铣削加工的特点有哪些？
2. 什么是顺铣和逆铣？加工时应该如何选择？
3. 钻削加工的主要特点有哪些？
4. 深孔加工比普通孔加工难度大的主要原因是什么？

课题二　分箱减速器箱体加工

【课题内容】

1. 能够准确分析腔型结构箱体零件加工工艺技术要求。
2. 熟知箱体零件毛坯选材的特点。
3. 熟悉刨削加工知识，掌握箱体类零件工艺路线设计特点。
4. 能够正确填写出减速箱零件相关工艺文件。
5. 会查阅箱体零件表面等加工相关工艺参数资料。

设计如图 3.62 所示的减速箱零件的机加工工艺。

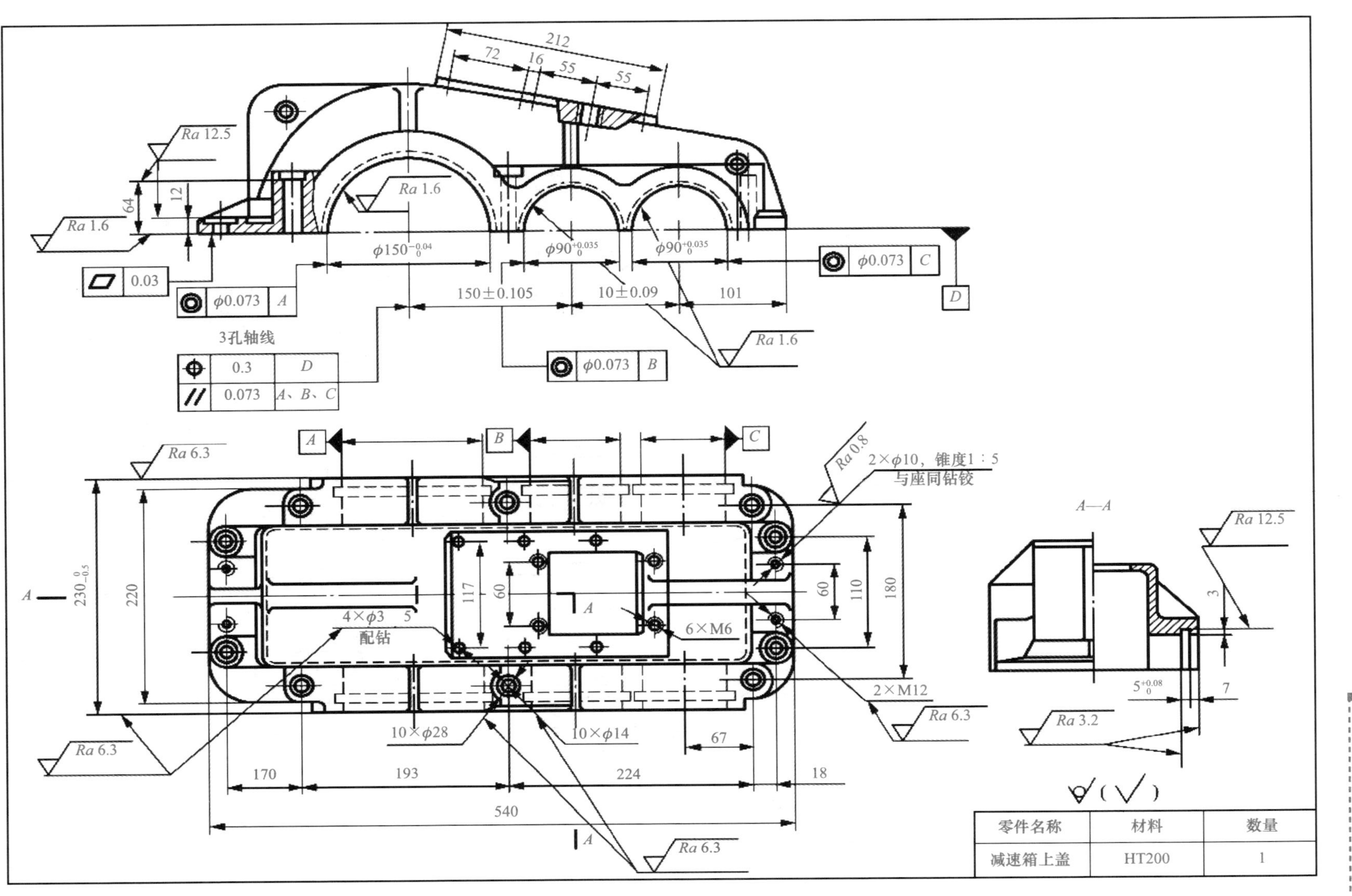

零件名称	材料	数量
减速箱上盖	HT200	1

图 3.62　分箱减速器箱体零件图

【课题实施】

序号	项目	详细内容
1	实施地点	机械制造实训室
2	使用工具	工艺过程卡片(空白)、工序卡片(空白)、相关工具
3	准备材料	课程记录单、机械制造工艺手册、活页教材或指导书
4	执行计划	分组进行

【相关知识】

一、分析分箱减速器箱体零件工艺技术要求

1. 功用与结构分析

减速器是在原动机和工作机或执行机构之间起匹配转速与传递转矩的作用，在现代机械中应用极为广泛。减速器的组成构件之一的箱体是各传动零件的底座和基础，是减速器重要的组成部分。

箱体是各类机器的基础零件，用于将机器和部件中的轴、套、轴承与齿轮等有关零件连成一个整体，使之保持正确的相对位置，并按照一定的传动关系协调地运转和工作。如汽车上的变速器壳体、发动机缸体，机床上的主轴箱、进给箱等都属于箱体类零件。常用的几种典型箱体如图 3.63 所示。

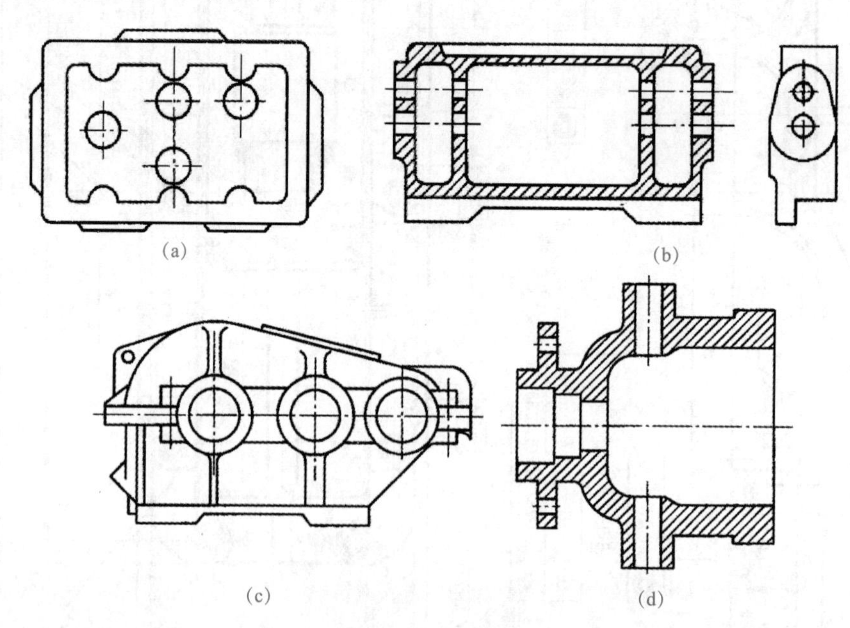

图 3.63　典型箱体

(a)组合机床主轴箱；(b)车床进给箱；(c)分离式减速器箱；(d)泵壳

2. 加工工艺要求分析

减速器零件的主要加工技术要求见表 3.8。

表 3.8　减速器零件的主要加工技术要求

加工表面	加工尺寸要求/mm	加工精度等级要求	表面粗糙度/μm	形位精度要求/mm	备注
顶斜面	3 等		25		
顶斜面 6×M6	M6，60，105		6.3		
2×ϕ10 孔	ϕ10，锥度 1∶5 等		1.6	平面度公差 0.03	基准 D
2×M12	M12 等		6.3		
10×ϕ28，10×ϕ14	ϕ28，ϕ14		25		
$\phi150^{+0.04}_{0}$ 轴承孔	$\phi150^{+0.04}_{0}$ 等	IT7	3.2	相对于基准 D 的位置公差 0.3 等	基准 A
$\phi90^{+0.035}_{0}$ 轴承孔	$\phi90^{+0.035}_{0}$ 等	IT7	3.2	孔轴线相对于基准 A、B、C 的平行度公差 ϕ0.073 等	基准 B
$\phi90^{+0.035}_{0}$ 轴承孔	$\phi90^{+0.035}_{0}$ 等	IT7	3.2	孔轴线相对于基准 C 的同轴度公差 ϕ0.073 等	基准 C
轴承孔的前后端面	$230^{0}_{-0.5}$	IT12	12.5		

箱体零件的主要加工表面的技术要求如下：

(1)主要平面的形状精度和表面粗糙度。箱体的主要平面是装配基准，并且往往是加工时的定位基准，所以，有较高的平面度和较小的表面粗糙度值。

(2)孔的尺寸精度、形位精度和表面粗糙度。箱体上的轴承孔本身的尺寸精度、形位精度和表面粗糙度要求较高。

(3)主要孔和平面相互位置精度。同轴线的孔一般有一定的同轴度要求，各支撑孔之间也应有一定的孔距尺寸精度和平行度要求。

二、确定分箱减速器箱体零件加工毛坯

箱体类零件常用材料大多为普通灰铸铁(HT150～HT350)，可根据实际需要选用，使用较多的是 HT200。灰铸铁的铸造性能和加工性能好，价格低，具有较好的减振性和耐磨性。

箱体零件的毛坯依加工余量与生产批量、毛坯尺寸、结构、精度和铸造方法不同而变化。单件、小批量生产铸铁箱体，常采用木模手工砂型铸造，毛坯精度低，加工余量大；大批量生产铸铁箱体，大多采用金属模机器造型铸造，毛坯精度高，加工余量小。铸铁箱体毛坯单件生产孔径大于 ϕ50 mm、成批生产孔径大于 ϕ30 mm 的孔大都预先铸造，以减小孔加工余量。毛坯铸造时，应防止砂眼和气孔产生。为了减小毛坯制造时产生的残余应力，应尽量使箱体壁厚均匀，并在浇铸后安排时效或退火工序。

所以，该减速器零件箱体的毛坯采用铸造成型。

三、设计分箱减速器箱体零件加工工艺路线及加工工序

确定减速箱体零件加工面加工方案。箱体的主要加工表面有平面和孔系。

1. 箱体平面的加工

箱体的平面加工，常用的方法有刨削、铣削和磨削 3 种。刨削和铣削常用作平面的粗加工、半精加工，而磨削用作平面的精加工。刨削因刀具结构简单、机床调整方便，同时，加工较大平面的生产率低，适用于单件、小批量生产。铣削的优势为在成批、大量生产中的生产率较刨削高，故在成批、大量生产中常用。箱体平面的精加工：单件生产时，一般多以精刨代替传统的手工刮研；生产批量较大且精度要求较高时，多采用磨削。

2. 箱体孔系的加工

箱体孔系的加工主要从以下 3 种相互位置来讨论。

(1)平行孔系加工。平行孔系的技术要求一般是各平行轴心线之间及轴心线与基面之间的尺寸精度和位置精度。

(2)同轴孔系加工。在成批生产时，箱体的同轴孔系的同轴度由镗模来保证。在单件、小批量生产中，主要采用导向法(用已加工孔做支撑导向、用镗床后立柱上的导向套做支撑导向等)来保证。

(3)交叉孔系加工。箱体上交叉孔系的加工主要是控制有关孔的垂直度误差。在成批生产中，采用镗模法保证。在单件、小批量生产中，一般在通用机床上采用找正法保证精度。

减速器箱体零件的加工面加工方案见表 3.9。

表 3.9　减速器箱体零件的加工面加工方案

加工面	加工方案	
	精度等级及表面粗糙度要求/μm	加工方法
顶斜面	25	刨
顶斜面上 6×M6	3.2	钻—攻
上箱盖、下箱体的接合面	IT7、1.6	粗刨—精刨—磨
2×ϕ10 孔	6.3	钻
2×M12	6、3	钻—攻
10×ϕ28，10×ϕ14	6.3	钻，锪
$\phi150^{+0.04}_{0}$ 轴承孔	IT7、3.2	粗镗—半精镗—精镗
$\phi90^{+0.035}_{0}$ 轴承孔	IT7、3.2	粗镗—半精镗—精镗
$\phi90^{+0.035}_{0}$ 轴承孔	IT7、3.2	粗镗—半精镗—精镗
轴承孔的前后端面	IT12、12.5	铣
底面 4×ϕ17 孔，锪孔 ϕ35	25	钻，锪
侧油孔 $\phi12^{+0.035}_{0}$，锪孔 ϕ20	IT8、12.5	钻—铰，锪
M16×1.5，锪孔 ϕ28	6.3	钻—攻，锪

减速器箱体零件机加工工艺路线见表 3.10。

表 3.10　减速器箱体零件机加工工艺路线

工序号	工序名称	工序内容
1	铸造	
2	清砂	清除浇铸系统、冒口、型砂、飞边等
3	热处理	人工时效
4	涂漆	非加工面涂防锈漆
5	画线	画合面加工线接 3 个轴承孔及 3 个轴承孔的端面加工线，以及顶斜面的加工线
6	刨削	刨顶部斜面
7	刨削	刨削接合面
8	钻削	钻 10×ϕ14，锪 10×ϕ28，钻攻 2-M12-7 螺纹
9	钻削	钻攻顶斜面上 6-M6-7H 螺纹
10	磨削	磨削接合面至图样精度要求
11	检验	检验各部分精度

减速器箱体零件的机加工工序设计中，工序尺寸计算的主要加工面有箱盖、箱体的接合面；$\phi150_{0}^{+0.040}$ 轴承孔和两个 $\phi90_{0}^{+0.0350}$ 轴承孔，计算的方法和前章零件类似，此处计算的详细过程省略。刀具、夹具、加工机床等的选择部分内容见减速器箱体零件加工工艺过程卡。

四、填写分箱减速器箱体零件加工工艺文件

常用加工方法

分箱减速器箱体零件机械加工工艺流程见表 3. 11。

五、刨插床与刨削加工

刨削加工是用刨刀对工件做水平相对直线往复运动的切削加工方法，主要用于零件的外形加工。刨削加工的精度为 IT9~IT7，表面粗糙度 Ra 为 1. 6~6. 3 μm。刨削加工所用机床可分为卧式刨床和立式插床两种。

1. 刨削加工的特点及应用

刨削可以在牛头刨床或龙门刨床上进行，刨削的主运动是变速往复直线运动。因为在变速时有惯性，限制了切削速度的提高，并且在回程时不切削，所以，刨削加工生产效率低。但刨削所需的机床、刀具结构简单，制造安装方便，调整容易，通用性强。因此，在单件、小批量生产中，特别是加工狭长平面时被广泛应用。

刨削加工的特点如下：

(1)通用性好。可加工垂直、水平的平面，还可加工 T 形槽、V 形槽、燕尾槽等。

(2)生产率低。往复运动，惯性大，限制速度，单次加工，但在狭长表面生产率不比铣削的低。

(3)加工精度不高。IT8~IT7，Ra 为 1. 6~6. 3 μm，但在龙门刨床上用宽刀细刨，表面粗糙度 Ra 为 0. 4~0. 8 μm。

表 3.11 机械加工工艺流程

机械加工工艺流程一览表		产品型号		零件图号			
		产品名称		零件名称		共 2 页	第 1 页
材料牌号		毛坯种类		毛坯外形尺寸		每毛坯件数	
每台件数		备注					

序号	工序名称	工序内容	设备		车间	工段	工 艺 装 备	工时	
			名称	型号规格				准终	单件
1	铸造								
2	清砂	清除浇铸系统、冒口、型砂、飞边等							
3	热处理	人工时效							
4	涂漆	非加工面涂防锈漆							
5	划线	画接合面加工线、3 个轴承孔和 3 个轴承孔端面加工线，以及顶斜面的加工线							
6	刨	以接合面为装夹基面，按线找正装夹工件	刨床	B665			直杆刨刀，专用工装		
		刨削顶部斜面，保证尺寸 3 mm							
7	刨	以已加工的顶斜面定位装夹工件	刨床	B665			弯颈刨刀，专用工装		
		刨削接合面，保证尺寸 12 mm，留磨削余量							
8	钻、攻、锪	以接合面外形定位装夹工件	钻床	Z3050			直柄麻花钻、锪孔钻、丝锥，专用工装		
		(1)钻 10×ϕ14 孔							
		(2)锪 10×ϕ28 孔							
		(3)钻 2-M12-7 螺纹孔							
		(4)攻 2-M12-7 螺纹孔							

										设计(日期)	校对(日期)	审核(日期)	标准化(日期)	会签(日期)
标记	处数	更改文件号	签字	日期	标记	处数	更改文件号	签字	日期					

续表

机械加工工艺流程一览表			产品型号		零件图号				
			产品名称		零件名称		共2页	第2页	
材料牌号		毛坯种类		毛坯外形尺寸		每毛坯件数		每台件数	备注
序号	工序名称	工序内容	设备		车间	工段	工艺装备	工时	
			名称	型号规格				准终	单件
9	钻、攻	以接合面定位装夹工件	钻床	Z3050			直柄麻花钻、丝锥，专用工装		
		（1）钻顶斜面上6-M6-7H螺纹底孔							
		（2）攻顶斜面上6-M6-7H螺纹							
10	磨	磨削接合面至图样精度要求	磨床	M7132			砂轮，专用工装		
11	检验	检验各部分精度							

										设计（日期）	校对（日期）	审核（日期）	标准化（日期）	会签（日期）
标记	处数	更改文件号	签字	日期	标记	处数	更改文件号	签字	日期					

刨削的加工范围如图 3. 64 所示。

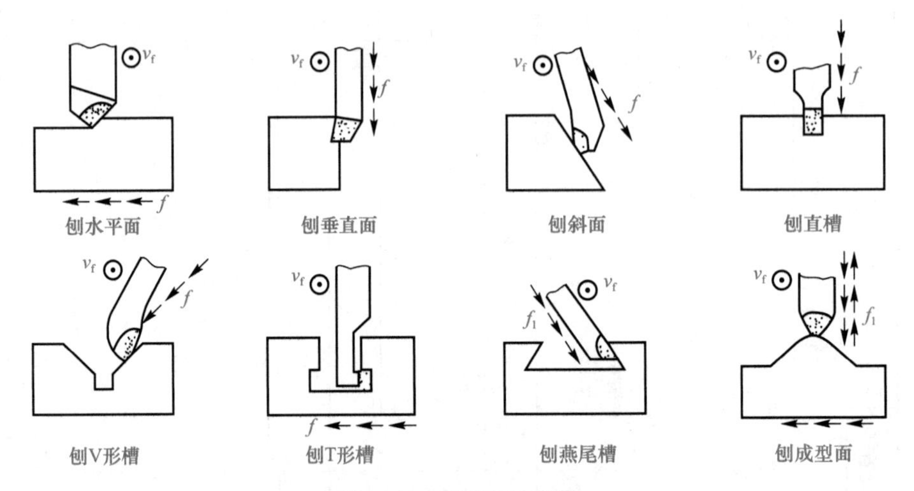

图 3. 64　刨削加工范围

2. 刨床

刨床类机床主要有牛头刨床、龙门刨床和插床 3 种类型。

(1) 牛头刨床。牛头刨床主要用于加工小型零件。其外形如图 3. 65 所示。

主运动为滑枕 3 带动刀具在水平方向所做的直线往复运动。滑枕 3 安装在床身 4 顶部的水平导轨中，由床身内部的曲柄摇杆机构传动实现主运动。刀架 1 可沿刀架座 2 的导轨上下移动，以调整刨削深度，也可在加工垂直平面和斜面时做进给运动。调整刀架座 2，可使刀架左右回转 60°，以便加工斜面或斜槽。加工时，工作台 6 带动工件沿横梁 5 做间歇的横向进给运动。横梁 5 可沿床身 4 的垂直导轨上下移动，以调整工件与刨刀的相对位置。

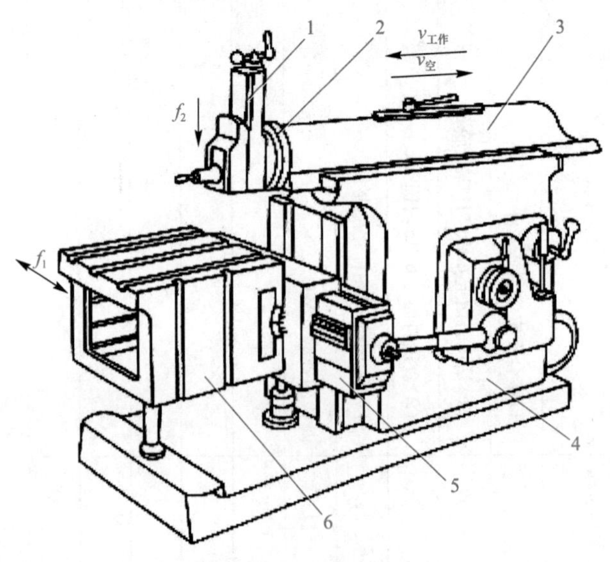

图 3. 65　牛头刨床

1—刀架；2—刀架座；3—滑枕；4—床身；5—横梁；6—工作台

牛头刨床主运动的传动方式有机械和液压两种。机械传动常用曲柄摇杆机构，其结构简单，工作可靠，调整维修方便；液压传动能传递较大的力，而且可以实现无级调速，运动平稳，但结构较复杂，成本较高，一般用于规格较大的牛头刨床，如 B6090 液压牛头刨床。

牛头刨床的横向进给运动可由机械传动或液压传动实现，机械传动一般用棘轮机构。

牛头刨床的主要参数是最大刨削长度，如 B6090 的最大刨削长度为 900 mm。牛头刨床由于换向时惯性冲击的影响，滑枕往复频率不能太高，加上往复行程又较短，因而切削速度较低，一般不超过 80 m/min，生产率较低。

(2)龙门刨床。龙门刨床主要用于加工大型或重型零件的各种平面、沟槽和各种导轨面，工件长度可达十几米甚至几十米，也可以在工作台上一次装夹数个中小型零件进行多件加工，还可以用多把刨刀同时刨削，从而大大提高了生产率。大型龙门刨床往往还附有铣头和磨头等部件，以便使工件在一次装夹中完成刨、铣、磨等工作，与普通牛头刨床相比，其形体大，结构复杂，刚性好，加工精度也比较高。

图 3. 66 所示为龙门刨床的外形。其主运动是工作台 9 和床身的水平导轨所做的直线往复运动。床身 10 的两侧固定有左右立柱 3 和 7，两立柱顶端用顶梁 4 连接，形成结构刚性较好的龙门架，横梁 2 上装有两个垂直刀架 5 和 6，可在横梁导轨上沿水平方向做进给运动。横梁 2 可沿左右立柱的导轨上下移动，以调整垂直刀架的位置，加工时由夹紧机构夹紧在两个立柱上，左右立柱上分别装有左右侧刀架 1 和 8，可分别沿立柱导轨做垂直进给运动，以加工侧面。

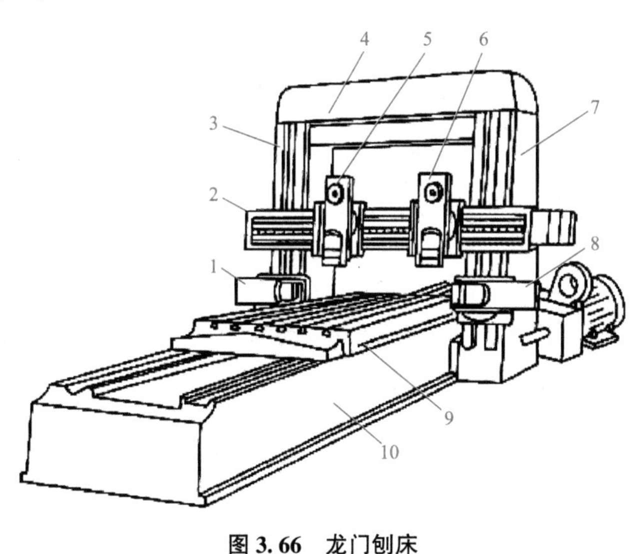

图 3. 66 龙门刨床

1、8—左右侧刀架；2—横梁；3、7—立柱；4—顶梁；5、6—垂直刀架；9—工作台；10—床身

刨削加工时，返程不切削，为避免刀具碰伤工件表面，龙门刨床刀架夹持刀具的部分设有返程自动让刀装置，通常为电磁式。

龙门刨床的主要参数是最大刨削宽度，如 B2012A 型龙门刨床的最大刨削宽度为 1 250 mm。

(3)插床。插床又称立式刨床。图 3. 67 所示为插床的外形。其主运动是滑枕带动插刀所做的上下往复直线运动。滑枕 2 向下移动为工作行程，向上移动为空行程。滑枕导轨座 3 可以绕销轴 4 在小范围内调整角度，以便加工倾斜的内外表面。床鞍 6 和溜板 7 可以分别带动工件实现横向和纵向的进给运动，圆工作台 1 可绕垂直轴线旋转，实现圆周进给运动或分度运动。圆工作台 1 在各个方向上的间歇进给运动是在滑枕空行程结束后的短时间内进行的。圆工作台 1 的分度运动由分度装置 5 实现。插床主要用于加工工件的内表面，如多边形孔或孔内键槽等，有时也用于加工成型内外表面。

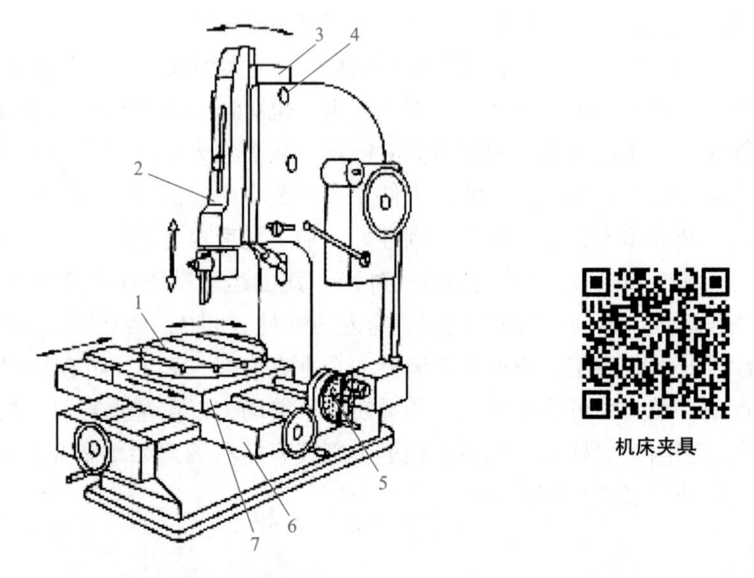

图 3. 67　插床

1—圆工作台；2—滑枕；3—滑枕导轨座；4—销轴；5—分度装置；6—床鞍；7—溜板

插床加工范围较广，加工费用也比较低，但其生产率不高，对工人的技术要求较高。因此，插床一般适用于在工具、模具、修理或试制车间等进行单件、小批量生产。

3. 刨削加工方法

刨削加工的基本运动；在牛头刨床上主运动为刨刀的直线运动，工件的横向运动是进给运动；在龙门刨床上工件的直线运动是主运动，在插床上刀具的上下往复的直线运动是主运动，工件的间歇运动是进给运动(图 3. 68)。

待加工表面
过渡表面
已加工表面
v_c
a_p
f
v_f

图 3. 68　刨削加工

六、机床夹具

1. 夹具的用途

在生产过程中，为了保证产品质量和生产率，采用了工装夹具，它的主要功能包括以下几个方面：

(1)缩短辅助时间，提高劳动生产率。夹具的使用一般包括两个过程：一是夹具本身在机床上的安装和调整，这个过程主要是依靠夹具自身的定向键、对刀块来快速实现，或者通过找正、试切等方法来实现，但速度稍慢；二是被加工工件在夹具中的安装，这个过程由于采用了专用的定位装置(如V形块等)，因此能迅速实现。

(2)确保并稳定加工精度，保证产品质量。在加工过程中，工件与刀具的相对位置容易得到保证，并且不受各种主观因素的影响，因而，工件的加工精度稳定、可靠。

(3)降低对操作工人的技术要求和减轻了工人的劳动强度。由于多数专用夹具的夹紧装置只需要工人操纵按钮、手柄即可实现对工件的夹紧，这在很大程度上减少了工人找正和调整工件的时间与减小了难度，或者根本不需要找正和调整，所以，这些专用夹具的使用降低了对工人的技术要求并减轻了工人的劳动强度。

(4)机床的加工范围得到扩大。很多专用夹具不仅能装夹某一种或某一类工件，还能装夹不同类的工件，并且有的夹具本身还可以在不同类的机床上使用，这些都扩大了机床的加工范围。

2. 夹具的组成

机床夹具的种类和结构虽然繁多，但它们的组成均可概括为以下几个部分，这些组成部分既相互独立又相互联系。

(1)定位元件。定位元件保证工件在夹具中处于正确的位置。如图3.69所示，钻后盖上的ϕ10 mm孔，其钻夹具如图3.70所示。夹具上的圆柱销5、菱形销9和支承板4都是定位元件，通过它们使工件在夹具中占据正确的位置。

(2)夹紧装置。夹紧装置的作用是将工件压紧夹牢，保证工件在加工过程中受到外力(切削力等)作用时不离开已经占据的正确位置。图3.70中的螺杆8(与圆柱销合成一个零件)、螺母7和开口垫圈6就起到了上述作用。

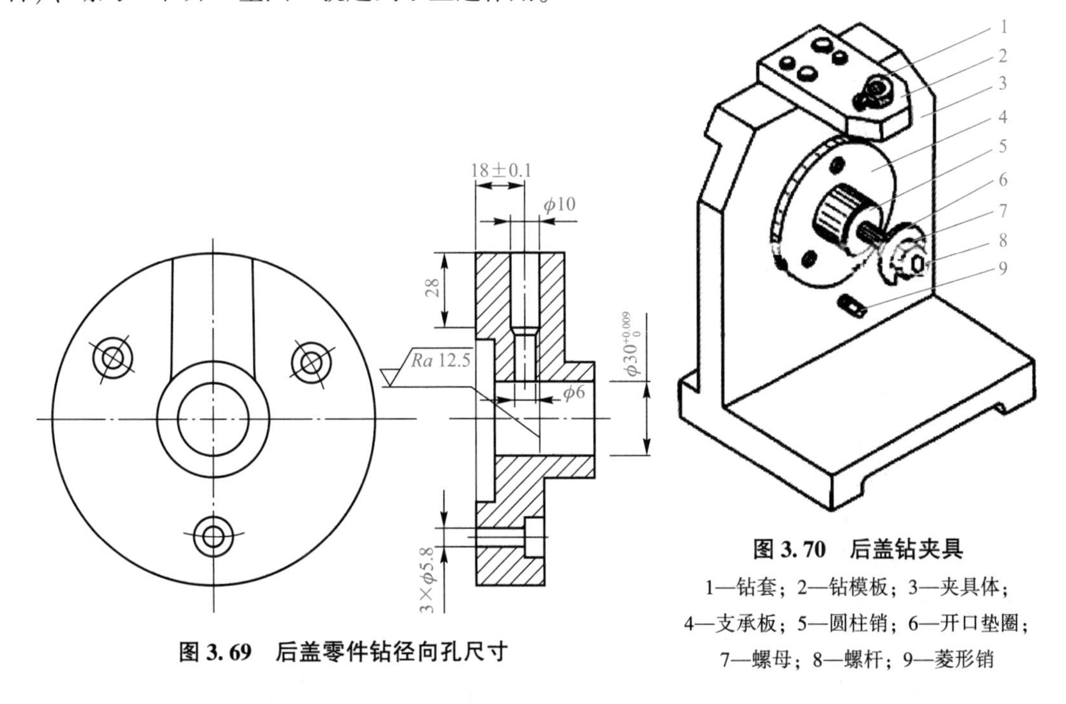

图3.69　后盖零件钻径向孔尺寸

图3.70　后盖钻夹具

1—钻套；2—钻模板；3—夹具体；4—支承板；5—圆柱销；6—开口垫圈；7—螺母；8—螺杆；9—菱形销

(3)对刀或导向装置。对刀或导向装置用于确定刀具相对于定位元件的正确位置。如图3.70中钻套1和钻模板2组成的导向装置，确定了钻头轴线相对定位元件的正确位置。

铣床夹具上的对刀块和塞尺为对刀装置。

(4)连接元件。连接元件是确定夹具在机床上正确位置的元件。如图 3.70 中夹具体 3 的底面为安装基面，保证了钻套 1 的轴线垂直于钻床工作台及圆柱销 5 的轴线平行于钻床工作台。因此，夹具体可兼作连接元件。车床夹具上的过渡盘、铣床夹具上的定位键都是连接元件。

(5)夹具体。夹具体是机床夹具的基础件，通过它将夹具的所有元件连接成一个整体。

(6)其他装置或元件。它们是指夹具中因特殊需要而设置的装置或元件。

若需加工按一定规律分布的多个表面时，常设置分度装置；为了能方便、准确地定位，常设置预定位装置；对于大型夹具，常设置吊装元件等。

3. 夹具的分类

机床夹具的种类很多，可按夹具的应用范围分类，也可按所使用的动力源进行分类。

(1)按工艺过程的不同，夹具可分为机床夹具、检验夹具、装配夹具、焊接夹具等。

(2)按机床种类的不同，夹具可分为车床夹具、铣床夹具、加工中心夹具、钻床夹具等。

(3)按所采用的夹紧动力源的不同，夹具可分为手动夹具、气动夹具等。

(4)根据使用范围的不同，夹具可分为通用夹具、组合夹具、通用可调夹具和成组夹具等类型。

随行夹具是自动或半自动生产线上使用的夹具，虽然它只适用于某一种工件，但毛坯装上随行夹具后，可从生产线开始一直到生产线终端在各位置上进行各种不同工序的加工。根据这一点，随行夹具的结构也具有适用于各种不同工序加工的通用性。

4. 专用夹具设计方法

(1)设计步骤与方法。

1)研究原始资料明确设计任务。为明确设计任务，首先应分析、研究工件的结构特点、材料、生产类型和本工序加工的技术要求，以及前后工序的联系；其次了解加工所用设备、辅助工具中与设计夹具有关的技术性能和规格；最后了解工具车间的技术水平等。

2)确定夹具的结构方案，绘制结构草图。拟订夹具的结构方案时，主要解决如下问题：

①根据六点定则确定工件的定位方式，并设计相应的定位装置；

②确定刀具的对刀或引导方法，并设计对刀装置或引导元件；

③确定工件的夹紧方式和夹紧装置；

④确定其他元件或装置的结构形式，如定位键、分度装置等；

⑤考虑各种装置、元件的布局，确定夹具体和总体结构。

3)绘制夹具总图。夹具总图应遵循国家标准绘制，图形比例尽量取 1∶1。夹具总图必须能够清楚地表示出夹具的工作原理和构造，以及各种装置或元件之间的位置关系和装配关系。主视图应选取操作者的实际工作位置。

绘制总图的顺序：首先用双点画线绘制出工件的主要部分及轮廓外形，并显示出加工余量，工件按透明体处理，然后按照工件的形状及位置依次绘制出定位、导向、夹紧及其他元件或装置的具体结构；最后绘制夹具体。

夹具总图上应标出夹具名称、零件编号，填写零件明细表、标题栏等。

4)确定并标注有关尺寸和夹具技术要求。夹具总图上应标注轮廓尺寸，必要的装配尺寸、检验尺寸与其公差，以及主要元件、装置之间的相互位置精度要求等。当加工的技术要求较高时，应进行工序精度分析。

5)绘制夹具零件图。夹具中的非标准零件都必须绘制零件图。在确定这些零件的尺寸、公差或技术要求时，应注意使其满足夹具总图的要求。

(2)技术要求的制订。在夹具总图上标注尺寸和技术要求的目的是便于绘制零件图、装配和检验，应有选择地标注以下内容：

1)尺寸要求。

①夹具的外形轮廓尺寸；

②与夹具定位元件、引导元件及夹具安装基面有关的配合尺寸、位置尺寸与公差；

③夹具定位元件与工件的配合尺寸；

④夹具引导元件与刀具的配合尺寸；

⑤夹具与机床的连接尺寸及配合尺寸；

⑥其他主要配合尺寸。

2)形状、位置要求。

①定位元件之间的位置精度要求；

②定位元件与夹具安装面之间的相互位置精度要求；

③定位元件与引导元件之间的相互位置精度要求；

④引导元件之间的相互位置精度要求；

⑤定位元件或引导元件对夹具找正基面的位置精度要求；

⑥与保证夹具装配精度有关的或与检验方法有关的特殊的技术要求。

夹具的有关尺寸公差和形位公差通常取工件相应公差的1/5~1/2。当工序尺寸未注公差时，夹具公差取为±0.1 mm(或±10′)，或根据具体情况确定；当加工表面未提出位置精度要求时，夹具上相应的公差一般不超过(0.02~0.05)/100。

在具体选用时，要结合生产类型、工件的加工精度等因素综合考虑。对于生产批量较大、夹具结构较复杂，而加工精度要求又较高的情况，夹具公差值可取得小些。这样，虽然夹具制造较困难，成本较高，但可以延长夹具的寿命，并可靠保证工件的加工精度，因此是经济合理的；对于小批量的生产，则在保证加工精度的前提下，可使夹具的公差取得大些，以便于制造。设计时可查阅《机床夹具设计手册》。另外，为保证工件的加工精度，在确定夹具的距离尺寸偏差时，一般应采用双向对称分布，基本尺寸应为工件相应尺寸的平均值。

与工件的加工精度要求无直接联系的夹具公差(如定位元件与夹具体，导向元件与衬套、镗套与镗杆的配合等)，一般可根据元件在夹具中的功用凭经验或根据公差配合国家标准来确定。设计时，还可参阅《机床夹具设计手册》等资料。

(3)精度分析。进行加工精度分析可以帮助了解所设计的夹具在加工过程中产生误差的原因，以便探索控制各项误差的途径，为制订验证、修改夹具技术要求提供依据。

用夹具装夹工件进行机械加工时，工艺系统中影响工件加工精度的因素有定位误差Δ_D、对刀误差Δ_T、夹具在机床上的安装误差Δ_A和加工过程中其他因素引起的加工误差

Δ_G。上述各项误差均导致刀具相对工件的位置不准确，而形成总的加工误差$\sum\Delta$。以上各项误差应满足公式$\sum\Delta=\Delta_D+\Delta_A+\Delta_T+\Delta_G\leqslant$工件的工序尺寸公差(或位置公差)$\delta_K$。此式称为误差计算不等式，各代号代表各误差在被加工表面工序尺寸方向上的最大值。

七、热加工误差分析

1. 工艺系统的热源及热平衡

引起工艺系统热变形的热源，大致可分为内部热源和外部热源两类(图 3.71)。

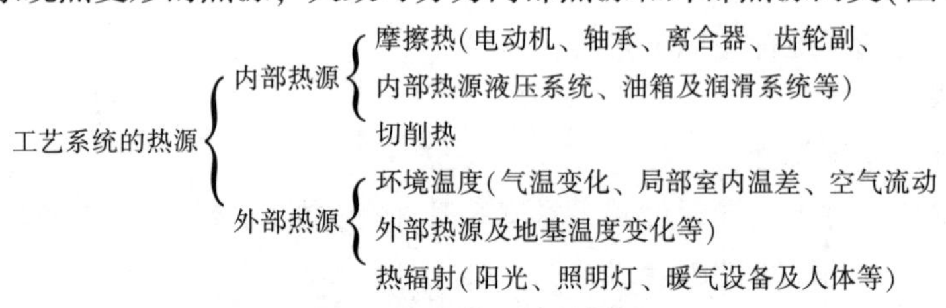

图 3.71　工艺系统的热源

切削加工时所产生的切削热将传送给工件、刀具和切屑，其分配情况将随切削速度和加工方法而定。如车削时，大量的切削热被切屑带走，传送给工件的一般为 30%，高速切削时，只有 10%；传送给刀具的一般为 5%，高速切削时一般在 1%以下。

对于铣、刨加工，传送给工件的热量一般在 30%以下。而钻孔、卧式镗削，因切屑留在孔内，传送给工件的热量在 50%以上。磨削时大约有 84%的热量传送给工件，其加工表面温度可达 800 ℃~1 000 ℃，这不仅影响加工精度，而且还影响表面质量(造成磨削表面烧伤)。

对于外部热源的影响也不可忽视，如日照、地基温差及热辐射等，对精密加工时的影响也很突出。

研磨等精密加工，其发热量虽少，但其影响不可忽视。为了保证精密加工的精度要求，除注意外部热源的影响外，研磨速度往往由于热变形的限制而不能选得太高。

工艺系统受各种热源的影响，其温度会逐渐升高。与此同时，它们也通过各种方式向周围散发热量。当单位时间内传入和传出的热量相等时，则认为工艺系统达到热平衡。一般情况下，机床温度变化缓慢。机床开动后一段时间(2~6 h)里，温度才逐渐趋于稳定而达到平衡。其热变形相对趋于稳定，此时引起的加工误差是有规律的。

在机床达到热平衡前的预热期，温度随时间而升高，其热变形将随温度的升高而变化，故对加工精度的影响比较大。因此，精密加工应在热平衡后进行。

2. 热变形对加工精度的影响

(1)工件热变形对加工精度的影响。在切削加工中，工件的热变形主要是由切削热引起的，有些大型精密件还受环境温度的影响。在热膨胀下达到的加工尺寸，冷却收缩后会发生变化，甚至会超差。工件受切削热的影响，各部分温度不同，且随时间变化，切削区附近温度最高。开始切削时，工件温度低，变形小；随着切削过程的进行，工件的温度逐渐升高，变形也就逐渐加大。

对不同形状的工件和不同的加工方法，工件的热变形是不同的。一般来说，在轴类零件加工中，对其直径尺寸要求较为严格。由于车削、磨削外圆时，工件受热比较均匀，在开始切削时工件的温升为零，随着切削的进行，工件温度逐渐升高，直径逐渐增大，增大部分被刀具切除，因此，冷却后工件将出现锥度(尾座处直径最大，头架处直径最小)。若要工件外径达到较高的精度水平(特别是形状精度)，粗加工后应再进行精加工，且精加工必须在工件冷却后进行，并需要在加工时采用高速精车或采用大量切削液充分冷却进行磨削等方法，以减少工件的发热和变形。即使如此，工件仍会有少量的温升和变形，形成形状误差和尺寸误差(特别是形状误差)。

工件热伸长对于长度尺寸的影响，由于长度要求不高而不突出。但当在工件顶尖间加工，工件伸长导致两顶尖间产生轴向压力，并使工件产生弯曲变形时，工件的热变形对加工精度的影响就较大。有经验的车工在切削进行期间总是根据实际情况，不时放松尾座顶尖螺旋副，以重新调整工件顶尖间的压力。

细长轴在两顶尖间车削时，工作受热伸长，导致工件受压失稳，造成切削不稳定。此时必须采用中心架和类似于磨床的弹簧顶尖。

在精密丝杠加工中，工件的热变形伸长会引起加工螺距的累计误差。丝杠螺距精度要求越高，长度越大，这种影响就越严重。因此，控制室温与使用充分的切削液以减少丝杠的温升是很必要的。

机床导轨面的磨削由工件的加工面与底面的温差所引起的热变形也是较大的。

在某些情况下，工件的粗加工对精加工的影响也必须注意。例如，在工序集中的组合机床、流水线、自动生产线及数控机床上进行加工时，就必须从热变形的角度来考虑工序顺序的安排。若粗加工工序以后，紧接着是精加工工序，必然引起工件的尺寸和形状误差。

减少工件热变形的措施主要是减少切削热、粗精加工工序分开、合理选择切削用量和刀具切削几何参数，以及进行充分的冷却等。必要时，还可采取室温控制措施。

(2)刀具热变形对加工精度的影响。切削热虽然传送给刀具的并不多，但由于刀体小，热容量有限，所以刀具仍有相当程度的温升，特别是从刀架悬伸出来的刀具工作部分温度急剧升高，可达1 000 ℃以上。

1)连续切削时，刀具的热变形在切削初期增加很快，随后变得很慢，经过不长的时间达到热平衡，此时热变形变化量就非常小。因此，一般刀具的热变形对工件加工精度影响不大。

2)间断切削时，由于有短暂的冷却时间，故其总的热变形量比连续切削时要小一些，对工件加工精度影响也不大。

(3)机床热变形对加工精度的影响。机床在加工过程中，在内外热源的影响下，各部分温度将发生变化。由于热源分布的不均匀和机床结构的复杂性，机床各部件将发生不同程度的热变形，破坏了机床几何精度，从而影响工件的加工精度。

由于各类机床的结构和工作条件差别很大，所以，引起机床热变形的热源及变形形式也各不相同。在机床热变形中，主轴部件、床身导轨及两者相对位置等方面的热变形对加工精度的影响最大。

车床类(机床)的主要热源是主轴箱轴承的摩擦热和主轴箱油池的发热。这些热量使主轴箱和床身温度上升，从而造成机床主轴在垂直面内发生倾斜。这种热变形对于刀具呈水平位置安装的卧式车床影响甚微，但对于刀具垂直安装的自动车床和转塔车床来说，因倾斜方向为误差敏感方向，故对工件加工精度的影响就不容忽视。

对大型机床(如导轨磨床、外圆磨床、龙门铣床等)的长床身部件，其温差影响也是很显著的。一般由于温度分层变化，床身上表面比床身底面温度高，形成温差，因此床身将产生变形，上表面呈中凸状。这样，床身导轨的直线度明显地受到影响，破坏了机床原有的几何精度，因此会影响工件的加工精度。

3. 减少工艺系统热变形的主要途径

(1)减少发热和隔热。切削过程中的内部热源是使机床产生热变形的主要因素。为了减少机床的热变形，应采取措施减少发热或隔离热源。

主轴部件是机床的关键部件，对加工精度影响很大。但主轴轴承又是一个很大的内部热源。改善主轴的结构和性能，是减少机床热变形的重要环节。一般采用静压轴承、空气轴承及对滚动轴承采用油雾润滑等，都有利于降低轴承的温升。

在切削过程中，切屑和切削液也是使工艺系统产生热变形不可忽视的因素。对切屑所传递的热，可采用及时消除、切削液冷却或在工作台上装隔热塑料板等来减少其影响。精密加工中可采用恒温切削液。

(2)加强散热能力。为了消除机床内部热源的影响，还可采取强制冷却的办法，吸收热源发出的能量，从而控制机床的温升和热变形，这是近年使用较多的一种方法。例如，“加工中心机床”现在已普遍采用冷冻机对润滑油进行强制冷却，机床中的润滑油也可作为冷却液使用。机床主轴和齿轮箱中产生的热量可用低温的冷却液带走。有些机床采用冷却液流过围绕主轴部件的空腔，可使主轴温升不超过 2 ℃。

(3)控制温度变化。由热变形规律可知，大的热变形大多发生在机床开动后的一段时间内(预热期)，当达到热平衡后，热变形逐渐趋于稳定。因此，缩短机床的预热期，既有利于保证加工精度，又有利于提高生产率。缩短机床预热期有以下两种方法：

1)加工工件前，让机床先高速空运转，当机床迅速达到热平衡后，再换成工作转速进行加工；

2)在机床的适当部位附设加热源，机床开动初期人为地给机床供热，促使其迅速达到热平衡。

对于精密机床(如精密磨床、坐标镗床、齿轮磨床等)一般要安装在恒温车间，以此保持其环境温度的恒定。其恒温精度应严格地控制(一般精度级取±1 ℃，精密级取±0.5 ℃，超精密级取±0.01 ℃)，但恒温基数可按季节适当加以调整(如春季、秋季为 20 ℃，夏季为 23 ℃，冬季为 18 ℃)。按季节调温既不影响加工精度，又可节省投资，减少水电消耗，还有利于工人的健康。

大面积使用空调调节室温的方法，投资和能源消耗都很大，而且机床在工作过程中又不断产生切削热，因此，空调也不能彻底解决热变形。近年来，国外有采用喷油冷却整台机床，它可使环境温度变化引起的加工误差减少到原来的 1/10，而成本却很低。结构如图 3.72 所示。其办法是将机床及周围的工作地封闭在一个透明塑料罩内，喷嘴连续对机床的工作区域喷射温度为 20 ℃的恒温油，油液不仅带走热量，同时还带走了切屑和灰尘。肮脏的油液经过滤后被送到热交换器中，使油液冷却到 20 ℃，再继续使用。这种控制温度的方法，其效果比空调的效果高 20~100 倍，它可将温度控制在(20±0.01)℃，而成本只有空调的 1/100。

(4)均衡温度场。图 3.73 表示平面磨床采用热空气加热温升较低的立柱后壁，以减少立柱前后壁的温度差及立柱的弯曲变形。图中热空气从电动机风扇中排出，通过特设的管道引向防护罩和立柱的后壁空间。采用这种措施后，被加工零件端面平面度误差可以降低为原来的 1/4~1/3。

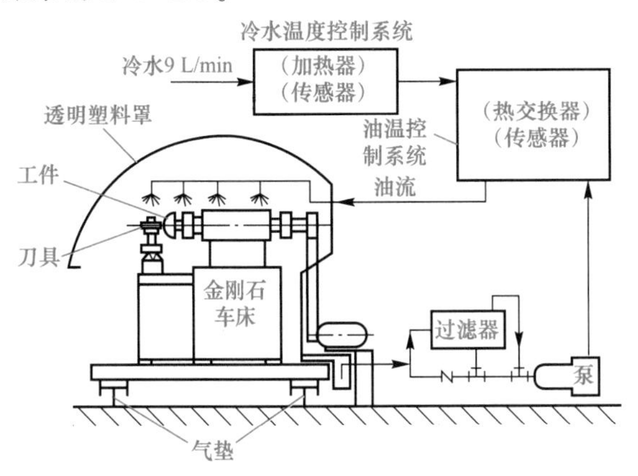

图 3.72　喷油冷却示意图

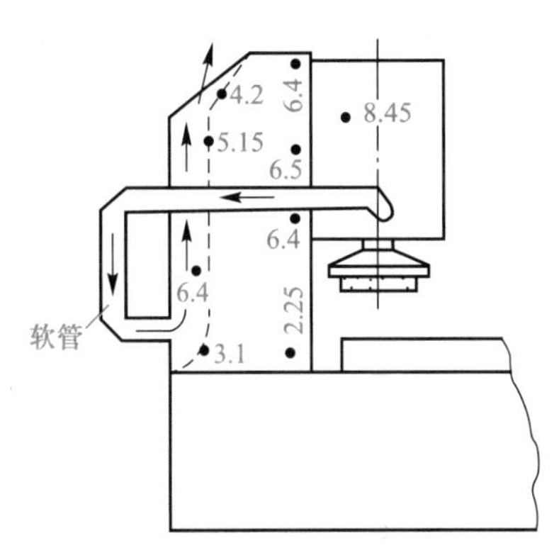

图 3.73　均衡立柱前后壁温度场

(5)采取补偿措施。切削加工时，切削热引起的热变形不可避免时，可采取补偿措施来消除。例如，用砂轮端面磨削床身导轨时，因切削热不易排出，所加工的床身导轨因热变形而使中部被磨去较多的金属，冷却后导轨形成中凹形。为了减少其热变形影响，一般加工工件时，在机床床身中部用螺钉压板加压使床身受力变形(压成中凹)，以便加工时工件中部磨去较少的金属，使热变形造成的误差得到补偿。

【知识拓展】

镗床夹具的相关知识

一、镗床夹具的特点和主要类型

镗床夹具也称镗模，主要用于加工箱体、支座等零件上的孔或孔系，保证孔的尺寸精度、几何形状精度、孔距和孔的位置精度。它具有钻床夹具的一些特点，即工件上孔或孔系的位置精度主要由镗模保证。按镗套的布置方式不同镗模可分为单支承、双支承及无支承三类。

1. 单支承镗模

镗杆在镗模中只用一个位于刀具前面或后面的镗套引导。镗杆与机床主轴采用刚性连接，并应保证镗套中心线与主轴轴线重合。此时，机床主轴的回转精度会影响镗孔精度。此种镗模适用于加工短孔和小孔。图 3.74(a)所示为单支承前引导，主要用于镗削 $D>60$ mm，$l/D<1$ 的通孔。这种方式便于在加工过程中进行观察和测量，特别适合锪平面或攻螺纹的工序；缺点是切屑容易带入镗套，使镗杆和镗套易于磨损；装卸工件时，刀具引进和退出行程较长。

图 3.74(b)所示为单支承后引导，主要用于镗削 $D<60$ mm 的通孔或盲孔。当 $l/D<1$ 时，镗杆引导部分直径 d 可大于孔径 $D(d>D)$，这样镗杆刚性好，加工精度高。当 $l/D>$

1.25 时，镗杆直径应制成同一尺寸并小于加工孔直径（$d<D$），保证镗杆具有一定的刚度。尺寸 h 既要保证装卸刀具和测量方便，又不使镗杆伸出过长，一般应取 $h=(0.5\sim1)D$，其值为 20~80 mm。

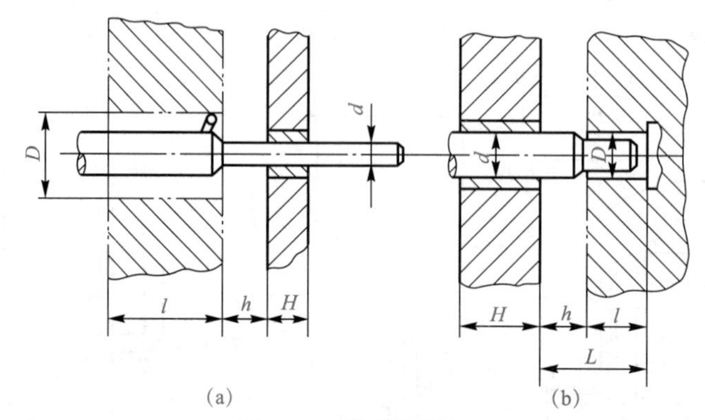

图 3.74　单支承引导

(a)前引导；(b)后引导

2. 双支承镗模

镗杆与机床主轴采用浮动连接，镗孔的位置精度取决于镗套的位置精度。镗套有两种布置方式，如图 3.75 所示。图 3.75(a)所示为两个镗套布置在工件的前后，用于加工孔径较大、$l/D>1.5$ 的孔，或一组同轴线的孔，或孔本身和孔间距离精度要求很高的场合。这种结构的缺点是镗杆过长，刀具装卸不便。当镗套间距 $l>10d$ 时，应增加中间引导支承，提高镗杆刚度。图 3.75(b)所示为双支承后引导。受加工条件限制，不能使用前后双引导结构时，可在刀具后方布置两个镗套。由于镗杆为悬臂梁，应使 $L<5d$、$L_2>(1.25\sim1.5)l$，以利于增强镗杆的刚度和轴向移动时的平稳性。

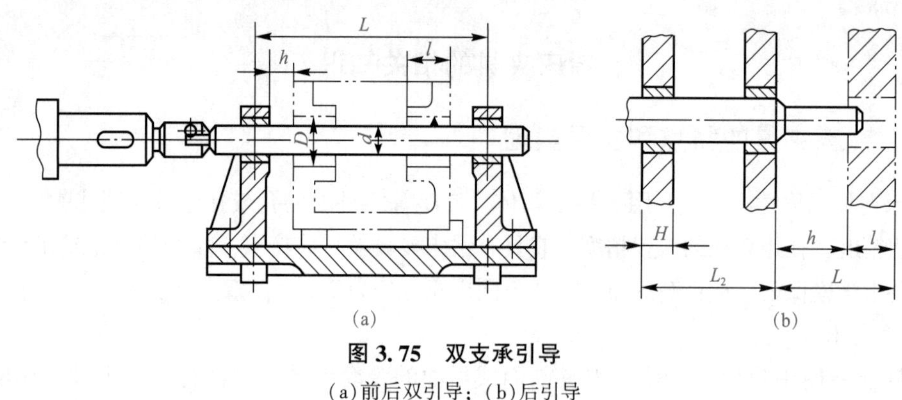

图 3.75　双支承引导

(a)前后双引导；(b)后引导

3. 无支承镗模

当工件在刚性好、精度高的坐标镗床、加工中心机床或金刚镗床上镗孔时，夹具不设置镗套，被加工孔的尺寸精度和位置精度由机床精度保证。

二、专用镗床夹具典型实例

图 3.76 所示为支架壳体工序。该工件要求加工 $2\times\phi20H7$ 的同轴孔和 $\phi35H7$、$\phi40H7$

的同轴孔。工件的装配基准为底面 a 及侧面 b。本工序所加工孔都为 IT7 级精度，同时有一些形位公差要求。因此，使用专用镗床夹具粗镗、精镗 ϕ40H7 和 ϕ35H7 孔，钻扩铰 2×ϕ20H7 孔。此时，孔距(82±0.2)mm 应由镗模的制造精度保证。根据基准重合原则，定位基准选为 a、b、c 三个平面。图 3.77 所示为支架壳体镗床夹具，夹具上支承板 10(其中一块带侧立面)和一个挡销 9 为定位元件。夹紧时，利用压板 8 压在工件两侧板上，使工件重力方向与夹紧方向一致。加工 ϕ40H7 和 ϕ35H7 孔时，镗杆支承在镗套 4 和 5 上，加工孔 ϕ20H7 时，镗杆支承在镗套 3 和 6 上，镗套安装在导向支架 2 和 7 上。支架用销钉和螺钉紧固在夹具体 1 上。

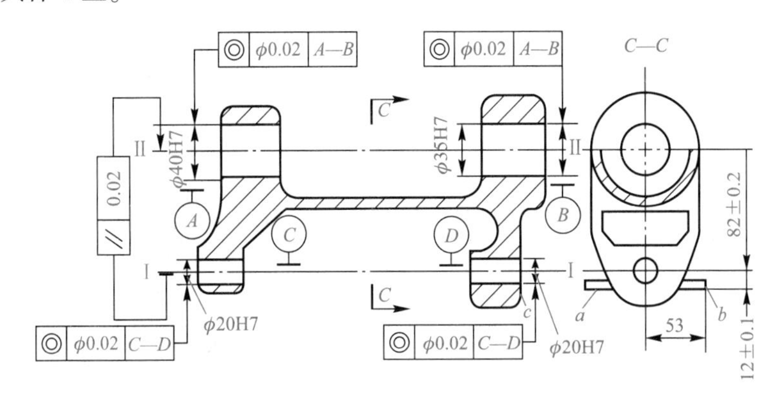

图 3.76　支架壳体工序

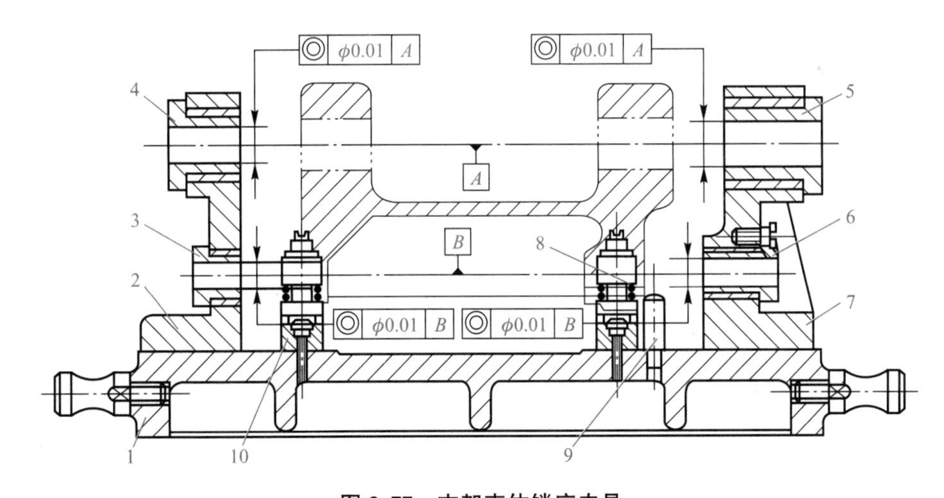

图 3.77　支架壳体镗床夹具

1—夹具体；2、7—导向支架；3、4、5、6—镗套；8—压板；9—挡销；10—支承板

三、镗模的设计要点

1. 镗套的设计

镗套结构可分为固定式和回转式两种。

(1)固定式镗套。在镗孔过程中不随镗杆转动的镗套，结构与快换钻套相同。图 3.78(a)所示为带有压配式油杯的镗套，内孔开有油槽，加工时可适当提高切削速度。由于镗杆在

镗套内回转和轴向移动，镗套容易磨损，故不带油杯的镗套只适用于低速切削。

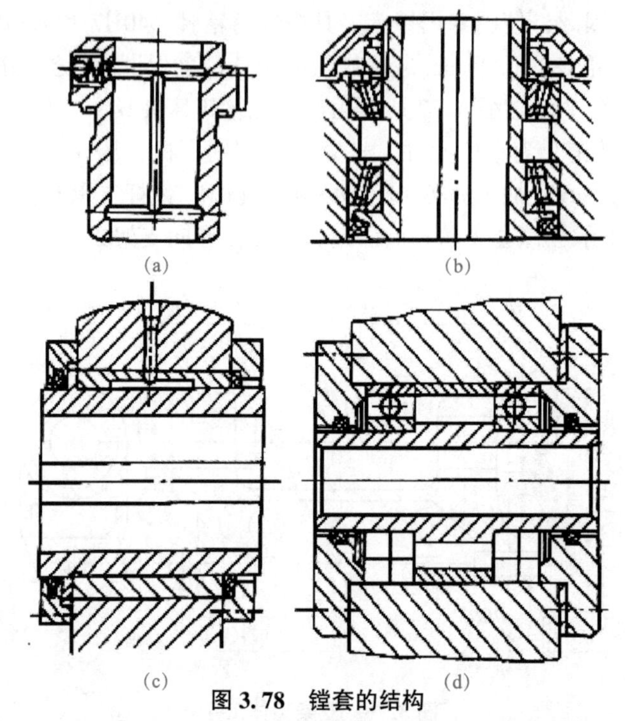

图 3.78　镗套的结构

(a)固定式；(b)滑动回转式；(c)滚动回转式(立式镗孔)；(d)滚动回转式(卧式镗孔)

(2)回转式镗套。在镗孔过程中，镗套随镗杆一起转动，特别适用于高速镗削，如图 3.78(b)~(d)所示。其中，图 3.78(b)所示为滑动回转式镗套，内孔带键槽，镗杆上的键带动镗套回转，有较高的回转精度和减振性，结构尺寸小，需充分润滑。图 3.78(c)、(d)所示为滚动式回转镗套，分别用于立式镗孔和卧式镗孔。其转动灵活，允许的切削速度高，但其径向尺寸较大，回转精度低。如需减小径向尺寸，可采用滚针轴承。镗套的长度 H 影响导向性能，一般取固定式镗套 $H=(1.5\sim2)d$(d 为镗杆直径)。滑动回转式镗套 $H=(1.5\sim3)d$，滚动回转式镗套双支承时 $H=0.75d$，单支承时与固定式镗套相同。镗套的材料可选用铸铁、青铜、粉末冶金或钢等，其硬度一般应低于镗杆硬度。

镗套内孔直径应按镗杆的直径配置。设计镗杆时，一般取镗杆直径 $d=(0.6\sim0.8)D$，镗孔直径 D、镗杆直径 d、镗刀截面 $B\times B$ 之间的关系应符合公式：$(D-d)2=(1\sim1.5)B$。镗杆的制造精度对其回转精度有很大影响。其导向部分的直径精度要求较高，粗镗时按 $g6$，精镗时按 $g5$ 制造。镗杆材料一般采用 45 钢或 40Cr，硬度为 40~45HRC；也可用 20 钢或 20Cr 渗碳淬火处理，硬度为 61~63HRC。

2. 支架和底座的设计

镗模支架和底座为铸铁件，常分开制造，这样便于加工、装配和时效处理。它们要有足够的刚度和强度，以保证加工过程的稳定性。尽量避免采用焊接结构，宜采用螺钉和销钉刚性连接。支架不允许承受夹紧力。支架设计时除要有适当壁厚外，还应合理设置加强筋。在底座上平面安装有关元件处设置相应的凸台面。在底座面对操作者一侧应加工有一窄长平面，以便将镗模安装于工作台上时用于作为找正基面。底座上应设置适当数目的耳座，以保证镗模在机床工作台上安装牢固可靠，还应有起吊环，以便于搬运。

【学习评价】

学习效果考核评价表

评价类型	权重	具体指标	分值	得分		
				自评	组评	师评
职业能力	70	认识刨床、插床，熟悉刨削工作原理及方法	25			
		了解典型机床夹具，熟悉专用夹具设计方法	25			
		能够进行简单的热加工误差分析	20			
职业素养	20	坚持出勤，遵守纪律	5			
		协作互助，解决难点	5			
		按照标准规范操作	5			
		持续改进优化	5			
劳动素养	10	按时、认真完成任务	5			
		小组分工合理	5			
综合评价	总分					
	教师					

【相关习题】

1. 什么是刨削加工？刨削加工有哪些特点？
2. 工装夹具的主要功能有哪些？
3. 一般夹具主要由哪几部分组成？
4. 减少工艺系统热变形的主要途径有哪些？

课题三　机床减速器箱体加工

【课题内容】

1. 能够准确分析机床减速器箱体零件加工工艺技术要求。
2. 熟知箱体零件毛坯选材特点。
3. 熟悉镗削、拉削加工知识，掌握箱体类零件工艺路线设计特点。
4. 能够正确填写出减速箱零件相关工艺文件。
5. 熟悉零件检测，熟练把握工艺系统能力判读要点。
6. 能够查阅箱体零件表面等加工相关工艺参数资料。

设计如图 3.79 所示的减速箱零件的机加工工艺。

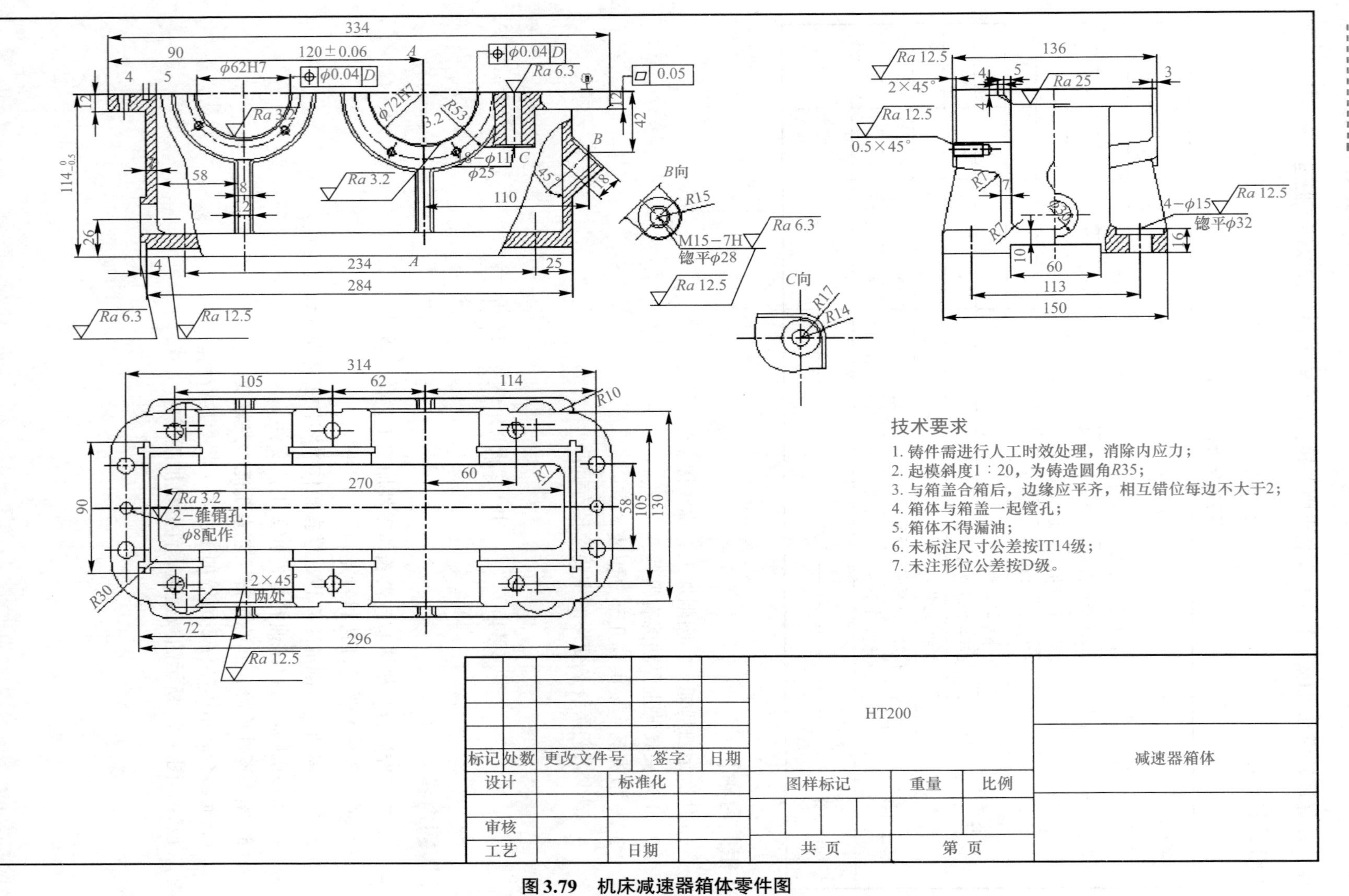

图 3.79 机床减速器箱体零件图

【课题实施】

序号	项目	详细内容
1	实施地点	机械制造实训室
2	使用工具	工艺过程卡片(空白)、工序卡片(空白)、相关工具
3	准备材料	课程记录单、机械制造工艺手册、活页教材或指导书
4	执行计划	分组进行

【相关知识】

一、分析机床减速器箱体零件工艺技术要求

机床减速器箱体是机床减速器的重要组成部分。减速器是一种动力传达机构，利用齿轮的速度转换器，将电动车的回转数减少到所要的回转数，并得到较大转矩的机构。

减速器箱体共有两组主要的加工方面，它们相互间有一定的关联和要求。

(1)两侧面要保证平面度要求公差为 0. 05 mm。

(2)箱体底面与侧面要保证粗糙度要求为 12. 5 μm 和 6. 3 μm。

(3)ϕ72H7 孔与 ϕ62H7 孔要保证位置度要求公差为 0. 04 mm；且有一定的位置要求，保证相互位置尺寸为(90±0. 06) mm 和(120±0. 06) mm；与侧面也有一定的位置要求尺寸偏差，为 114 mm。

(4)由于加工孔 ϕ72H7 时要注意基准的选择，必须保证箱体上下表面的精度，所以加工表面时要考虑加工表面的顺序，确保其精度。

二、确定减速器箱体零件加工毛坯

零件材料为 HT200，零件为外壳零件，主要用来支撑轴和保护机构的正常运行。HT200 只适用于承受中等荷载的零件，如卧式机车上的支柱、底座、工作台、带轮等。它的抗压强度明显高于抗拉强度，具有优良的铸造性能、比较好的切削加工性能和耐磨及减振性，故选择铸造毛坯。

三、设计减速器箱体零件加工工艺路线及加工工序

尺寸精度及位置精度等技术要求能得到合理的保证，在生产纲领已确定的情况下，可以考虑采用万能性机床配以专用工卡具，并尽量使工序集中来提高生产率。除此之外，还应当考虑经济效果，以便使生产成本尽量下降。

根据原始资料及加工工艺，分别确定各加工表面的机械加工余量、工序尺寸及毛坯尺寸，见表 3. 12。

表 3.12　主要加工内容

加工表面	加工内容	加工余量	精度等级	工序尺寸/ mm	粗糙度/ mm
端面	铸件	4.5	CT9	118.5±1.25	
	铣削	4.5	IT8	$114_{-0.5}^{0}$	12.5
端面	铸件	4.5	CT9	121±1.25	
	铣削	4.5	IT9	$118.5_{-0.5}^{0}$	6.3
端面	铸件	3	CT9	142	
	铣削	3	IT9	139	6.3
铣面	铣削	3	IT9	136	6.3
端面	铸件	3	CT9	7	
	铣削	3	IT9	4.5	6.3
镗孔 ϕ72H7	铸件	6	CT9	ϕ66±1.1	
	粗镗	4	IT12	$\phi70_{0}^{+0.3}$	12.5
	半精镗	1.6	IT9	$\phi71.6_{0}^{+0.074}$	6.3
	精镗	0.4	IT7	$\phi72_{0}^{+0.03}$	3.2
镗孔 ϕ62H7	铸件	6	CT9	ϕ56±1.1	
	粗镗	4	IT12	$\phi60_{0}^{+0.3}$	12.5
	半精镗	1.6	IT9	$\phi61.6_{0}^{+0.074}$	6.3
	精镗	0.4	IT7	$\phi62_{0}^{+0.03}$	3.2

在设计工序时，需要具体选定所用的机床、夹具、切削工具和量具。加工端面、油槽等内容，根据《机械制造工艺设计手册》中对刀杆直径、主轴孔径及主轴端面与工作台面距离的要求选择 X53K 立式铣床；加工减速器各类孔内容，根据《机械制造工艺设计手册》刀杆直径、主轴孔径及主轴端面与工作台面距离的要求选择 Z35 钻床并配套对应直柄麻花钻和直柄锥面钻及普通螺纹用丝锥；在粗、半精镗孔时，根据最大加工孔径及工作台宽度，选择 T612 卧式镗床并按加工孔的大小情况选取硬质合金镗刀；根据加工面为平面，现选取量具为多用游标卡尺，测量范围为 0~200 mm，读数值为 0.05 mm，使用通用夹具及专用夹具夹紧加工。

减速器箱体零件加工工序如图 3.80 所示。

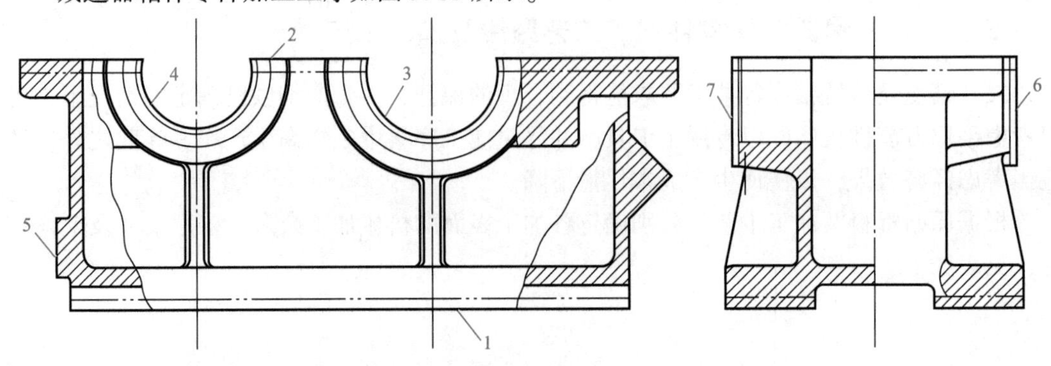

图 3.80　减速器箱体零件加工工序

工序 01：以端面 1 为基准铣端面 2。

工序 02：以端面 2 为基准铣端面 1。

工序 03：以端面 1 为基准铣油槽。

工序 04：以端面 1、6 为基准对面 7 进行铣削加工。

工序 05：以端面 1、7 为基准对面 6 进行铣削加工。

工序 06：将零件翻转后以面 1、6 为基准对面 5 进行铣削加工。

工序 07：将零件翻转后以面 2、7 为基准钻 4×ϕ15 mm 孔，然后锪平 ϕ32 mm 孔。

工序 08：合型后以面 1、6 为基准，先用 D=7. 8 mm 的直柄麻花钻钻 ϕ7. 8 mm 的孔，再用锥柄机用 1∶50 锥度销子铰刀将 ϕ7. 8 mm 孔加工到 ϕ8 mm 孔的锥销孔。

工序 09：合型后以面 1 和两锥销孔为基准，钻削加工 10×ϕ11 mm 孔再锪 ϕ25 mm 孔。

工序 10：以端面 2、6 为基准钻 ϕ13. 6 mm 孔后锪 ϕ28 mm 孔再攻螺纹 M16。

工序 11：以端面 2、6 为基准钻 ϕ17 mm 孔后攻螺纹 M20。

工序 12：将上下箱体合型后，以面 1、6 为基准钻 M8 底孔再攻螺纹 M8，倒角 0. 5×45°。

工序 13：合型后以端面 1 及 2 销孔为基准，分别粗—半精—精镗 ϕ62 mm 孔、ϕ72 mm 孔并倒角两处 2×45°。

四、填写减速器箱体零件加工工艺文件

常用加工方法

减速器箱体零件机械加工工艺流程见表 3. 13。

五、镗床及镗削加工

1. 镗削的特点和应用

镗削加工是用镗刀在镗床上加工孔和孔系的一种加工方法。镗削时，工件装夹在工作台上，镗刀安装在镗杆上并做旋转的主运动，进给运动由镗轴的轴向移动或工作台的移动来实现。镗孔的一个很大特点是能够修正上道工序造成的轴线歪曲、偏斜等缺陷。

镗削主要用来加工 ϕ80 mm 以上的较大孔、孔内环形槽及有较高位置精度的孔系等。除此之外，还可以进行钻孔、扩孔和铰孔及铣平面；还可以在卧式铣镗床的平旋盘上安装车刀车削端面、短圆柱面及内外螺纹等。因此，镗削适用于加工形状、位置精度要求较高的孔系，如箱体、机架、床身等零件。镗削加工精度等级可达 IT8～IT6，表面粗糙度 Ra 可达 0. 8～6. 3 μm。

2. 镗床

(1) 镗床的种类。镗床的种类很多，有立式镗床、卧式铣镗床、坐标镗床及精镗床等。

1) 坐标镗床。坐标镗床是一种高精度机床，主要用于单件、小批量生产的工具车间对夹具的精密孔、孔系和模具零件的加工，也可用于生产车间成批地对各类箱体、缸体和机架的精密孔系进行加工。坐标镗床的零部件制造和装配精度很高，并有良好的刚性和抗振性，还具有工作台、主轴箱等运动部件的精密坐标测量装置，能实现工件和刀具的精确定位，其坐标定位精度可达 0. 002～0. 01 mm。所以，坐标镗床加工的尺寸和形状精度及孔距精度都很高。

表 3.13 减速器箱体零件机械加工工艺流程

机械加工工艺流程一览表	产品型号		零件图号			
	产品名称		零件名称		共 2 页	第 1 页

材料牌号	HT200	毛坯种类	锻件	毛坯外形尺寸	334 mm×123 mm	每毛坯件数		每台件数		备注	

序号	工序名称	工序内容	设备		车间	工段	工 艺 装 备	工时	
			名称	型号规格				准终	单件
0	锻	锻造			锻造				
1	铣	以端面 1 为基准铣端面 2	铣床	X53K	机加		铣夹具,错齿三面刃铣刀,X53K,游标卡尺		
2	铣	以端面 2 为基准铣端面 1	铣床	X53K	机加		铣夹具,错齿三面刃铣刀,X53K,游标卡尺		
3	铣	以端面 1 为基准铣油槽	铣床	X53K	机加		铣夹具,错齿三面刃铣刀,X53K,游标卡尺		
4	铣	以端面 1、6 为基准对面 7 进行铣削加工	铣床	X53K	机加		铣夹具,错齿三面刃铣刀,X53K,游标卡尺		
5	铣	以端面 1、7 为基准对面 6 进行铣削加工	铣床	X53K	机加		铣夹具,错齿三面刃铣刀,X53K,游标卡尺		
6	铣	将零件翻转后以面 1、6 为基准对面 5 进行铣削加工	铣床	X53K	机加		铣夹具,错齿三面刃铣刀,X53K,游标卡尺		
7	钻、锪	将零件翻转后以面 2、7 为基准钻 4×ϕ15 mm 孔,然后锪平 ϕ32 mm	钻床	Z35	机加		直柄麻花钻,90°锥柄锥面锪钻,游标卡尺		
8	钻、铰	合型后以面 1、6 为基准,先用 D=7.8 mm 的直柄麻花钻钻 ϕ7.8 mm 的孔,再用锥柄机用 1:50 锥度销子铰刀将 ϕ7.8 mm 孔加工到 ϕ8 mm 的锥销孔	钻床	Z35	机加		直柄麻花钻,机用 1:50 锥度销子铰刀,游标卡尺		

										设计(日期)	校对(日期)	审核(日期)	标准化(日期)	会签(日期)
标记	处数	更改文件号	签字	日期	标记	处数	更改文件号	签字	日期					

续表

机械加工工艺流程一览表			产品型号		零件图号				
			产品名称		零件名称		共 2 页	第 2 页	
材料牌号	HT200	毛坯种类	锻件	毛坯外形尺寸	334 mm×123 mm	每毛坯件数		每台件数	备注
序号	工序名称	工序内容	设备		车间	工段	工　艺　装　备	工时	
			名称	型号规格				准终	单件
9	钻、锪	合型后以面 1 和两锥销孔为基准，钻削加工 10×ϕ11 mm 孔再锪 ϕ25 mm 孔	钻床	Z35	机加		直柄麻花钻，90°锥柄锥面锪钻，游标卡尺		
10	钻	以端面 2、6 为基准钻 ϕ17 mm 孔后攻螺纹 M20	钻床	Z35	机加		直柄麻花钻，游标卡尺，粗牙普通螺纹用丝锥		
11	钻	将上下箱体合型后，以面 1、6 为基准钻 M8 底孔再攻螺纹 M8，倒角 0.5×45°	钻床	Z35	机加		直柄麻花钻，游标卡尺，粗牙普通螺纹用丝锥		
12	镗	合型后以端面 1 及 2 销孔为基准，分别粗、半精、精镗 ϕ62 mm 孔、ϕ72 mm 孔	镗床	T612	机加		选 T612 圆形镗刀，游标卡尺		
13	检验	检查							

										设计（日期）	校对（日期）	审核（日期）	标准化（日期）	会签（日期）
标记	处数	更改文件号	签字	日期	标记	处数	更改文件号	签字	日期					

坐标镗床按其布置形式不同，可分为立式单柱、立式双柱和卧式等主要类型。图 3. 81 所示为立式单柱坐标镗床的外形图。

2) 精镗床。精镗床是一种高速镗床，它因过去采用金刚石作为镗刀材料而得名金刚镗床。现在则采用硬质合金为刀具材料，切削加工铝合金的切削速度高达 200~400 m/min，而背吃刀量和进给量都很小，加工的尺寸精度较高，为 0. 003~0. 005 mm，表面粗糙度 *Ra* 为 0. 16~1. 25 μm，因此，称之为精镗床。它主要用于在成批或大量生产中加工中小型零件的精密孔，如轴瓦、活塞、连杆、液压泵壳体、气缸套上的孔等。

精镗床按主轴位置可分为卧式和立式两种类型。图 3. 82 所示为卧式精镗床常见的布局形式，在床身的一边或两边固定安装着一个或几个主轴头，并做高速旋转的主运动，主轴头之间的中心距可按工件的孔距进行调整，工作台可沿着床身顶面的导轨左右移动，完成纵向进给运动。为了获得小的表面粗糙度，除采用高转速、小背吃刀量、低进给量外，机床主轴结构是粗而短，并支承在有足够刚度的精密支承上，使主轴运转平稳。工作台一般采用液压传动，进给运动低速平稳，并可实现半自动工作循环。

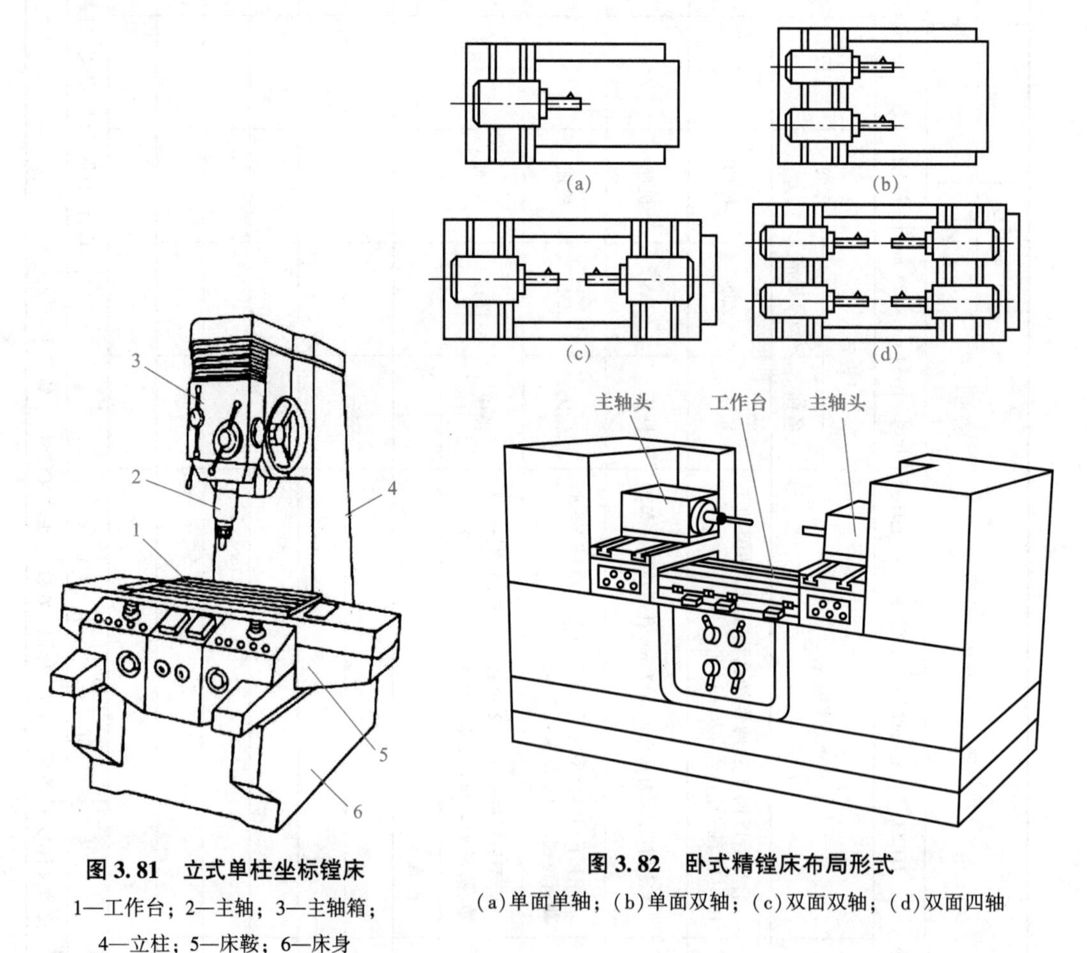

图 3. 81　立式单柱坐标镗床

1—工作台；2—主轴；3—主轴箱；4—立柱；5—床鞍；6—床身

图 3. 82　卧式精镗床布局形式

(a) 单面单轴；(b) 单面双轴；(c) 双面双轴；(d) 双面四轴

(2) TP619 型卧式铣镗床。卧式铣镗床是镗床类机床中应用最普遍的一种类型，其工艺范围非常广泛。卧式铣镗床特别适用于加工形状、位置要求严格的孔系，因而，常用于加工尺寸较大、形状复杂、具有孔系的箱体和机架类零件。

1) 主要技术参数(表 3.14)。

表 3.14　TP619 型卧式铣镗床的主要技术参数

主参数为镗轴直径/mm	90
工作台面积/(mm×mm)	1 100×950
平旋盘径向刀架最大行程/mm	160
镗轴转速(23 级)/($r \cdot min^{-1}$)	8~1 250
平旋盘转速(18 级)/($r \cdot min^{-1}$)	4~200
主电动机功率/kW、主电动机转速/($r \cdot min^{-1}$)	7.5、1 450

2) 主要部件及其功能。TP619 型卧式铣镗床是具有固定平旋盘的铣镗床。如图 3.83 所示，它由床身 1、主轴箱 9、工作台 5、平旋盘 7 和前立柱 8、后立柱 2 等组成。主轴箱 9 安装在前立柱 8 的垂向导轨上，可沿导轨上下移动。主轴箱装有主轴 6、平旋盘 7、主运动和进给运动的变速机构及操纵机构等。机床的主运动为主轴 6 或平旋盘 7 的旋转运动。根据加工要求，主轴可做轴向进给运动，平旋盘上径向刀具溜板在随平旋盘旋转的同时，做径向进给运动。工作台部件由下滑座 3、上滑座 4 和工作台 5 组成。工作台可随下滑座沿床身导轨做纵向移动，也可随上滑座沿下滑座顶部导轨做横向移动。工作台 5 还可沿上滑座 4 的环形导轨绕垂向轴线转位，以便加工分布在不同面上的孔。后立柱 2 的垂向导轨上有支承架用以支承较长的镗杆，以增加镗杆的刚性。支承架可沿后立柱的垂向导轨上下移动，以保持与镗轴同轴；后立柱可根据镗杆长度做纵向位置调整。

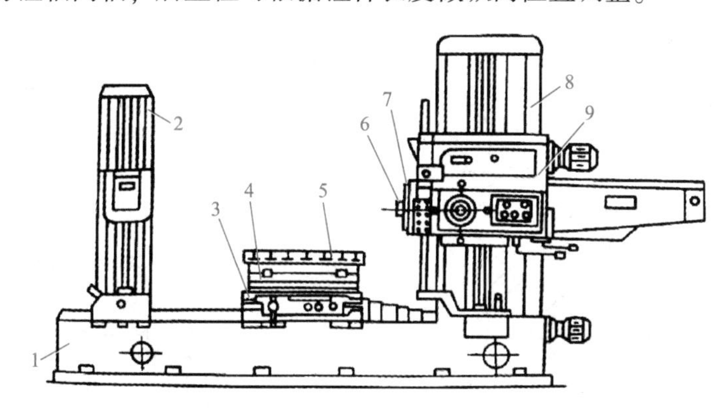

图 3.83　TP619 型卧式铣镗床外形

1—床身；2—后立柱；3—下滑座；4—上滑座；5—工作台；
6—主轴；7—平旋盘；8—前立柱；9—主轴箱

3. 镗刀

镗刀的种类很多，一般可分为单刃镗刀、双刃镗刀和镗刀头。

(1) 单刃镗刀。单刃镗刀只有一个切削刃，结构简单，制造方便，通用性好，一般有调节装置，其安装在刀杆上的形式如图 3.84 所示。图 3.84(a) 所示为通孔镗刀；图 3.84(b) 所示为盲孔镗刀。

图 3.85 所示为微调镗刀的结构，在刀杆 2 中装有刀块 6，刀块上装有刀片 1，在刀块的外螺纹上装有锥形精调螺母 5，紧固螺钉 4 将带有精调螺母的刀块 6 拉紧在镗杆的锥孔

内，通过导向键 3 可防止刀头转动，旋转有刻度的精调螺母，可将刀片调到所需直径。

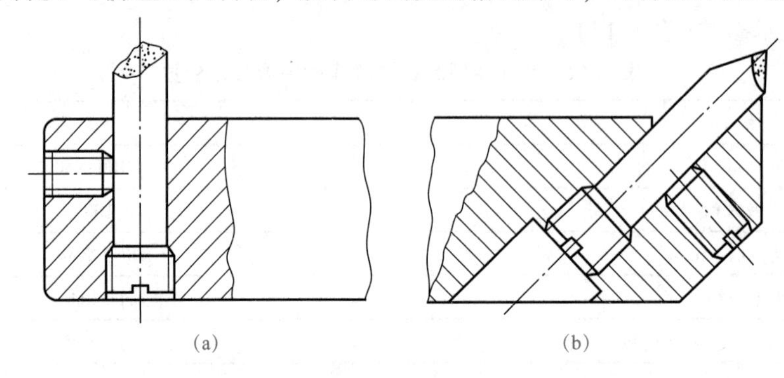

图 3.84　单刃镗刀

(a)通孔镗刀；(b)盲孔镗刀

(2)双刃镗刀。双刃镗刀常用的有固定式镗刀和浮动镗刀。它的两端具有对称的切削刃，工作时可消除径向力对镗杆的影响，工件孔径尺寸由镗刀尺寸保证。

1)固定式镗刀块及其安装如图 3.86 所示。镗刀块可镶焊硬质合金刀片或由高速钢整体制造。

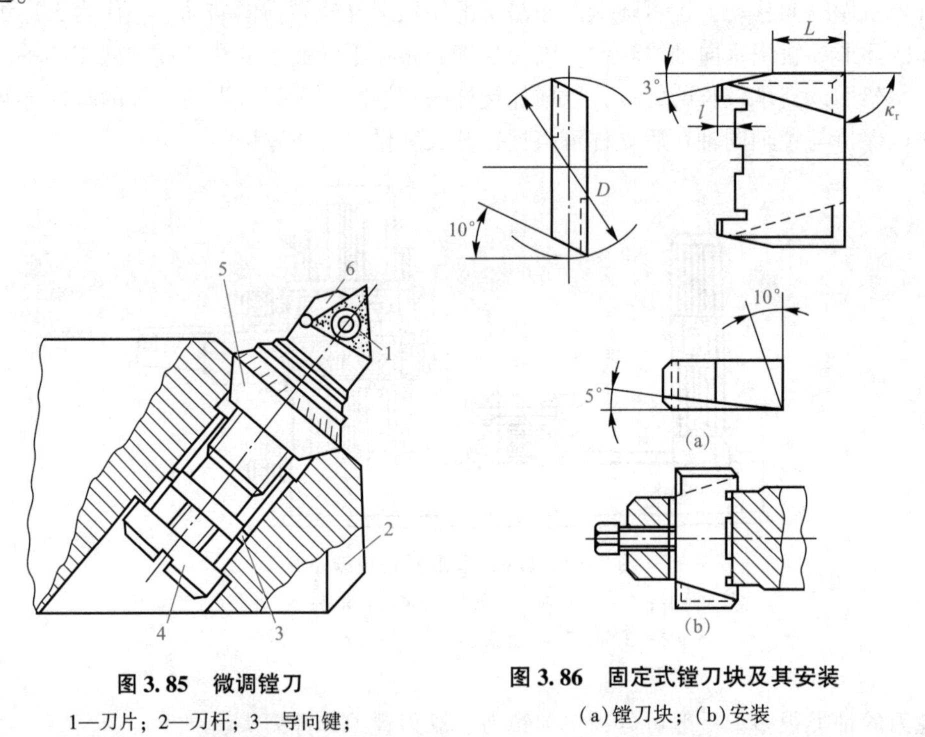

图 3.85　微调镗刀

1—刀片；2—刀杆；3—导向键；
4—紧固螺钉；5—精调螺母；6—刀块

图 3.86　固定式镗刀块及其安装

(a)镗刀块；(b)安装

镗孔时，镗刀块可通过螺钉或其他方式夹紧在镗杆上，安装后，镗刀块相对轴线的垂直度、平行度、对称度都有较高要求，以免造成孔径扩大。镗通孔时 $k_r=45°$，镗台阶孔时 $k_r=90°$。这种刀适用于粗、半精镗直径大于 40 mm 的孔。

2)浮动镗刀是目前多数双刃镗刀采用的结构，如图3.87所示。它主要由刀片1、刀体2、调节螺钉3、斜面垫板4和夹紧螺钉5组成。刀片1由高速钢或硬质合金制造。镗孔时，浮动镗刀以间隙配合$\left[\frac{H7}{h7}\right]$状态浮动地装入镗杆的方孔，不用夹紧，通过作用在两端切削刃的切削力保持其平衡位置，自动补偿由镗刀块的安装、机床主轴及镗杆的径向圆跳动引起的误差。用浮动镗刀加工出的孔，其尺寸精度和表面质量均较高，加工精度可达IT7~IT8。加工铸件孔，表面粗糙度 Ra 为0.2~0.8 μm，加工钢件孔，表面粗糙度 Ra 为0.4~1.6 μm。由于镗刀浮动安装，所以无法纠正孔的直线度误差和位置误差。浮动镗刀结构简单，刃磨方便，但操作较烦琐，镗刀杆方孔制造要求较高。刀杆上安装浮动镗刀用的一种安装孔的结构如图3.88所示。装刀孔的平行度、垂直度、对称度等均有较严格的技术要求。

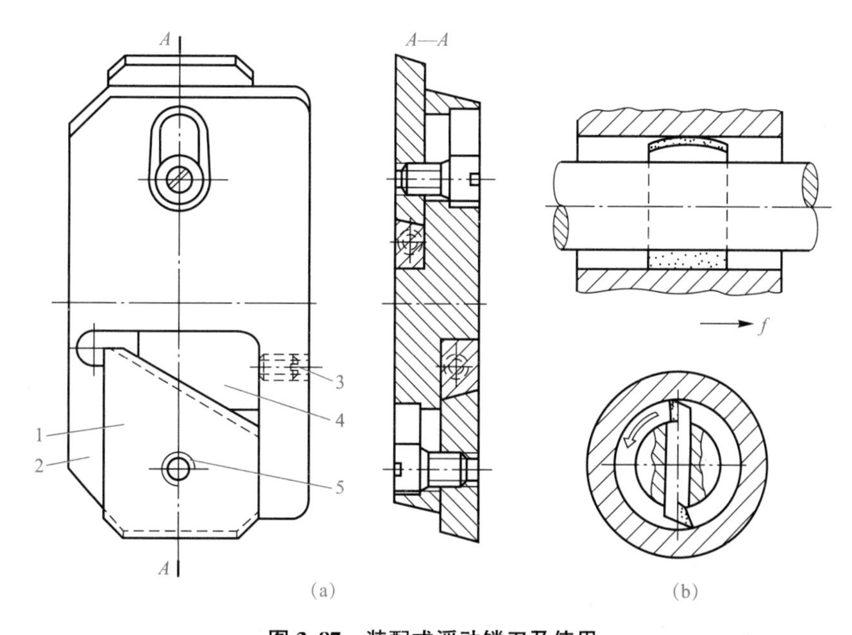

图3.87　装配式浮动镗刀及使用

(a)浮动镗刀；(b)使用情况

1—刀片；2—刀体；3—调节螺钉；4—斜面垫板；5—夹紧螺钉

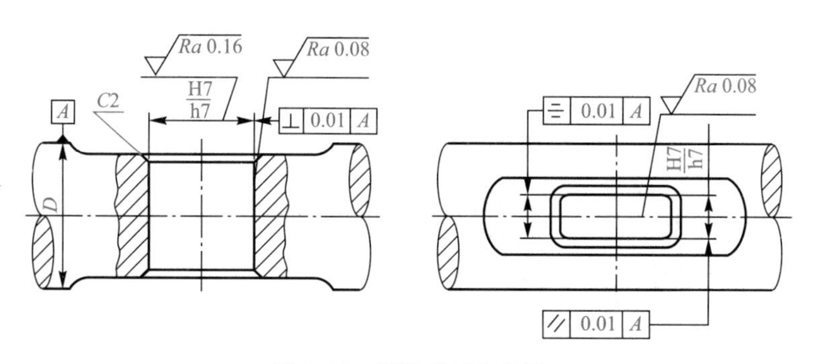

图3.88　浮动镗刀安装孔

(3)镗刀头。

1)深孔镗刀头。深孔镗刀头如图 3. 89 所示。其结构是前后均有导向块，前导向块 2 由两块硬质合金组成，后导向块 4 由四块硬质合金组成，镗刀尺寸用对刀块 1 调整，其尺寸应当与镗刀头导向尺寸及导向套尺寸一致。前导向块 2 的轴向位置应在刀尖后面 2 mm 左右。刀体 5 的右端加工有内螺纹，用于与刀杆连接。这种镗刀头的进给采用推镗法和前排屑方式，改变了拉镗方法。拉镗法虽然刀杆受拉力，受力方式较好，但装夹工件与调整镗孔尺寸比较困难，因此，生产效率较低。

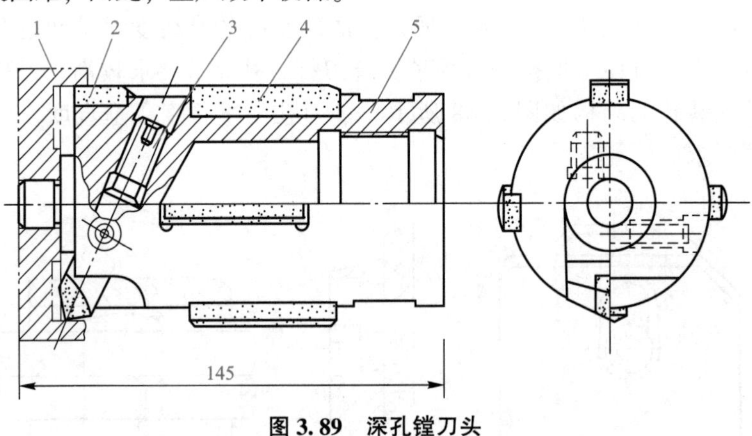

图 3. 89　深孔镗刀头

1—对刀块；2—前导向块；3—调节螺钉；4—后导向块；5—刀体

2)套装镗刀头。双刀套装镗刀头如图 3. 90 所示。使用时，将它安装在镗刀杆上。用螺钉 1 通过滑块 2 将镗刀调节到所需要的尺寸，其尺寸精度可从螺钉 1 端面上的游标读出，游标的每一格刻度值为 0. 05 mm。

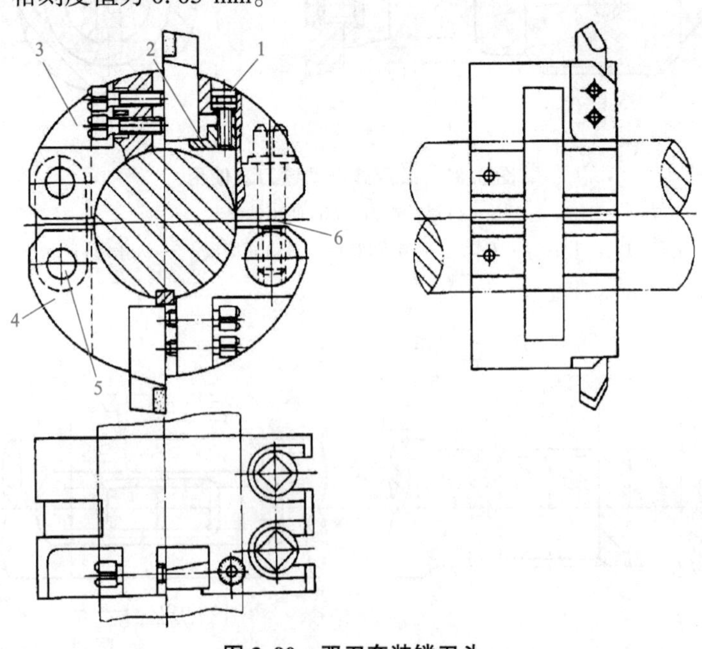

图 3. 90　双刀套装镗刀头

1、6—螺钉；2—滑块；3、4—本体；5—铰链此种镗刀头具有分成两半的本体 3 与 4，两半本体是用铰链 5 连接的。使用时，用螺钉 6 将镗刀紧固在镗刀杆的任一位置上。

套装镗刀头的主要优点、缺点如下：

①镗刀头可固定在任一位置上，如果需要同时安装几个镗刀头时，各镗刀头的距离可方便地进行调整；

②镗刀头内孔既是它在镗刀杆上的安装基准，又是刃磨镗刀的工艺基准，因此，可保证孔系各孔的同轴度；

③当加工同轴孔系上不同直径的孔时，可采用大小不同的镗刀头；

④镗刀头大小可以更换，因此，可用最少的镗刀杆来满足多种孔径加工的需要；

⑤镗刀头在镗刀杆上装卸方便；

⑥粗镗孔时，加工余量大，可采用双刃镗刀头分层镗削，镗刀杆两边受力，减小了镗刀杆变形，降低了振动，因而可提高生产率和加工精度；

⑦镗刀头结构复杂，重量较大，这就增加了镗刀杆的重量和机床的负荷。

总之，镗刀头是加工大直径孔的较好刀具，它不但适用于单件、小批量生产，更适用于大批量生产，而且其生产效率和加工精度都较高。

4. 镗削加工方法

(1) 镗削方式。卧式铣镗床可根据加工情况的不同，实现如图 3.91 所示的几种典型加工方式。

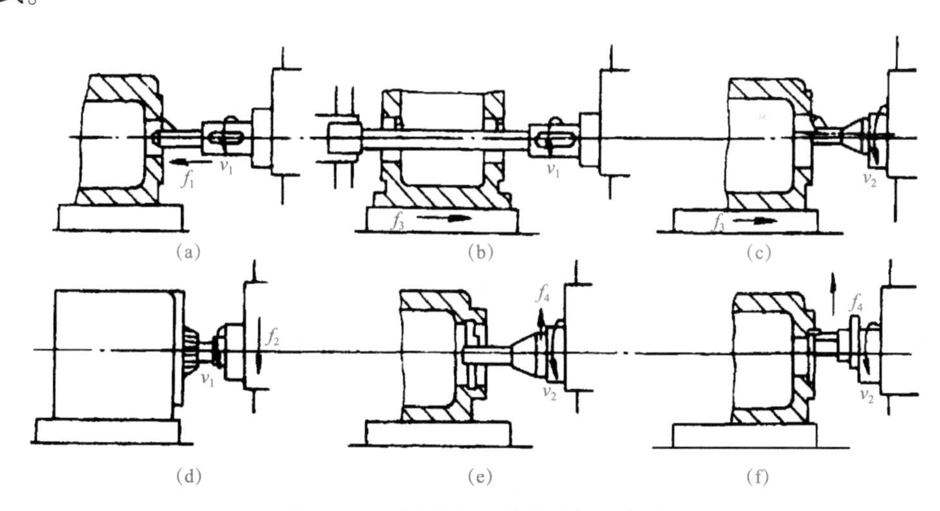

图 3.91　卧式铣镗床的典型加工方式

(a)用镗轴上的悬伸刀杆镗孔；(b)用后支架支承长镗杆加工同轴孔；
(c)用平旋盘上的悬伸刀杆镗大直径孔；(d)用镗轴上的面铣刀铣平面；
(e)用平旋盘刀具溜板上的车刀车内沟槽；(f)用平旋盘刀具溜板上的车刀车端面

一些形状复杂，加工精度要求很高的工件，在卧式铣镗床上加工孔，难度很大，而在加工中心上加工，不仅能满足加工要求，而且在生产率和综合经济效益方面都可取得显著效果。

(2)孔系的加工。孔系是指在空间具有一定相对位置的两个或两个以上的孔。这些孔可以是平行孔系、同轴孔系、垂直孔系，如图 3. 92 所示。

1) 平行孔。镗削平行孔系时，如何保证孔距精度是镗削工作中的主要问题。在生产中，常用找正法、坐标法和镗模法。

①找正法。找正法的实质是在通用机床上依靠操作者的技术水平和认真操作程度，并借助一些辅助装置去找正每个被加工孔的正确位置。根据找正的手段不同，又可分为画线找正法、心轴量块找正法、样板找正法等。

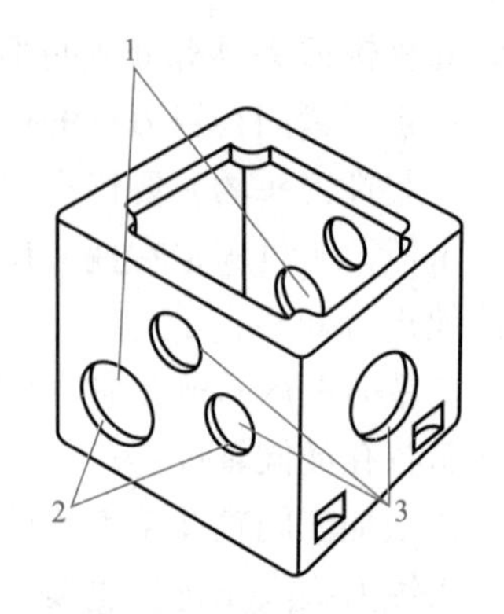

图 3. 92　箱体上的孔系

1—同轴孔系；2—平行孔系；3—垂直孔系

a. 画线找正法是在加工前先在工件上按图样要求画好各孔位置轮廓线，加工时，按画线一一找正刀具与工件的相互位置进行加工。这种方法所能达到的孔距精度一般为 ±0. 5 mm 左右。为了提高画线找正的精度，可结合采用试切法，即先按画线找正镗出一个孔，再按画线将机床主轴调节到第二个孔的中心，试镗出一段比图样要求尺寸小的孔，测量两孔的实际中心距，若不符合图样要求，则根据测量结果重新调整主轴的位置，再进行试镗和测量。

如此反复数次，直至达到要求的孔距尺寸。此法虽比单纯按画线找正所得到的孔距精度高，但孔距精度仍然较低，而且操作的难度较大，生产效率低，适用于单件、小批量生产。

b. 心轴量块找正法是将精密心轴分别插入机床主轴孔和已加工孔内，然后，用一定尺寸的量块组合来找正主轴的位置，如图 3. 93 所示。

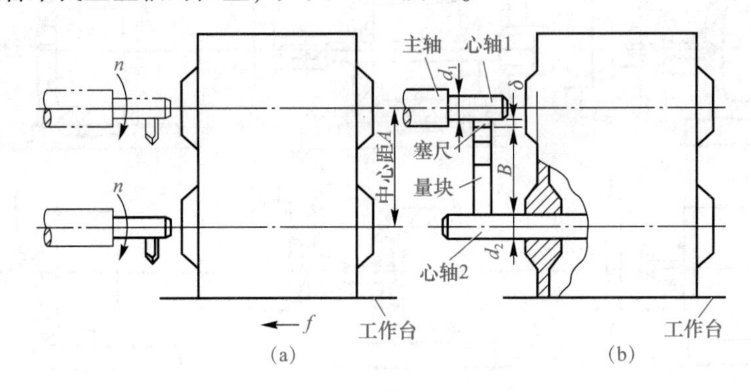

图 3. 93　镗平行孔用心轴量块找正法

(a) 镗平行孔；(b) 用心轴量块找正

d_1、d_2—心轴直径；δ—塞尺尺寸；A—孔距；B—量块组尺寸

找正时，在量块与心轴之间要用塞尺测量间隙，以免量块与心轴直接接触产生变形。此方法可达到±0. 03 mm 的较高孔距精度，但生产率较低，适用于单件、小批量生产。

c. 样板找正法如图 3. 94 所示。样板 1 上孔系的孔距精度一般为±(0. 01~0. 03) mm，比工件孔系的孔距精度要高，孔径比工件的孔径大，便于镗杆通过；孔的直径精度不需要严格要求，但要有较高的几何形状精度和较小的表面粗糙度值，便于找正。使用时，将样板 1 安装在垂直于被加工工件孔系的箱体端面上，利用安装在机床主轴上的百分表找正器 2，按样板上的孔逐个找正机床主轴的位置进行加工。用该方法加工孔系不易出差错，找正方便、迅速，孔距精度可达±0.05 mm。常用于加工大型箱体上的孔系。

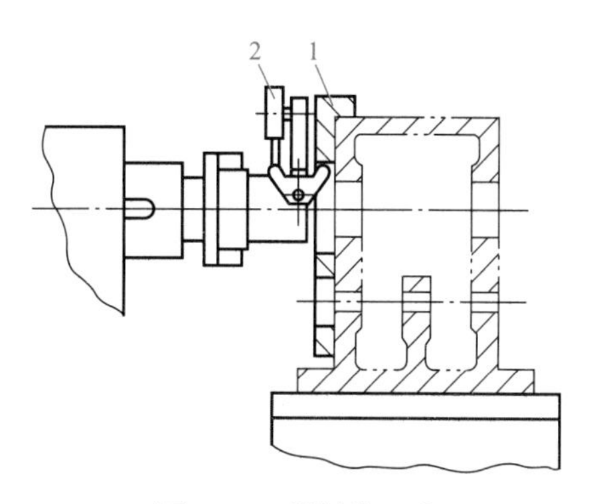

图 3.94　样板找正法

1—样板；2—百分表找正器

②坐标法。坐标法镗孔是将被加工孔系间的孔距尺寸换算为两个互相垂直的坐标尺寸，然后按此坐标尺寸精确地调整机床主轴与工件在水平与垂直方向的相对位置，通过控制机床的坐标位移尺寸和公差来间接保证孔距尺寸精度。

应该指出，在采用坐标法加工孔系时，首先加工作为坐标原点的原始孔和选择镗孔顺序是十分重要的，因为孔中心距尺寸精度是靠坐标尺寸间接保证的，所以坐标尺寸的累积误差必然会影响孔中心距精度。因此，在选择原始孔和镗孔顺序时，应注意以下几个原则：第一，要把有孔中心距精度要求的两孔的加工顺序紧紧地连接在一起，以便减小坐标尺寸的累积误差影响孔中心距精度；第二，原始孔应位于箱壁的一侧，这样，依次加工各孔时，工作台朝一个方向移动，就可避免工作台往返移动由间隙而造成的误差；第三，所选择的原始孔应有较高的精度和较小的表面粗糙度值，以便在加工过程中，需要时可以重新准确地校验坐标原点。

③镗模法。用镗模法加工孔系，如图 3.95 所示。工件 3 装夹在镗模 4 上，镗杆 2 支承在镗模的导套里，由导套引导镗杆在工件的正确位置上镗孔。

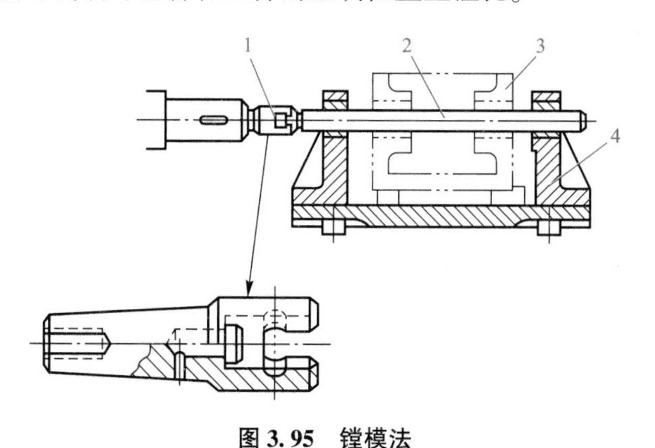

图 3.95　镗模法

1—浮动夹头；2—镗杆；3—工件；4—镗模

用镗模镗孔时，镗杆与机床主轴多采用浮动连接，机床精度对孔系加工精度影响很小，孔距精度主要取决于镗模，因而可以在精度较低的机床上加工出精度较高的孔系。同时镗杆的刚度大大提高，有利于采用多刀同时切削；定位夹紧迅速，不用找正，生产率高。因此，不仅在中批以上生产中普遍采用镗模加工孔系，就是在小批量生产中，对一些结构复杂、加工量大的箱体孔系，采用镗模加工往往也是合算的。

但也应该看到，镗模的精度要求高，制造周期长，成本高；并且，由于镗模本身的制造误差和导套与镗杆的配合间隙对孔系加工精度有影响，因此，用镗模法加工孔系不可能达到很高的精度。一般孔径尺寸精度为IT7左右，表面粗糙度 Ra 为0.8~1.6 μm，孔与孔的同轴度和平行度，从一头加工可达0.02~0.03 mm，从两头加工可达0.04~0.05 mm；孔距精度一般为±0.05 mm左右。另外，对大型箱体来说，由于镗模的尺寸庞大、笨重，给制造和使用带来困难，故很少应用。

2)同轴孔系。单件、小批量生产时，在通用机床上加工同轴孔系，一般不使用镗模，保证同轴度有下列几种方法：

①利用已加工孔做支承导向。如图3.96所示，当箱体前壁上的孔已加工完毕，在该孔内装一导向套，支承和引导镗杆加工后壁上的孔，以保证两孔的同轴度要求，此方法用于加工箱壁相距较近的同轴孔。

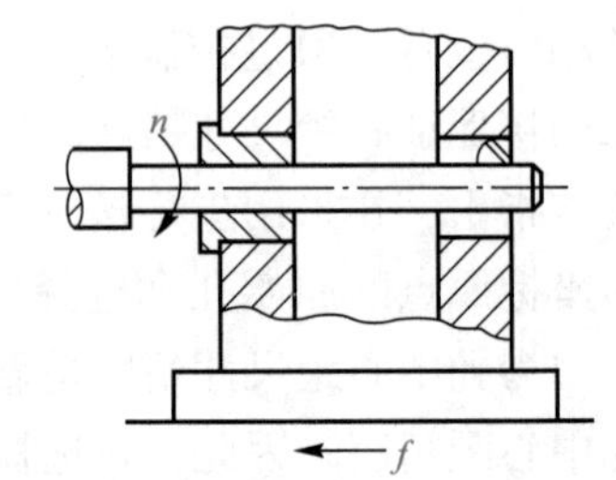

图3.96　利用已加工孔做支承导向

②利用镗床后立柱上的支承架支承镗杆。这种方法中镗杆为两端支承，刚度好；但后立柱的支承架的位置调整麻烦又费时，往往需要用心轴量块找正，又需要有较长的镗杆。此方法多用于大型箱体孔系的加工。

③采用调头镗法。当箱体壁相距较远时，宜采用调头镗法。在工件的一次装夹下，先镗出箱体一端的孔后，将工作台回转180°，再调头镗另一端的同轴孔。调头镗的调整方法如下：

a. 首先校正工作台回转轴线与机床主轴轴线相交，定好坐标原点，如图3.97(a)所示，将百分表固定在工作台上，回转工作台180°，分别测量主轴两侧，使其误差小于0.01 mm，记下此时工作台在 X 轴上的坐标值作为原点的坐标值。

b. 再调整工作台的回转定位误差，保证工作台精确地回转180°。如图3.97(b)所示，先使工作台紧靠在回转定位机构上，在台面上放一平尺，通过安装在镗杆上的百分表找正平尺的一侧面后将其固定，再回转工作台180°，测量平尺的另一侧面，调整回转定位机构，使其回转定位误差小于0.02 mm/1 000。

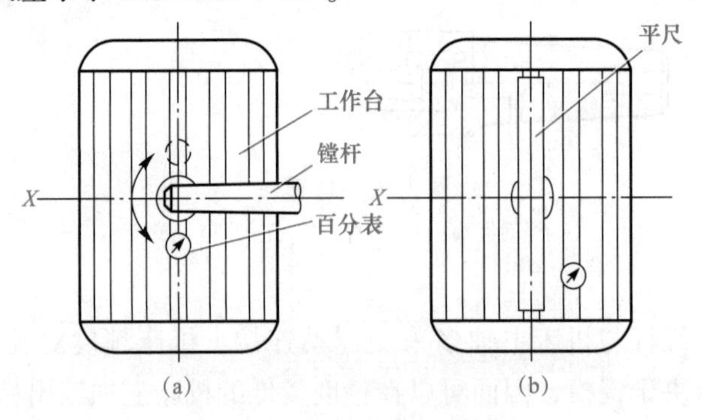

图3.97　调头镗的调整方法

(a)定坐标顶点；(b)工作台回转定位误差的调整

c. 当完成了上述调整工作后，就可以进行加工了。先将工件正确地装夹在工作台面上，用坐标法加工好工件一端的孔，记下各孔到坐标原点的坐标值；然后将工作台回转180°，用坐标法加工工件另一端的孔，各孔到坐标原点的坐标值应与调头前相应的同轴孔到坐标原点的坐标值大小相等，方向相反，其误差小于0.01 mm。这样就可以得到较高同轴度的同轴孔系。

调头镗不用夹具和长镗杆，准备周期短；镗杆悬伸长度短，刚度好；但需要调整工作台的回转误差和调头后主轴应处的正确位置，比较麻烦又费时。

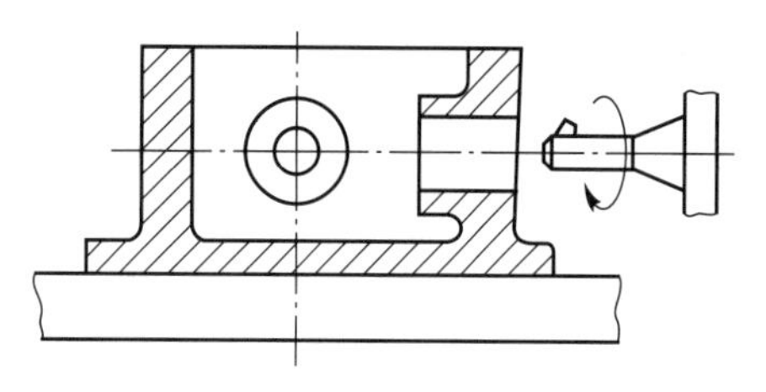

图 3.98　镗削垂直孔系

3)垂直孔系。镗削垂直孔系时，当一个方向的孔加工完毕后，可将工作台调转90°，再镗削第二个孔，如图3.98所示。其调整方法与同轴孔系调头镗法很相似，这里就不再叙述了。

六、拉床及拉削加工

常用加工方法

1. 拉削的特点和应用

拉削是机械加工作业的一种类型，是使用拉床(拉刀)加工各种内外成型表面的切削工艺。用拉刀作为刀具进行切削加工。当拉刀相对工件做直线移动时，工件的加工余量由拉刀上逐齿递增尺寸的刀齿依次切除。通常，一次工作行程即能加工成型，是一种高效率的精加工方法。但因拉刀结构复杂，制造成本高，且有一定的专用性，因此拉削主要用于成批大量生产。按加工表面特征不同，拉削可分为内拉削和外拉削。

拉削可以认为是刨削的进一步发展。它是利用多齿的拉刀，逐齿依次从工件上切下很薄的金属层，使表面达到较高的精度和较小的表面粗糙度值。加工时，若刀具所受的力不是拉力而是推力，则称为推削，所用刀具称为推刀。拉削所用的机床称为拉床。推削则多在压力机上进行。

与其他加工相比，拉削加工主要具有以下特点：

(1)生产效率高。虽然拉削加工的切削速度一般并不高，但由于拉刀是多齿刀具，同时参加工作的刀齿数较多，且参与切削的切削刃较长，以及在拉刀的一次工作行程中能够完成粗—半精—精加工，大大缩短了基本工艺时间和辅助时间。

(2)加工精度高。拉刀具有校准部分，其作用是校准尺寸，修光表面，并可作为精切齿的后备刀齿。校准刀齿的切削量很小，仅切去工件材料的弹性恢复量。另外，拉削的切削速度较低(目前小于18 m/min)，切削过程比较平稳，并可避免积屑瘤的产生。一般拉孔的精度为IT8~IT7，表面粗糙度 Ra 值为0.8~0.4 μm。

(3)结构简单，操作简便。拉削只有一个主运动，即拉刀的直线运动。进给运动是靠拉刀的后一个刀齿高出前一个刀齿来实现的，相邻刀齿的高出量称为齿升量 f。

(4)刀具成本高。由于拉刀的结构和形状复杂，精度和表面质量要求较高，故制造成本很高。但拉削时切削速度较低，刀具磨损较慢，刃磨一次可以加工数以千计的工件，加之一把拉刀又可以重磨多次，所以拉刀的寿命长。当加工零件的批量大时，分摊到每个零件上的刀具成本并不高。

(5)加工范围广。内拉削可以加工各种形状的通孔，如圆孔、方孔、多边形孔、花键孔和内齿轮等，还可以加工多种形状的沟槽，如键槽、T形槽、燕尾槽和涡轮盘上的榫槽等。外拉削可以加工平面、成型面、外齿轮和叶片的榫头等。

由于拉削加工具有以上特点，所以主要适用于成批和大量生产，尤其适用于在大量生产中加工比较大的复合型面，如发动机的气缸体等。在单件、小批量生产中，对于某些精度要求较高、形状特殊的成型表面，用其他方法加工很困难时，也有采用拉削加工的。但对于盲孔、深孔、阶梯孔及有障碍的外表面，则不能用拉削加工。

注意事项： 拉削普通结构钢和铸铁时，一般粗拉速度为 3~7 m/min，精拉速度小于 3 m/min。对于高温合金或钛合金等难加工金属材料，只有采用硬质合金或新型高速钢拉刀，在刚度好的高速拉床上，用 16~30 m/min 或更高的速度拉削，才能得到令人比较满意的结果。采用螺旋拉削装置，使螺旋齿拉刀与工件做相对直线运动和回转运动，还可拉削内螺纹、螺旋花键孔和螺旋内齿轮等。拉削一般采用润滑性能较好的切削液，如切削油和极压乳化液等。在高速拉削时，切削温度高，常选用冷却性能好的化学切削液和乳化液。如果采用内冷却拉刀将切削液高压喷注到拉刀的每个容屑槽，则对提高表面质量、降低刀具磨损和提高生产效率都具有较好的效果。

2. 拉床

拉床按其加工表面所处的位置，可分为内表面拉床(内拉床)和外表面拉床(外拉床)；按拉床的结构和布局形式，又可分为卧式拉床、立式拉床、连续式(链条式)拉床等。

拉床的主参数为机床最大额定拉力。如 L6120 型卧式内拉床的最大额定拉力为 2×10^5 N。

(1)卧式内拉床。图 3.99 所示为卧式内拉床的外形图。在床身 1 的内部有水平安装的液压缸 2。通过活塞杆带动拉刀做水平移动，实现拉削的主运动。拉床拉削时，工件可直接以其端面紧靠在支承座 3 上定位，如图 3.100(a)所示，也可采用球面垫圈定位，如图 3.100(b)所示。护送夹头 5 及滚柱 4 用以支承拉刀。开始拉削前，护送夹头 5 和滚柱 4 向左移动，使拉刀通过工件预制孔，并将拉刀左端柄部插入拉刀夹头。加工时滚柱 4 下降不起作用。

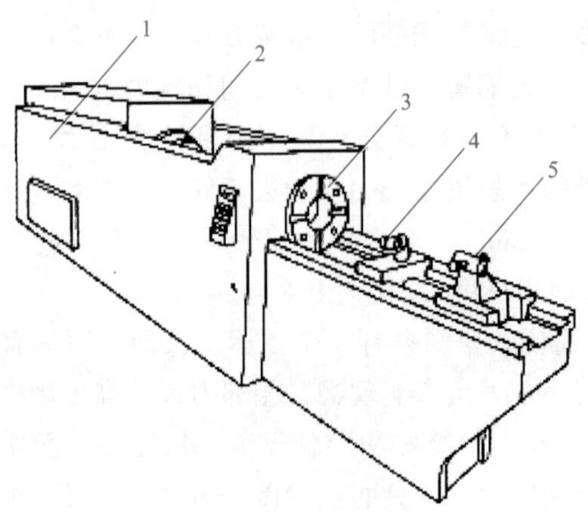

图 3.99 卧式内拉床

1—床身；2—液压缸；3—支承座；4—滚柱；5—护送夹头

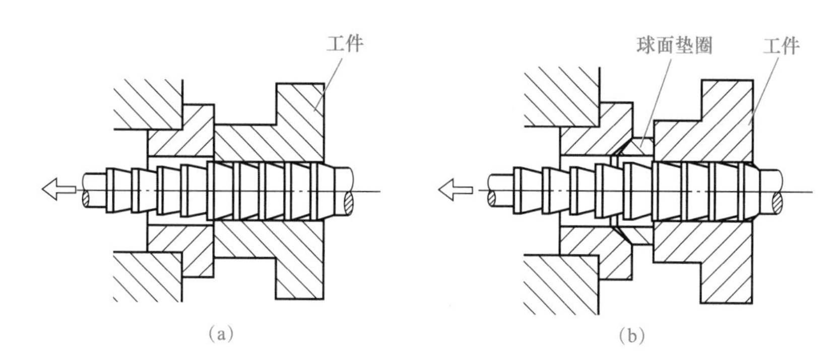

图 3.100　工件的定位

(a)直接在支承座上定位；(b)采用球面垫圈定位

(2)立式拉床。立式拉床根据用途可分为立式内拉床和立式外拉床两类。图 3.101 所示为立式内拉床的外形图。这种拉床可以采用拉刀或推刀加工工件的内表面。采用拉刀加工时，工件以端面紧靠在工作台 2 的上表面上，拉刀由滑座 4 上的上支架 3 支承，自上向下插入工件的预制孔及工作台的孔，将其下端刀柄夹持在滑座 4 的下支架 1 上，滑座 4 由液压缸驱动向下移动进行拉削加工；采用推刀加工时，工件也是装在工作台的上表面上，推刀支承在上支架 3 上，自上向下进行加工。

图 3.102 所示为立式外拉床的外形图。滑块 2 可沿床身 4 的垂直导轨移动，滑块 2 上固定有外拉刀 3，工件装夹在工作台 1 上的夹具中。滑块垂直向下移动完成工件外表面的拉削加工。工作台可做横向移动，以调整背吃刀量，并用于刀具空行程时退出工件。

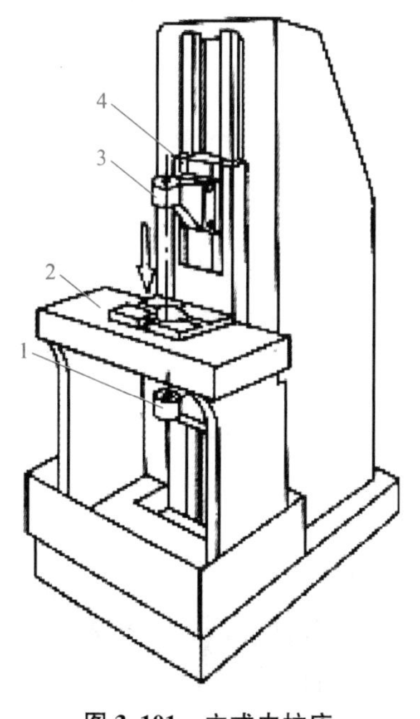

图 3.101　立式内拉床

1—下支架；2—工作台；3—上支架；4—滑座

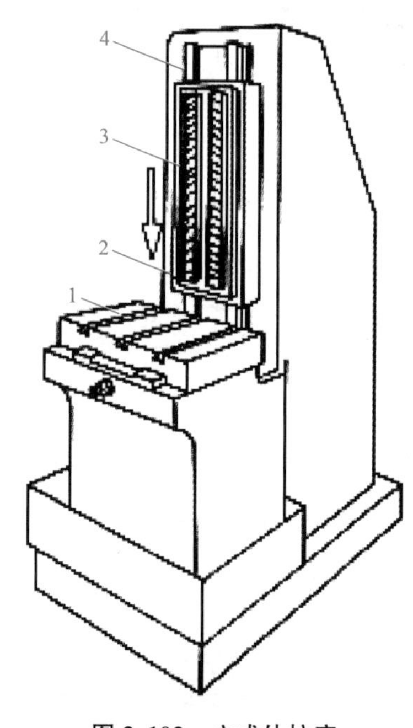

图 3.102　立式外拉床

1—工作台；2—滑块；3—外拉刀；4—床身

（3）连续式拉床（链条式拉床）。图 3.103 所示为连续式拉床的工作原理。链条 7 被链轮 4 带动按拉削速度移动，链条上装有多个夹具 6。工件 1 在位置 A 被装夹在夹具中，经过固定在上方的拉刀 3 时进行拉削加工，此时夹具沿床身上的导轨 2 滑动，夹具 6 移至 B 处即自动松开，工件落入成品收集箱 5。这种拉床由于连续进行加工，因而生产率较高，常用于大批量生产中加工小型零件的外表面，如汽车、拖拉机连杆的连接平面及半圆凹面等。

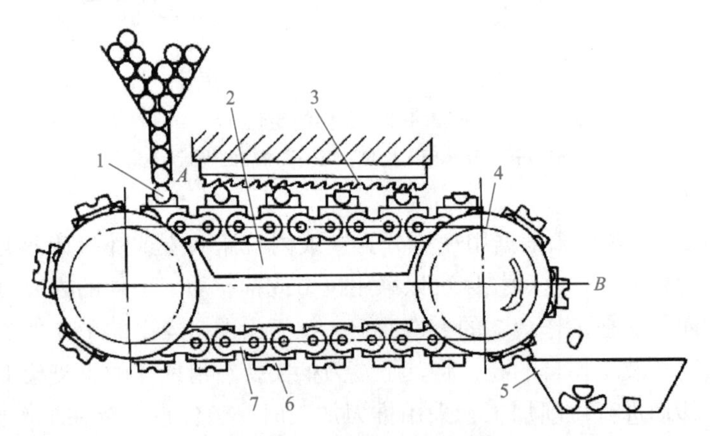

图 3.103　连续式拉床工作原理

1—工件；2—导轨；3—拉刀；4—链轮；5—收集箱；6—夹具；7—链条

3. 拉刀

（1）拉刀的种类。拉刀的种类很多，根据加工表面位置不同可分为内拉刀与外拉刀。常用的内拉刀有圆孔拉刀、方孔拉刀、花键拉刀、渐开线齿拉刀等，如图 3.104 所示。

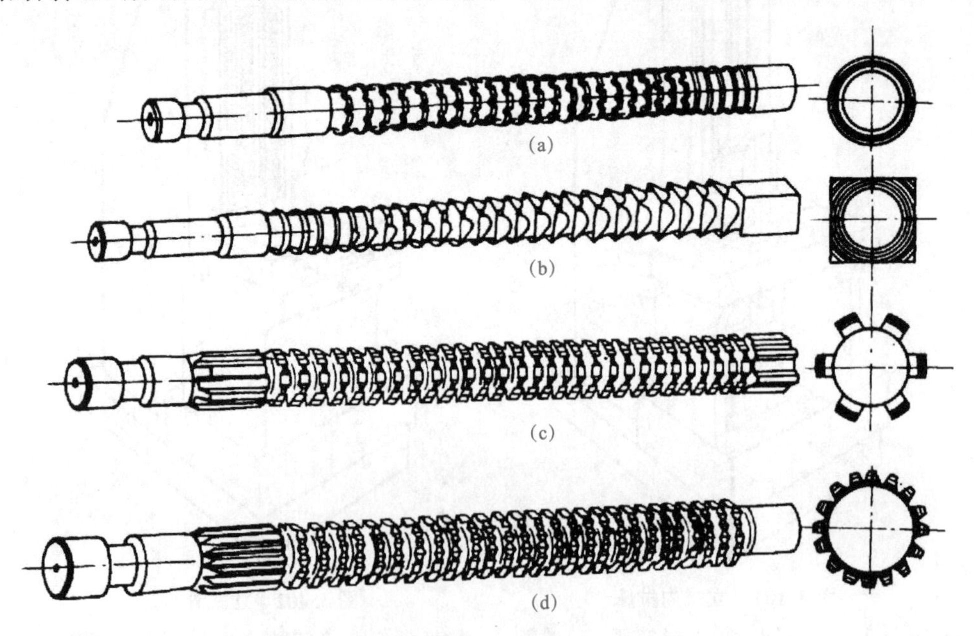

图 3.104　内拉刀

（a）圆孔拉刀；（b）方孔拉刀；（c）花键拉刀；（d）渐开线齿拉刀

图 3.105 所示为拉削内孔中的键槽用的拉刀。拉削时，将工件 2 套在导向心轴 3 上定位，键槽拉刀 1 在导向心轴槽中移动。在键槽拉刀和槽底间放置垫片 4 用以调节切槽深度。

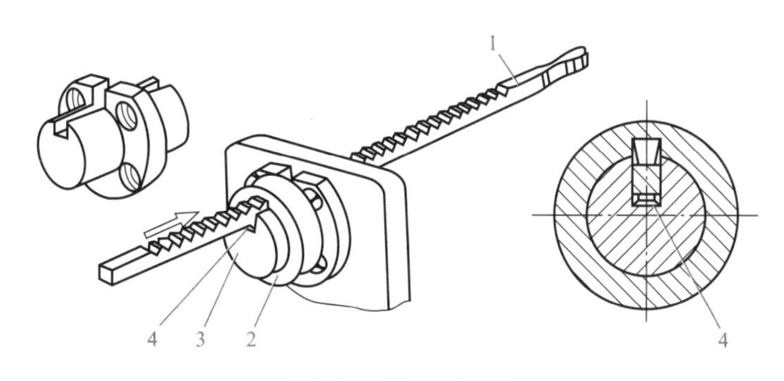

图 3.105 键槽拉刀

1—键槽拉刀；2—工件；3—导向心轴；4—垫片

外拉刀用于加工工件的外表面，如平面拉刀、齿槽拉刀、直角拉刀等，如图 3.106 所示。

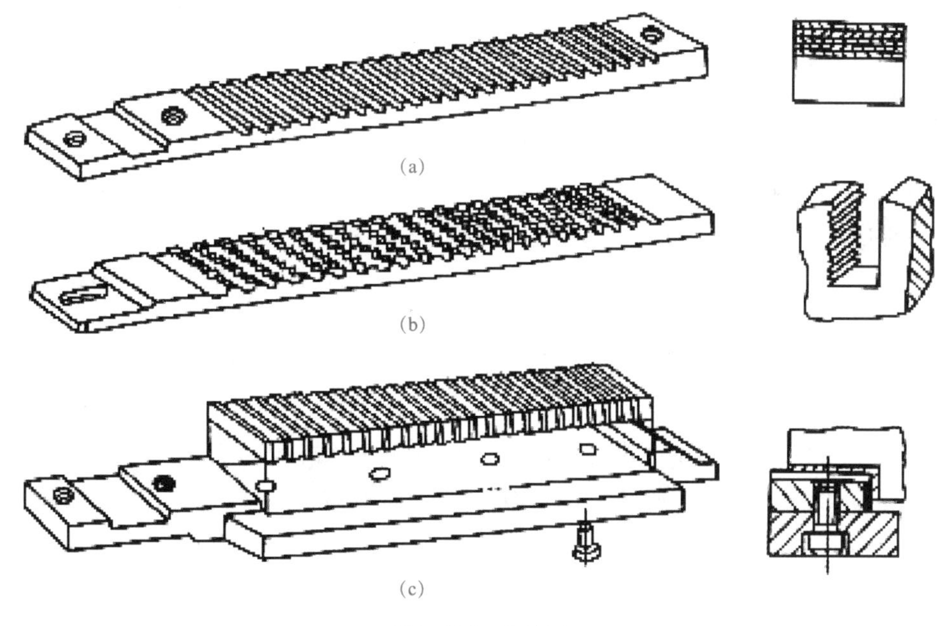

图 3.106 外拉刀

(a)平面拉刀；(b)齿槽拉刀；(c)直角拉刀

(2)拉刀的结构。拉刀的种类很多，但其组成部分基本相同。下面以图 3.107 所示的圆孔拉刀为例，说明拉刀的组成部分及其作用。

拉刀的柄部是拉刀的夹持部分，用于传递拉力；其颈部直径相对较小，以便于柄部穿过拉床的挡壁，并且颈部也是打标记的地方；过渡锥用于引导拉刀逐渐进入工件孔；前导部用于引导拉刀正确地进入孔中，防止拉刀歪斜；切削部担负全部余量的切削工作，由粗切齿、过渡齿和精切齿三部分组成；校准部起修光和校准作用，并可作为精切齿的后备齿，各齿形状及尺寸完全一致，用以提高加工精度和减小表面粗糙度值；后导部用于保持拉刀最后的正确位置，防止拉刀的齿在切离后因下垂而损坏已加工表面或刀齿；支托部用于长又重的拉刀，可以支承并防止拉刀下垂。

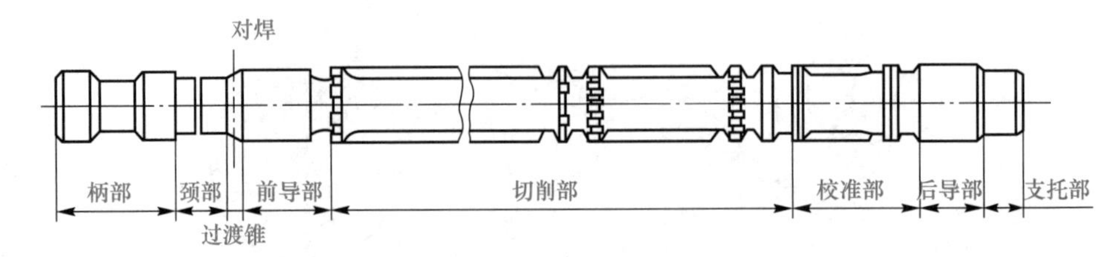

图 3.107　圆孔拉刀结构

七、工艺系统能力

机械加工工艺质量分析

所谓工艺系统能力，是指处于稳定状态下的实际加工能力，工序能够稳定地生产出产品的能力，也就是在操作者、机器设备、原材料、操作方法、测量方法和环境等标准条件下，工序呈稳定状态时所具有的加工精度。常用标准偏差 δ 的 6 倍来表示工序能力的大小。

在工艺能力调查中，工序能力分布中心与标准中心完全重合的情况是少的，大多数情况下都存在一定量的偏差，所以工序能力分析时，计算的工序能力指数(C_P)一般是修正工序能力指数。从修正工序能力指数的计算公式中看出，有 3 个影响工序能力指数的变量，即质量标准 T、偏移量 ε 和工序质量特性分布的标准差 σ。那么要提高工序能力指数就有 3 个途径，即减小偏移量、降低标准差和扩大精度范围。

(1) $C_P>1.33$。当 $C_P>1.33$ 时表明工序能力充分，这时就需要控制工序的稳定性，以保持工序能力不发生显著变化。如果认为工序能力过大，应对标准要求和工艺条件加以分析，一方面可以降低要求，以避免设备精度的浪费；另一方面也可以考虑修订标准，提高产品质量水平。

(2) $1.0<C_P\leqslant1.33$。当工序能力指数处于 1.0~1.33 时，表明工序能力满足要求，但不充分。当 C_P 值接近 1 时，则有产生超差的危险，应采取措施加强对工序的控制。

(3) $0.67<C_P\leqslant1.0$。当工序能力指数处于 0.67~1.0 时，表明工序能力不足，不能满足标准的需要，应采取改进措施，改变工艺条件，修订标准或严格进行全数检查等。

(4) $C_P\leqslant0.67$。当工序能力指数小于 0.67，表明工序能力严重不足，必要时要停工整顿。

工艺规程制订之后，一般采取试加工的方式来验证工艺规程的适应程度。其基本步骤如下：

按照计划工艺加工一批零件，确定本批零件的尺寸分布情况，利用数学方法确定合格品率、不合格品率、废品率等，之后确定工艺系统能力，确定工艺方案是否合理。

【例 3.1】在某台车床上加工一批 $\phi50_{-0.1}^{\ 0}$ mm 的轴后发现加工尺寸呈正态分布(表 3.15)，均方根偏差 $\sigma=0.02$ mm，平均尺寸为 49.96 mm。求：①画出正态分布图；

②计算常值性系统误差；③计算工序统能力系数；④计算该批零件的合格品率、不合格品率和废品率。

表 3.15　加工尺寸分布

Z	1.80	2.00	2.50	3.0	3.2	3.4
$\phi(Z)$	0.464 1	0.477 2	0.493 8	0.498 65	0.499 31	0.499 66

解　(1)作工件尺寸分布图(图 3.108)。

加工工艺质量分析例题演示

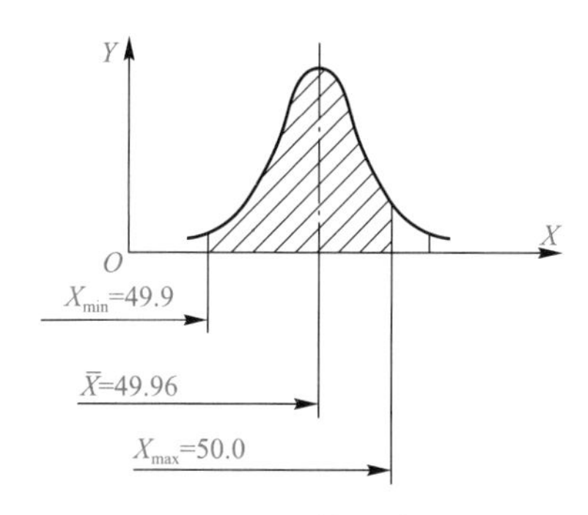

图 3.108　工件尺寸分布

(2)常值系统性误差。

$$\Delta X=49.96-\frac{(50+49.9)}{2}=+0.01$$

(3)工序能力系数。

$$C_P=\frac{T}{6\sigma}=\frac{0.1}{6\times 0.02}=0.83$$

当工序能力指数处于 0.67~1.0 时，表明工序能力不足，不能满足标准的需要，应采取改进措施，改变工艺条件，修订标准或严格进行全数检查等。

(4)令

$$Z_1=\frac{X_{max}-\overline{X}}{\sigma}=\frac{50-49.96}{0.02}=2$$

$$Z_2=\frac{\overline{X}-X_{min}}{\sigma}=\frac{49.96-49.9}{0.02}=3$$

查表 3.15 得

$$\phi(Z_1)=\phi(2)=0.477\ 2$$

$$\phi(Z_2)=\phi(3)=0.498\ 65$$

合格品率为 $\phi(Z_1)+\phi(Z_2)=(0.477\ 2+0.498\ 65)\times 100\%=0.975\ 85\times 100\%=97.585\%$

不合格品率为 $1-$合格品率$=(1-0.975\ 85)\times 100\%=0.024\ 15\times 100\%=2.415\%$

尺寸大于 50 mm 的轴，为尺寸偏大不合格，可以进行修复；尺寸小于 49.9 mm 的轴，为尺寸偏小不合格，不能进行修复，为废品。故废品率为

$$0.5-\phi(Z_2)=(0.5-0.498\ 65)\times 100\%=0.001\ 35\times 100\%=0.135\%$$

【知识拓展】

1. 铰孔

铰孔是用铰刀对中、小尺寸的孔进行半精加工和精加工，铰孔达到的精度等级为6~IT8，表面粗糙度 Ra 为0.4~1.6 μm，如图3.109所示。

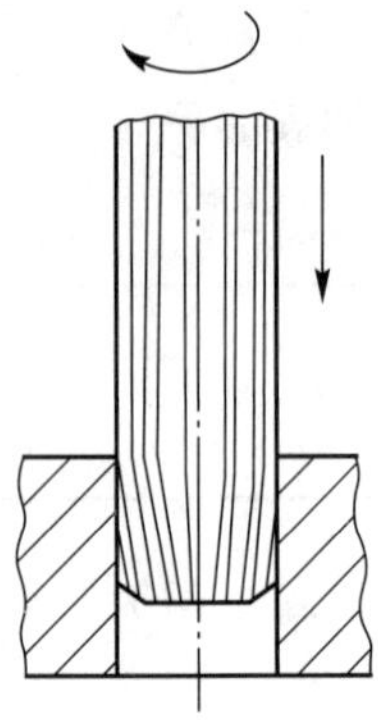

图 3.109　铰孔

2. 铰刀

铰刀是对中、小尺寸的孔进行半精加工和精加工的常用刀具。由于铰削余量小，铰刀齿数较多，刚性和导向性好，因此，铰削的加工精度和生产率都比较高，铰孔后可达 IT8~IT6 精度等级，表面粗糙度 Ra 为0.4~1.6 μm。在生产中，铰孔得到了广泛的应用。常用铰刀种类很多，现以圆柱机用铰刀为例，简介铰刀的结构及使用。

(1)圆柱机用铰刀的结构如图3.110所示，它由工作部分 l、柄部 l_4 和起连接作用的颈部组成。

铰刀工作部分包括切削部分 l_1，起切削作用；前导锥 l_3，一般为2×45°，起引导作用；圆柱部分 l_2，起校准导向和修光作用；倒锥部分，减少切削刃和孔壁摩擦作用。工作部分的容屑槽除容纳切屑外，还形成前刀面和后刀面。

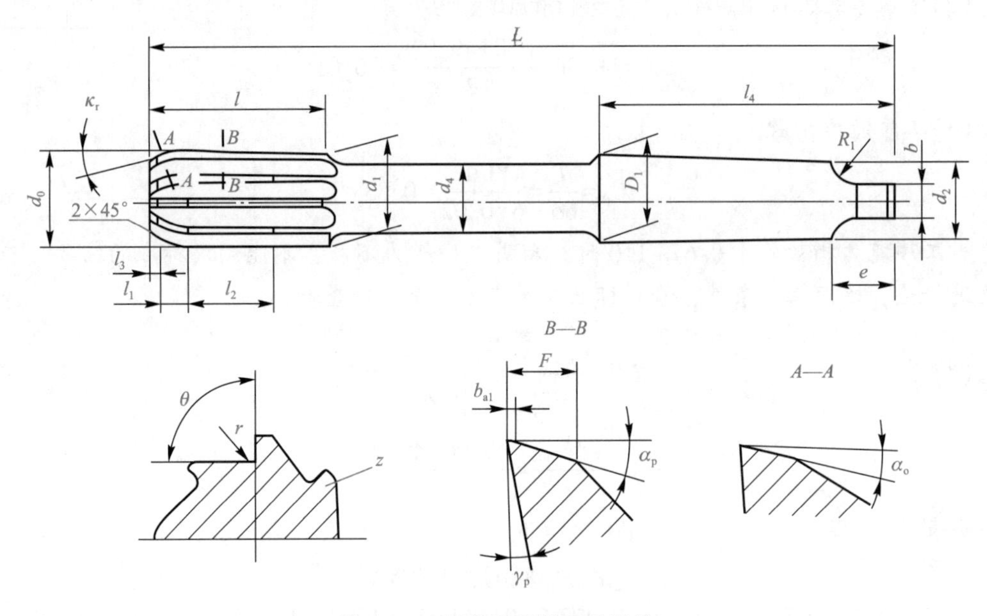

图 3.110　圆柱机用铰刀的结构

γ_p—切深前角；α_p—切深后角；z—齿数

(2)铰刀的合理使用。

1)铰刀的重磨。铰刀用钝后，只重磨切削部分的后刀面，重磨后的刃口要求锋利，切削刃不得有钝口、缺口和崩刃现象，重磨后的后刀面的表面粗糙度 Ra 应小于0.2 μm。

重磨后，还需用油石将切削部分与校准部分的交接处研磨成小圆角，形成半径为

0.5~1 mm 的圆弧过渡刃或研磨成直线过渡刃，提高铰刀耐用度和改善加工表面质量。

2）合理选择铰削用量。铰削余量对孔的质量和铰刀耐用度影响很大。余量太大，切屑易堵塞，切削液不易进入切削区，铰孔不光，铰刀容易磨损；余量太小，不能铰掉上道工序留下的刀痕，达不到孔的质量要求。一般 IT9 级的孔，经钻孔后可一次铰成；IT8~IT7 级的孔，要先镗后铰，或先粗铰后精铰。

随着切削速度及进给量的加大，孔的表面质量与精度将下降。当加工孔直径小于 ϕ100 mm 的钢件时，用硬质合金铰刀，切削速度取 7.5 m/min，进给量取 0.3~2 mm/r。

3）正确选择切削液。正确使用切削液不仅能提高加工孔的表面质量和刀具耐用度，而且能起消除噪声、减轻振动的作用。使用高速钢铰刀，在钢件上铰孔时，一般选择乳化液、硫化油或植物油冷却、润滑，使用硬质合金铰刀在钢件上铰孔时，用全系统损耗用油或乳化液作为切削液；在铸铁上铰孔时，一般不加切削液，如果表面粗糙度要求很小，可加煤油；在铝合金上铰孔时，一般加煤油；在铜合金上铰孔时，加植物油冷却、润滑。

【学习评价】

学习效果考核评价表

评价类型	权重	具体指标	分值	得分		
				自评	组评	师评
职业能力	70	认识镗床，熟悉镗削工作原理及方法	25			
		认识拉床，熟悉拉削工作原理及方法	25			
		会计算分析工艺系统能力	20			
职业素养	20	坚持出勤，遵守纪律	5			
		协作互助，解决难点	5			
		按照标准规范操作	5			
		持续改进优化	5			
劳动素养	10	按时、认真完成任务	5			
		小组分工合理	5			
综合评价	总分					
	教师					

【相关习题】

1. 什么是镗削加工？镗削主要用来加工什么？
2. 拉削加工主要特点有哪些？
3. 什么是工艺系统能力？
4. 在铰孔加工中，如何合理使用铰刀？

项目四　减速器的装配与调试

项目描述 ○○○

在减速器零件加工结束后，学习者需要通过阅读装配卡片，完成减速器的正确安装。在减速器的装配过程中，需要明确装配的相关基础知识和关键件(如轴承)的安装方法，能够通过装配卡片完成装配。在装配过程中保障装配的精度。在学习过程中，学习者可以通过本项目配套视频动画等素材，完成减速器装调任务。本项目的具体目标如下：

序号	项目目标	具体描述
1	知识目标	了解装配相关基础知识，掌握保障装配精度的方法，明确轴承拆装的正确方式，拓展增材制造与三维检测新技术
2	能力目标	通过分析产品的结构及运动特征，整合本项目学习内容，正确完成产品的装配与调试
3	素养目标	通过真实事迹的学习，讲述工匠精神。通过新技术的拓展介绍，启发创新精神的培养

工匠精神 ○○○

“工匠精神”对于个人，是干一行、爱一行、专一行、精一行，务实肯干、坚持不懈、精雕细琢的敬业精神；对于企业，是守专长、制精品、创技术、建标准，持之以恒、精益求精、开拓创新的企业文化；对于社会，是讲合作、守契约、重诚信、促和谐，分工合作、协作共赢、完美向上的社会风气。

对于“工匠精神”，国内在理论上还没有形成完整的认知体系。经过初步归纳研究，“工匠精神”可以从6个维度加以界定，即专注、标准、精准、创新、完美、人本。其中，专注是工匠精神的关键，标准是工匠精神的基石，精准是工匠精神的宗旨，创新是工匠精神的灵魂，完美是工匠精神的境界，人本是工匠精神的核心。

在机械制造领域，装配的主要工作岗位是装配钳工。装配钳工采用手持工具对夹紧在钳工工作台虎钳上的工件进行切削加工，它是机械制造中的重要工种之一。

基本操作分类如下：

(1)辅助性操作：即画线，它是根据图样在毛坯或半成品工件上画出加工界线的操作。

(2)切削性操作：有錾削、锯削、锉削、攻螺纹、套螺纹、钻孔(扩孔、铰孔)、刮削和研磨等多种操作。

(3)装配性操作：即装配，将零件或部件按图样技术要求组装成机器的工艺过程。

(4)维修性操作：即维修，对在役机械、设备进行维修、检查、修理的操作。

大国工匠——方文墨就是装配钳工的代表性人物。他的手工锉削精度达到3 μm，被称为“文墨精度”。

课题一　一级减速器的装调

【课题内容】

在生活中，常常使用带传动式机械设备，如火车站的安全检查机、超市里面的电梯等。这些机械设备的动力大多数是由电动机提供的。电动机的转速一般在 1 440 r/min，而按照电动滚筒直径为 100 mm 计算，如果电动机直接传递运动给电动滚筒，履带的速度应该是 7.5 m/s，远远大于安全检查机的安全速度 0.2 m/s，不能保障生产、生活安全需要。所以，电动机的转速不能直接提供给机械设备，需要进行速度调整，然后传递给机械设备。这种改变速度的装置叫作变速器。变速器可分为加速器和减速器两种。机械上常采用齿轮传动来降低速度。依据速度转变的次数定义减速器的级数。

本课题主要完成内容为依据一级减速器装配图(图 4.1)，完成一级减速器的装配，并总结装配过程，提出装配技术要点。

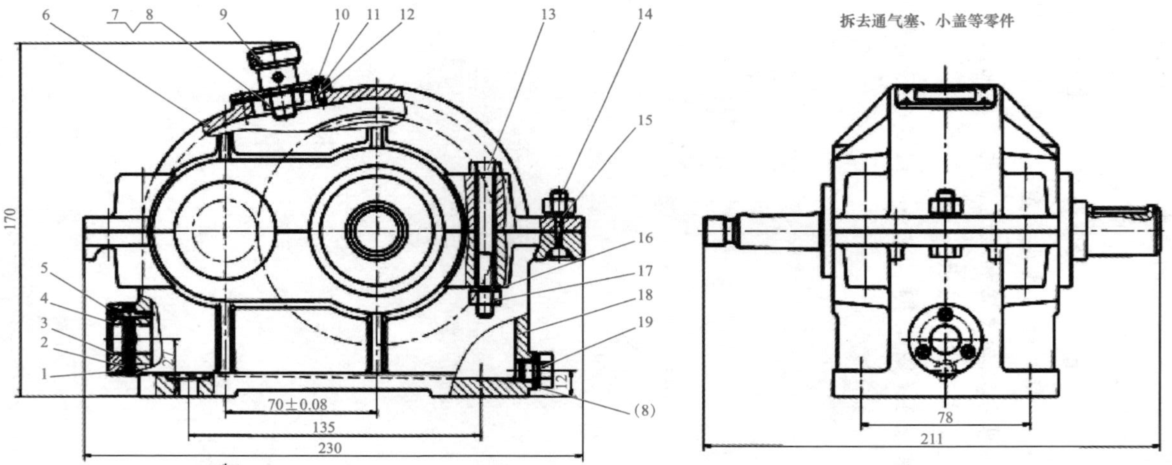

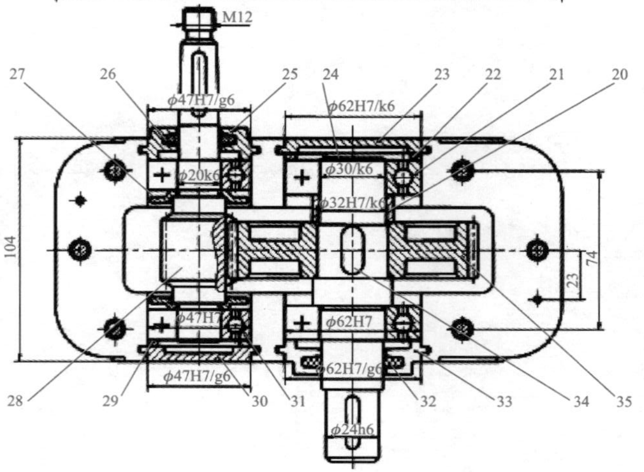

拆去通气塞、小盖等零件

技术要求

1. 各部件装配时需要用煤油洗净并涂上一层黄油。
2. 装配好后箱内注入工业用润滑油，大齿轮的二倍齿高浸入油中。
3. 箱体接触面均匀涂薄层漆片或白油漆，禁放任何垫片。
4. 减速器涂灰色漆，伸出轴涂黄油。

技术特征

1. 功率8 kW
2. 主轴最大转速1 450转/分
3. 减速此55/15=3.67

序号	名称	件数	材料	备注
35	齿轮	1	45	
34	平键 20×22 GB/T 1096	1	材料	
33	通盖	1	HT150	
32	密封圈 30 JB/ZQ 4606	1	毛毡	
31	滚动轴承 6204 GB/T 276	2		
30	端盖	1	HT150	
29	调整环	1	Q235-A	
28	齿轮轴	1	45	
27	挡油盘	2	Q235-A	
26	密封圈 20 JB/ZQ 4606	1	毛毡	
25	通盖	1	HT150	
24	低速轴	1		
23	轴承端盖	1	HT150	
22	调整环	1	Q235-A	
21	滚动轴承 6206 GB/T 276	2		
20	套筒	1	Q235-A	
19	出油口螺栓 M10×1 JB/ZQ4450	1	Q235-A	
18	下箱体	1	HT200	
17	螺栓 GB 6170 M8	6	Q235-A	
16	弹簧垫圈 GB 93 8	6		
15	圆锥销 GB/T 117 A 3×8	2		
14	螺栓 GB 5782 M8×30	2	Q235-A	
13	螺栓 GB 5782 M8×65	4	Q235-A	
12	垫片	1		
11	小盖	1	HT200	
10	螺钉 GB/T 67 M3×10	4		
9	通气器	1	Q235-A	
8	平垫圈 GB/T 97.1 10	2		
7	螺钉 GB 6170 M10	1		
6	箱盖	1	HT200	
5	螺钉 GB/T 67 M3×16	3		
4	油标处小盖	1	HT200	
3	油位显示器	1	铝合金	
2	垫片	2	毛毡	
1	反光片	1	铝	

减速器		
插图		
制图		
审核		

图4.1　减速器装配图

【课题实施】

序号	项目	详细内容
1	实施地点	减速器拆装实训室
2	使用工具	扳手一套、轴承拆装器、装油盒、手套、铜棒、套筒等
3	准备材料	一级减速器一台、课程记录单、活页教材或指导书
4	执行计划	分组进行

【相关知识】

一、概述

机械产品一般是由许多零件和部分组成，零件是机械产品的最小单元，如一个齿轮、一个螺钉等。部件是两个或两个以上零件结合在一起成为机械产品中的某一部分。按产品技术要求，将若干零件结合成部件或若干个零件和部件结合成机械产品的过程称为装配。前者称为部件装配；后者称为总装配。部件进入装配是有层次的，直接进入产品总装配的配件称为组件；直接进入组件装配的部件称为第一级分组件；直接进入第一级分组件装配的部件称为第二级分组件，以下部件以此类推，机械产品结构越复杂，分组件的级数越多。

1. 装配工艺过程

装配工艺过程是机械产品生产中的重要工作之一，一般包括以下几项工作：

(1)装配前的准备工作。

1)熟悉产品装配图、相关工艺文件和技术要求，了解产品的结构组成、零件的作用及相互连接的形式。

2)确定装配方法、顺序和准备所需要的各种装配工具。

3)对装配零部件进行清洗。

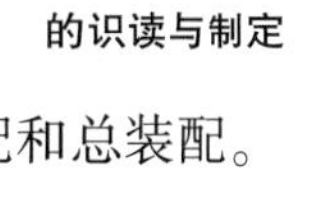
装配工艺系统图的识读与制定

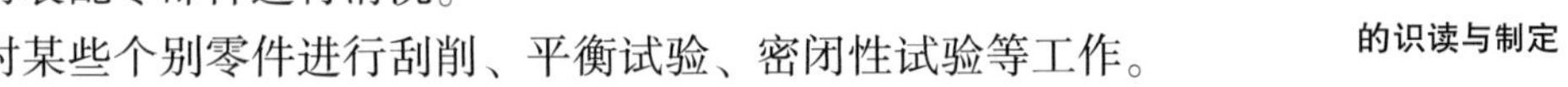

4)对某些个别零件进行刮削、平衡试验、密闭性试验等工作。

(2)装配工作。结构复杂的机械产品，其装配工作通常可分为部件装配和总装配。

1)部件装配。部件装配是指产品在进入总装配前的装配工作。凡是将两个以上零件组合在一起或将零件与组件结合在一起，成为一个装配单元的工作均称为部件装配。

2)总装配。总装配是指将零件和部件组合成一台完整的机械产品的过程。

(3)调整、检验和试车工作。

1)调整工作。调整工作是指调节零件或部件的相互位置、配合间隙等，目的是使机构或机器工作协调，如轴承间隙或位置的调整、蜗轮轴向位置调整等。

2)检验工作。检验工作是指按机械产品的技术要求对其装配精度进行检测，如车床主轴的端面圆跳动、径向圆跳动；主轴中心线与床身导轨的平行度。

3)试车工作。试车工作是指试验机械产品运转工作情况，如振动、噪声、转速、功率、工作升温等。

(4)喷漆、涂油、装箱工作。

2. 装配工作的组织

在装配过程中，可根据产品结构的特点和生产批量大小的不同，采取不同的装配组织形式。

(1)固定式装配。固定式装配是将零件和部件的全部装配工作安排在一固定的工作地进行，装配过程中产品位置不变，装配所需的零部件都会集中工作地附近。

在单件和中小批量生产中，对因重量和尺寸较大、装配时不便移动的重型机械，或机体刚性较差、装配时移动会影响装配精度的产品，均宜采用固定式装配的组织形式。

(2)移动式装配。移动式装配是将零件和部件置于装配线上，通过连续或间歇的移动使其顺次经过各装配工作地，以完成全部装配工作。采用移动式装配时，装配过程分得较细，每个工作地重复完成固定的工序，广泛采用专用的设备及工具，生产率很高，多用于大批量生产。

3. 装配精度与零件精度的关系

机械产品是由很多零件组成的，显然其装配精度与相关的零件精度有关。装配中采用不同的工艺措施，会形成各种不同的装配方法。不同的装配方法、装配精度与零件精度具有不同的关系，装配尺寸链是定量分析这一关系的有效手段。

二、机器装配精度

1. 精度的分类

(1)距离(尺寸)精度。距离精度是指相关零部件之间的距离尺寸精度，包括间隙、过盈等配合要求。

(2)相互位置精度。相互位置精度是指产品中相关零部件间的平行度、垂直度、同轴度及各种跳动等。

(3)相对运动精度。相对运动精度是指产品中相对运动的零部件之间在运动方向和相对运动速度上的精度，主要表现为运动方向的直线度、平行度和垂直度，相对运动速度的精度即传动精度。

(4)接触精度。接触精度是指相互配合表面、接触表面间接触面面积的大小和接触点的分布情况。

2. 影响装配精度的因素

(1)零件精度——首要因素。

(2)装配方法——选配、调整、修配。

(3)配合精度、接触精度。

(4)零件变形——由力、热、内应力引起。

(5)回转件平衡。

三、保证装配精度的方法

如果机械产品的装配精度都由相关零件精度来保证，这时装配工作就不需要任何选配、修配和调整，因而只是简单的连接和组合。但是，在某些情况下，因对相关零件、部件的精度要求高，将造成加工困难而提高产品的成本。因此，在实际生产中仍然要按经济加工精度的方法来保证零部件的公差要求，使加工容易。这就需要在装配时采取一定的工艺措施，如分组选配、修配、调节等方法，以保证装配精度。

在机械产品装配中常采用的装配方法有以下四种。

1. 完全互换装配法

完全互换装配法是指装配时，所有的零、部件不需要选择装配和调整，装配起来后就能达到规定的装配精度的一种方法。

2. 选配装配法

在大量或成批生产的条件下，当组成环的零件数目较少，且装配精度要求很高时，因组成环公差小会给零件加工带来困难，这时可采用选配装配法进行装配。

(1) 直接选配装配法；

(2) 分组选配装配法；

(3) 复合选配装配法。

图 4.2 所示为活塞与活塞销的连接情况。根据装配技术要求，活塞销孔与活塞销外径在冷状态装配时应有 0.002 5~0.007 5 mm 的过盈量。但与此相对应的配合公差仅为 0.005 mm。若活塞与活塞销采用完全互换法装配，且按“等公差”的原则分配孔与销的直径公差，各自的公差只有 0.002 5 mm。如果配合采用基轴制原则，活塞销外径尺寸 $d=28_{-0.0025}^{0}$ mm，相应孔直径 $D=28_{-0.0075}^{-0.005}$ mm，加工这样精度的零件是困难的，也是不经济的。

生产中将上述零件的公差放大 4 倍（$d=28_{-0.01}^{0}$ mm，$D=28_{-0.030}^{-0.020}$ mm），用高效率的无心磨和金刚镗加工，然后用精密量具测量，并按尺寸大小分为四组，涂上不同的颜色，以便进行分组装配。可以看出，各组公差和配合性质与原来的要求相同。

采用分组选配装配法应注意以下几点：

(1) 为了保证分组后各组的配合精度符合原设计要求，各组的配合公差应当相等，配合公差增大的方向应相同，增大的倍数要等于以后的分组数，如图 4.2 所示。

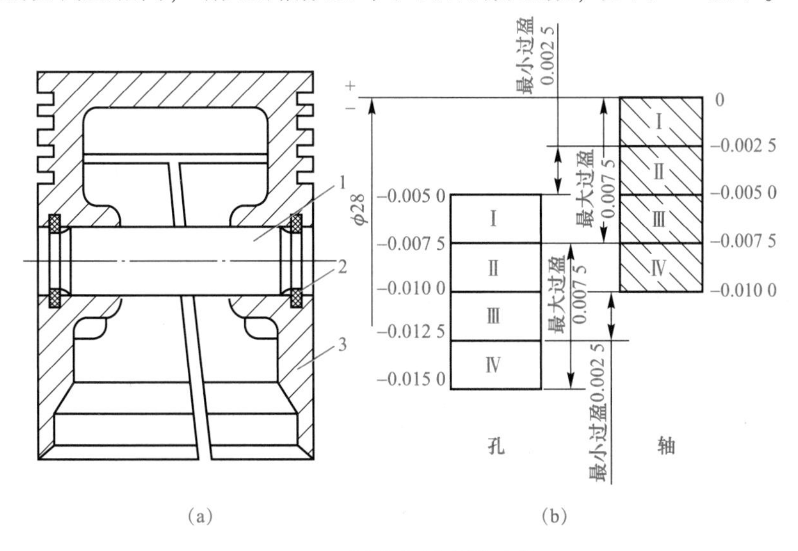

图 4.2　活塞与活塞销连接

(a) 装配关系；(b) 分组尺寸公差带图

1—活塞销；2—挡圈；3—活塞

(2)分组不宜过多，以免使零件的储存、运输及装配工作复杂化。

(3)分组后零件表面的粗糙度及行为公差不能扩大，仍按原计划要求制造。

(4)分组后应尽量使组内相配零件数相等，如不相等，可专门加工一些零件与其相配。

3. 修配装配法

在单件、小批量生产中，对于生产中装配精度要求较高的多环尺寸链，各组成环先按经济精度加工，装配时通过修配某一组成环的尺寸，使封闭环的精度达到产品精度的要求，这种装配方法称为修配法。

在装配中，被修配的组成环称为修配环，其零件称为修配件。修配件上一般留有修配量，修配尺寸的改变通常采用刨削、铣削、磨削及刮研等方法来实现。修配装配法的优点是能利用较低的制造精度，来获得很高的装配精度；其缺点是零件修配工作量较大，要求装配工人技术水平高，不易预计工时，不便组织流水作业。

(1)修配方法。

1)单件修配法。在多环尺寸链中，预先选定某一固定的零件作为修配件，装配时在非装配位置上进行再加工，以达到装配精度的装配方法。

2)合并修配法。将两个或多个零件合并在一起进行加工修配。合并所加工的尺寸，看作一个组成环，这样就减少了组成环的数目，又减少了修配工作量，使修配加工更容易。

3)自身加工修配法。在机床制造业中，常利用机床本身切削加工的能力，在装配中采用自己加工的方法来保证某些装配精度，这种方法称为自身加工修配法。

(2)修配环的选择。采用修配装配法来保证装配精度时，应合理地选择做修配环的零件。修配环一般应按下述要求选择：

1)尽量选择结构简单、质量小、加工面积小、易加工的零件。

2)尽量选择容易独立安装和拆卸的零件。

3)修配件修配后不能影响其他装配精度，因此，不能选择并联尺寸链中的公共环作为修配环。

4. 调整装配法

对于装配精度要求较高且组成环较多的尺寸链，可采用调整装配法进行装配。调整装配法和修配装配法相似，各组成环可按经济性加工，由此而引出的封闭环的累积误差的超出部分，通过改变其一组成环的尺寸来补偿。但两者的方法不同，修配装配法是在装配时通过对某一组成环(修配环)的补充加工来补偿封闭环的超差部分；调整装配法是装配时通过调整某一零件的位置或变更组成环(调整环)来补偿封闭环的超差部分。常见的调整有以下 3 种：

(1)可动调整法。可动调整法是通过改变调整的位置来保证精度的装配方法。这种方法不必拆卸零件，调整方便，广泛应用于成批和大量生产中。常用的调整件有螺栓、斜面、挡环等。图 4.3(a)所示为调整套筒 7 的轴向位置以保证齿轮轴向间隙 Δ 的要求；图 4.3(b)所示为调整镶条 6 的位置以保证导轨副的间隙；图 4.3(c)所示为调整楔块 3 的上下位置以调整丝杠螺母副的轴向间隙。

可动调整法不仅能获得较理想的装配精度，而且在产品使用中，由于零件磨损使装配精度下降时，可重新调整调整件的位置使产品恢复原有精度，所以，该法在实际生产中应用较广。

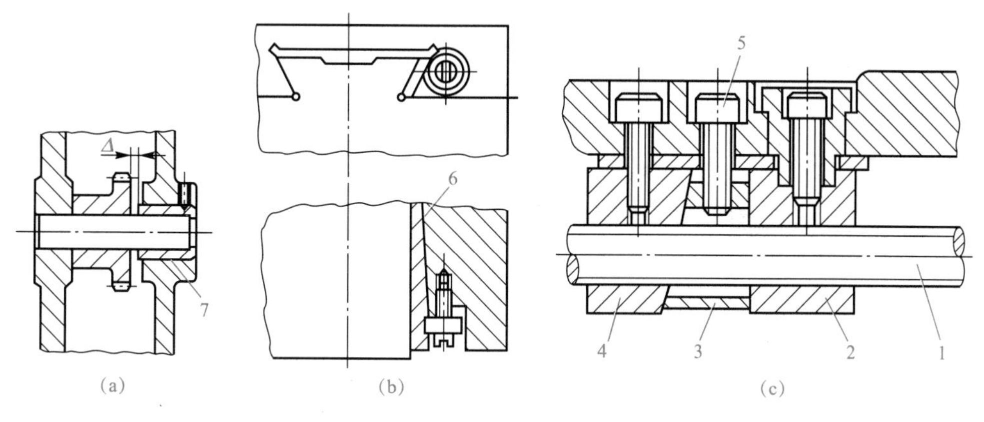

图 4.3　可动调整法应用实例

(a)调整套筒 7；(b)调整镶条 6；(c)调整楔块 3

1—丝杠；2、4—螺母；3—楔块；5—螺钉；6—镶条；7—套筒

(2)固定调整法。固定调整法是指在装配尺寸链中，选定一个组成环或加入一个零件作为调整环，作为调整环的零件是按一定尺寸间隔级别组成的一组专用零件，根据装配时的需要，选取其中某一级别的零件(调整环)来做补偿，从而保证所需的装配精度，经常使用的调整件有垫圈、垫片、轴套等。如图 4.4 所示，通过选用不同级别的尺寸垫圈确定达到规格间隙的要求。

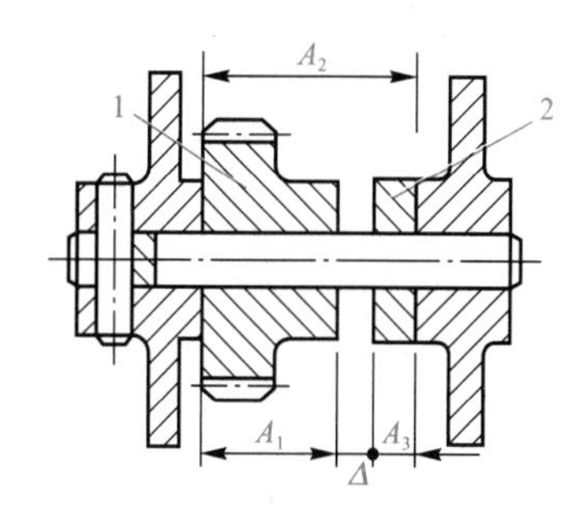

图 4.4　固定调整法应用示例

1—齿轮；2—垫圈

(3)误差抵消调整法。机器部件或产品装配时，通过调整相关零件之间的相互位置，利用其误差的大小和方向，使其相互抵消，以便扩大组成环公差的同时保证封闭环精度的装配方法，称为误差抵消调整法。

采用误差抵消调整装配时，均需测量出相关零件误差的大小和方向，并需计算出数值。这种方法增加了辅助时间，影响了生产率，对工人技术水平要求也较高，但可获得较高的装配精度，一般适用于批量不大的机床装配中。

【知识拓展】

正确安装轴承非常重要，但是在实际的操作中总是容易跑偏，问题层出不穷。原因是一些细节的地方没有注意到，导致轴承在安装时出现损坏，本书分享轴承安装的几个错误示例，以及正确安装方法。

一、轴承安装的常见错误示范

(1)走内圈。轴与轴承内孔配合过松(俗称“走内圈”)。由于轴与内孔配合太松，轴与内孔表面之间产生滑动。滑动摩擦将会引起发热，使轴承因发热而损坏(图 4.5)。

1)内圈端面与轴肩摩擦发热产生裂纹(图 4.6)。当“走内圈”时，内圈与轴之间的滑动摩擦将产生高温，由于内圈端面与轴肩接触面很小，其温度会更高，使内圈端面产生热裂纹，热裂纹的不断延伸，将使轴承内圈在使用中断裂。

图 4.5　轴与内孔表面之间产生滑动的痕迹

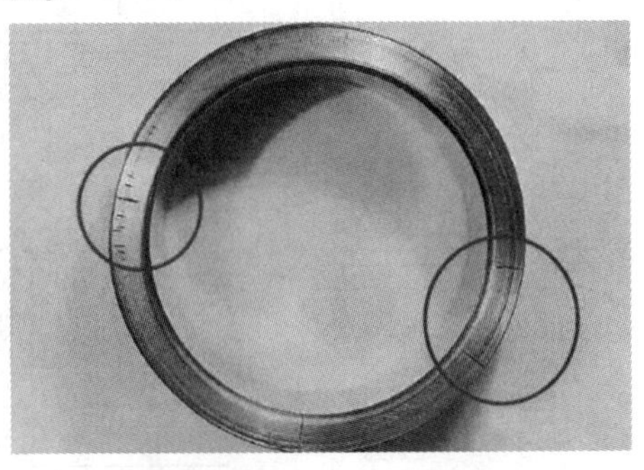

图 4.6　轴承断面裂纹

2）轴与内孔表面之间发热后产生粘连（图 4.7）。由于“走内圈”使内孔与轴表面之间产生滑动摩擦，引起的高温使表面金属熔化并产生粘连。

图 4.7　轴承粘连

（2）走外圈。壳体孔径与轴承外径配合过松（俗称“走外圈”）。由于壳体孔径与轴承外径配合太松，它们表面之间产生滑动。滑动摩擦将会引起发热，使轴承发热而损坏（图 4.8）。壳体孔径与轴承外径表面之间产生滑动的痕迹。

1）铁锤直接敲击轴承（图 4.9）。安装内圈（或外圈）过盈配合的轴承，禁止用铁锤直接敲击轴承内圈（或外圈）端面，这样很容易把挡边敲坏。应该采用套筒放在内圈（或外圈）端面上，用铁锤敲击套筒来安装（图 4.10）。

图 4.8　轴承走外圈

图 4.9　轴承错误安装

图 4.10　轴承被敲坏

2)通过滚动体来传递安装力(图 4.11)。安装内圈过盈配合的轴承时，不能通过外圈和滚动体把力传递给内圈。这会把轴承滚道和滚动体表面敲坏，使轴承在运转时产生噪声并提前损坏(图 4.12)。正确的方法应该用套筒直接把力作用在内圈端面上。

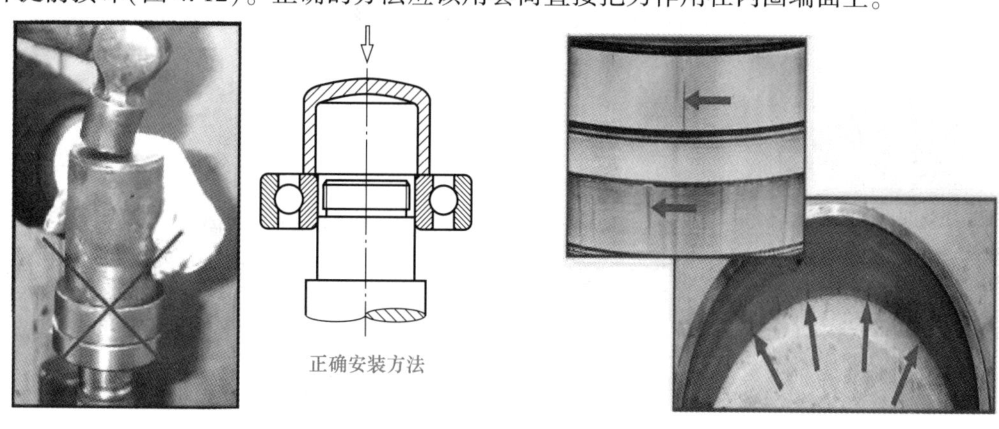

图 4.11　轴承正确安装方法

图 4.12　内圈和外圈滚道表面被敲坏的痕迹

3)加热温度过高。有些用户用乙炔喷枪对轴承内孔进行加热，当加热温度超过 727 ℃(轴承钢的相变温度)时，轴承钢内部的金相组织将发生变化。当轴承冷却后，轴承内孔就不能恢复到原来的尺寸，通常比加热前的尺寸大。被乙炔喷枪加热后的轴承，表面变成黑色(图 4.13)。

二、轴承正确安装方法

装轴承应尽量在干燥、无尘的区域进行，并应远离会产生金属碎屑和灰尘的设备。当必须在复杂的环境下安装时，应当把污染降到最低。

安装轴承时，应当根据类型和尺寸，选择机械、加热或液压等方法进行(图 4.14)。

图 4.13　乙炔喷枪加热后的轴承

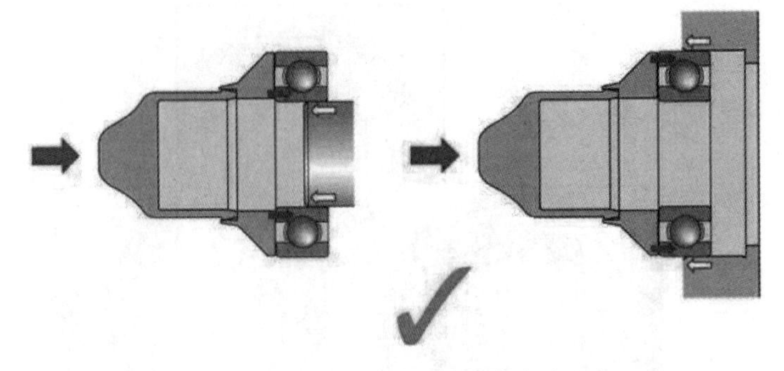

图 4.14 轴承的正确安装方法

1. 圆柱轴承安装

(1)冷安装。安装配合不是太紧的小轴承时，可以通过一个套筒并以锤击的方法，轻轻敲击套筒把轴承装到合适的位置。敲击时应尽量均匀地作用在轴承套圈上，以防止轴承倾斜或歪斜(图 4.15)。

大部分轴承采用压入法进行安装。如果要将轴承的内外圈同时装到轴上和轴承座中，必须确保以相同的压力同时作用在内外圈上，且必须与安装工具接触面在同一平面上(图 4.16)。

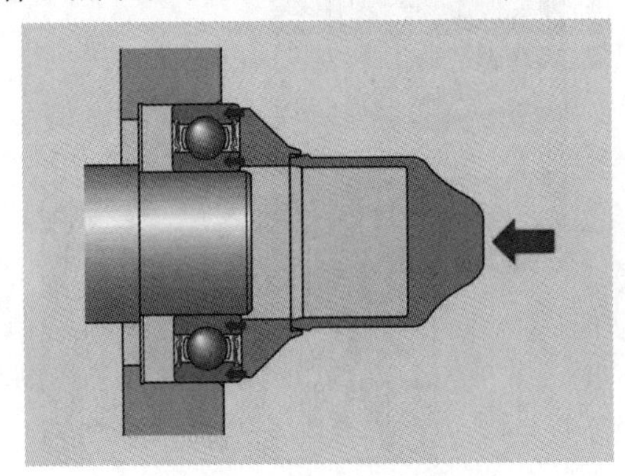

图 4.15 轴承用套筒冷安装方法

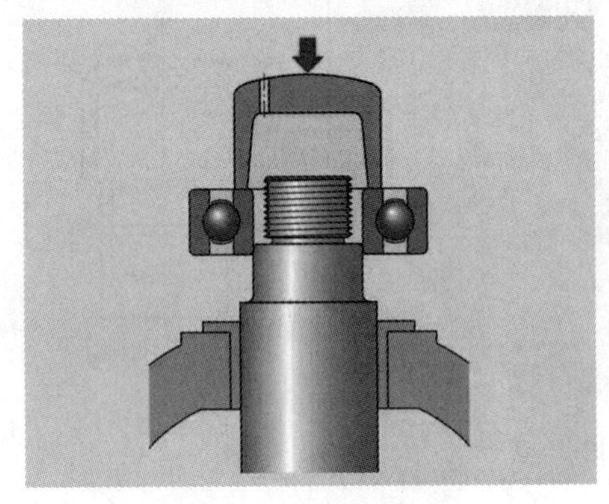

图 4.16 轴承的冷安装方法

(2)热安装。通常情况下，对于较大型轴承的安装，不通过加热轴承或轴承座，顺利安装轴承是不可能的，因为随着尺寸的增大，安装时需要的力越大。热安装所需要的轴承套圈和轴或轴承座之间的温差主要取决于过盈量与轴承配合处的直径。开式轴承加热的温度不得超过 120 ℃。不推荐将带有密封件和防尘盖的轴承加热到 80 ℃以上(应确保温度不超过密封件和润滑脂允许的温度)(图 4.17)。

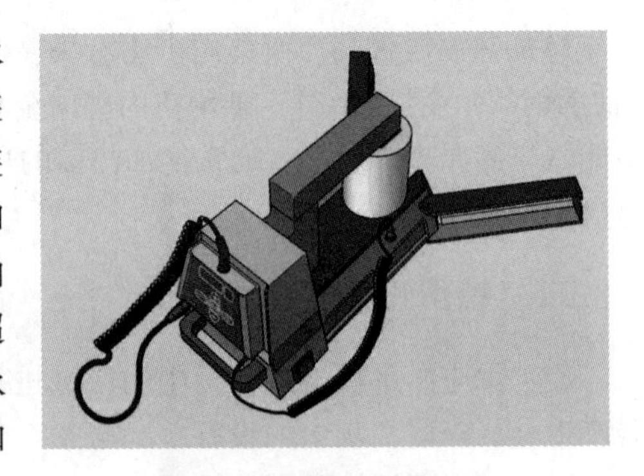

图 4.17 轴承感应加热器

加热轴承时，要均匀加热，绝不可以有局部过热的情况。

2. 圆锥轴承安装

带圆锥孔的轴承，其内圈大部分是以过盈配合的方式来安装的。过盈量是由内圈在圆锥形轴径、紧定套或退卸套上的轴向推进距离决定的。在圆锥形配合面上的推进距离越大，轴承的径向内部游隙就越小，可通过测量游隙减小量或轴向推进距离来确定过盈量。

中小型轴承可以利用轴承安装工具或最好用锁紧螺母把内圈推进到圆锥形轴径上的适当位置。在使用紧定套的情况下，使用可以用钩形扳手或冲击扳手锁紧的套筒螺母。对退卸套可用轴承安装工具或端板将其推入轴承内孔。

较大轴承需要更大的力来安装，因此应使用液压螺母。液压螺母可以把圆锥孔轴承安装在圆锥形轴径上、紧定套上、退卸套上(图 4. 18)。

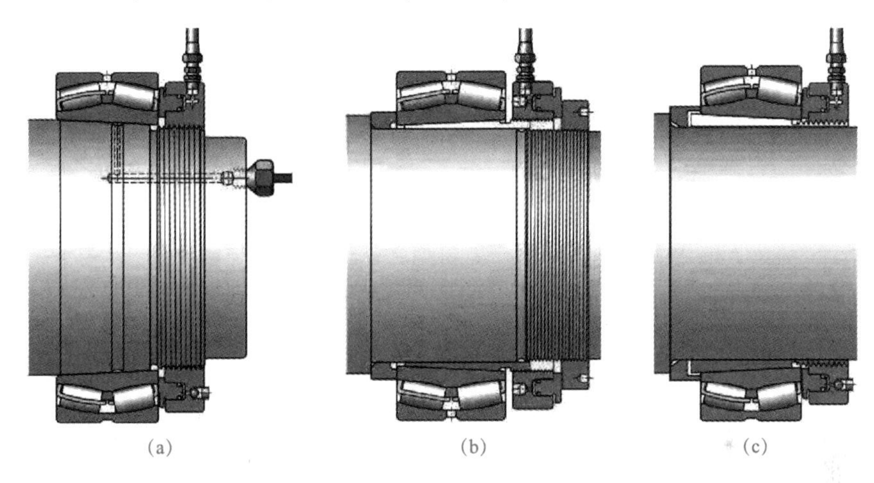

图 4. 18　圆锥轴承安装方法

(a)圆锥形轴径；(b)紧定套；(c)退卸套

3. 注油法

注油法的工作原理：液压油在高压下通过油孔和油槽，注入轴承和轴径之间的配合面，形成一层油膜。油膜将配合面分开，使得配合面之间的摩擦力大幅减小。这种方法通常用于直接把轴承安装在圆锥形轴径上的情况。

必需的油孔和油槽应是整体轴设计的一部分。如果紧定套和退卸套已加工有油孔、油槽，这种方法也可用于将轴承安装在紧定套或退卸套上(图 4. 19)。

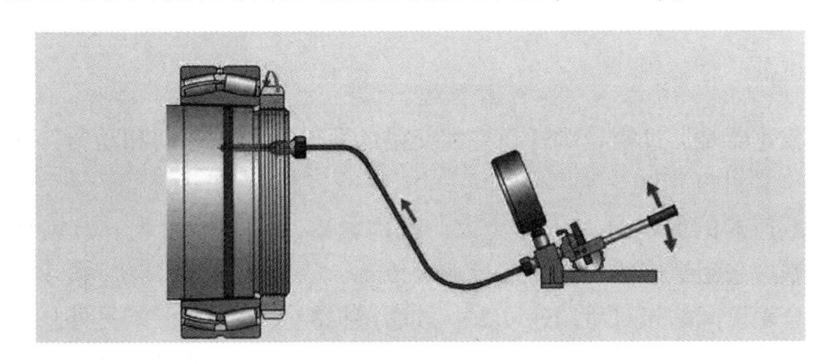

图 4. 19　圆锥轴承注油方法

【学习评价】

学习效果考核评价表

评价类型	权重	具体指标	分值	得分		
				自评	组评	师评
职业能力	65	能根据条件选择合理的轴承的装配方法	15			
		能选择合理的保障装配精度的方法	25			
		能完成一级减速器装配过程	25			
职业素养	20	坚持出勤，遵守纪律	5			
		协作互助，解决难题	5			
		按照标准规范操作	5			
		持续改进优化	5			
劳动素养	15	按时完成，认真填写记录	5			
		工作岗位“7S”处理	5			
		小组分工合理	5			
综合评价	总分					
	教师					

【相关习题】

1. 结合本任务，回答保障装配精度的方法有哪些。
2. 请依据本任务所学内容，分析在生产批量不同的情况下，轴承安装常采用的方法。

序号	生产批量	安装轴承采用方法	原因
1	单件、小批量生产		
2	成批生产		
3	大量生产		

课题二　蜗轮蜗杆减速器的装调

【课题内容】

蜗轮蜗杆减速器是通过蜗轮蜗杆在空间交错的两轴间传递运动和动力，两轴线间的夹角可为任意值，常用的为90°。

蜗轮蜗杆减速器的结构具有传动比大、机构紧凑、承载能力大、自锁性的特点。同时，由于蜗轮蜗杆采用螺旋传动，为多齿啮合传动，故传动平稳，噪声很小。蜗轮蜗杆啮合传动时，啮合轮齿间的相对滑动速度大，故摩擦损耗大，效率低。另外，相对滑动速度大使齿面磨损严重、发热严重，为了散热和减小磨损，常采用价格较高的减摩性与抗磨性较好的材料及良好的润滑装置，因而成本较高。

依据实训室现场提供的蜗轮蜗杆减速器和相关图纸，完成蜗轮蜗杆减速器的拆装与调试。

【课题实施】

序号	项目	详细内容
1	实施地点	减速器拆装实训室
2	使用工具	扳手一套、轴承拆装器、装油盒、手套、铜棒、套筒等
3	准备材料	蜗轮蜗杆减速器一台、课程记录单、活页教材或指导书
4	执行计划	分组进行

【相关知识】

一、装配尺寸链的建立

1. 装配尺寸链的基本概念及其特征

装配尺寸链计算

(1)装配尺寸链的封闭环一定是机器产品或部件的某项装配精度，因此，装配尺寸链的封闭环是十分明显的。

(2)装配精度只有机械产品装配后才能测量。

(3)装配尺寸链中的组成环不是一个零件上的尺寸，而是与装配精度有关的几个零件或部件上的尺寸。

(4)装配尺寸链的形式较多，除常见的线性尺寸链外，还有角度尺寸链、平面尺寸链和空间尺寸链等。

2. 装配尺寸链的建立

(1)装配尺寸链的简化原则。机械产品的结构通常比较复杂，对某项装配精度有影响的因素很多，在查找装配尺寸时，在保证装配要求的前提下，可略去那些影响较小的因素，从而简化装配尺寸链。

(2)尺寸链组成的最短路线原则。由尺寸链的基本理论可知，在装配要求给定的条件下，组成环数目越少，则各组成环所分配到的公差值就越大，零件的加工就越容易和经济(图 4.20)。

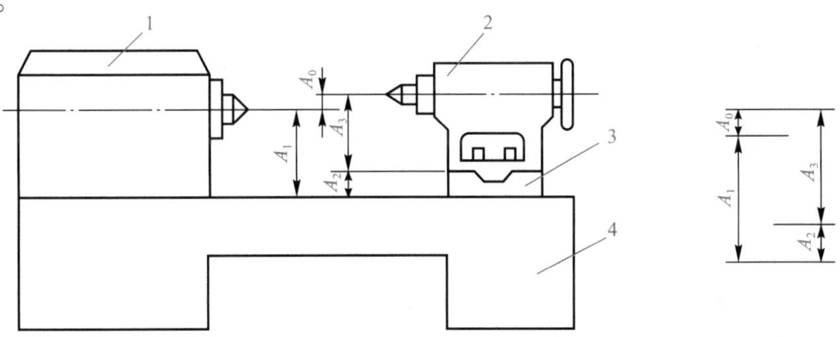

图 4.20　车床主轴线与尾座中心线的等高性要求

1—主轴箱；2—尾座；3—底板；4—床身

3. 装配尺寸链的计算方法(极值法)

极值法的基本公式是 $T_0 \geqslant \Sigma_{Ti}$。

(1)“正计算”用于验算设计图样中某项精度指标是否能够达到要求，即装配尺寸链中的各组成环的公称尺寸和公差正确与否，这项工作在制订装配工艺规程时必须进行。

(2)“反计算”就是已知封闭环，求解组成环。

二、装配工艺规程

1. 装配工艺规程的制订原则

(1)确保产品的装配质量，并力求有一定的精度储备。准确、细致地按规范进行装配，就能达到预定的质量要求，并且还要争取有精度储备，以延长机器使用寿命。

(2)提高装配生产率。合理安排装配工序，尽量减少钳工的装配工作量，提高装配机械化和自动化程度，以提高装配效率，缩短装配周期。

(3)降低装配成本。尽可能减小装配生产面积，提高面积利用率，以提高单位面积的生产率，减少装配工人数量，从而降低成本。

2. 制订装配工艺规程所需的原始资料

(1)产品的总装配图和部件装配图。为了方便核算装配尺寸链，还需要有关零件图。

(2)产品装配技术要求和验收的技术条件。产品验收的技术条件规定了产品主要技术性能的检验内容和方法，是制订装配工艺规程的重要依据。

(3)产品的生产纲领及生产类型。产品的生产类型不同，使产品装配的组织形式、工艺方法、工艺过程的划分、工艺装备的选择等都有较大的差异。

(4)现有生产条件。现有生产条件包括现有的装配装备、车间的面积、工人的技术水平、时间定额标准等。

3. 装配工作的主要内容

(1)清洗。装配前所有零件都要进行清洗，以清除表面上的切屑、油脂和灰尘等，以免影响装配质量和机器的寿命。

(2)刮削。通过刮削提高零件的尺寸精度和形状精度及接触刚度，降低表面粗糙度值。

(3)平衡。对要求运动平稳的旋转零件，必须进行平衡测试。平衡可分为动平衡和静平衡两种。对轴向尺寸较大而径向尺寸较小的零件只需进行静平衡测试；轴向尺寸较大的零件则需要进行动平衡测试。

(4)过盈连接。过盈连接常用轴向压入法和热胀冷缩法。

(5)螺钉连接。要确定螺纹连接的顺序，逐步拧紧的次数和拧紧力矩，可使用扭力扳手来控制力矩的大小。

(6)校正。校正是指校正、校平或调整各零部件之间的相互位置。

4. 制订装配工艺规程的步骤

(1)产品分析。

1)研究产品装配图，审查图样的完整性和正确性。

2)明确产品的性能、工作原理和具体结构。

3)对产品进行结构工艺性分析，明确各零部件之间的装配关系；研究产品分解成“装配单元”的方案，以便组织平行、流水作业。

4）研究产品的装配技术要求和验收技术要求，以便制订相应的措施予以保证。

5）必要时进行装配尺寸链的分析和计算。

（2）确定装配的组织形式。装配的组织形式可分为固定式和移动式。

（3）拟订装配工艺过程。装配单元划分后，即可确定部件和产品的装配顺序即装配工艺过程。

（4）编写工艺文件。装配工艺规程设计完成后，要填写装配工艺过程卡等工艺文件。

（5）制订产品检测与试验规范。产品装配后，要进行检测与试验，应按产品图样要求和验收技术条件，制订检测与试验规范。

1）当大批生产时，采用完全互换法装配，试求各组成零件尺寸的上、下偏差。

2）当小批生产时，采用修配装配法装配，试确定修配的零件并求出各有关零件尺寸的公差。

装配单元系统图、装配工艺系统图、装配单元系统合成图分别如图 4.21～图 4.23 所示。

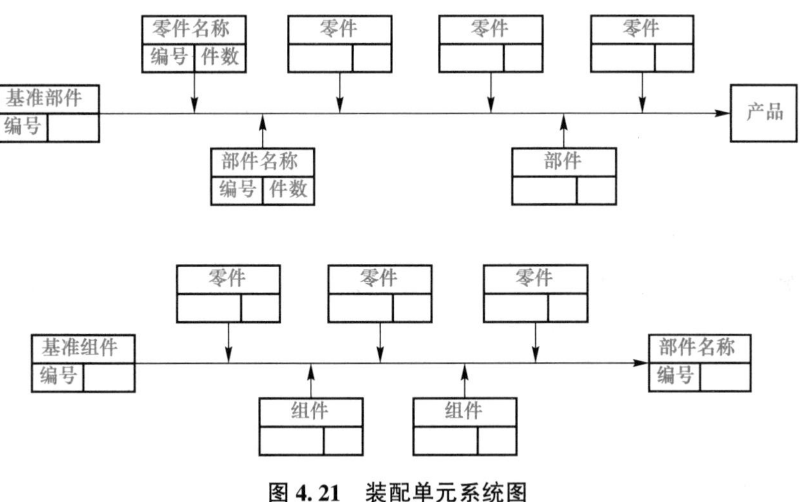

图 4.21　装配单元系统图

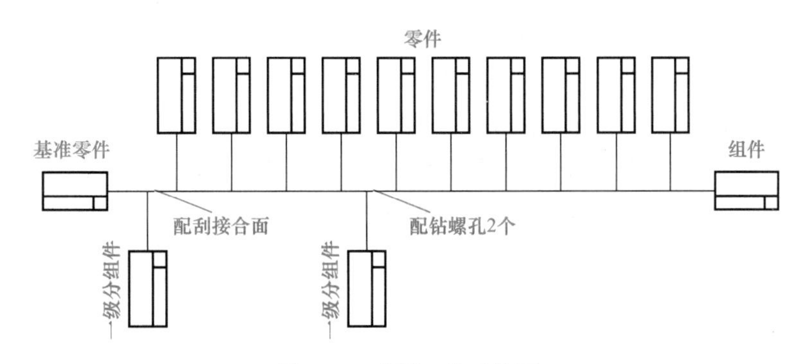

图 4.22　装配工艺系统图

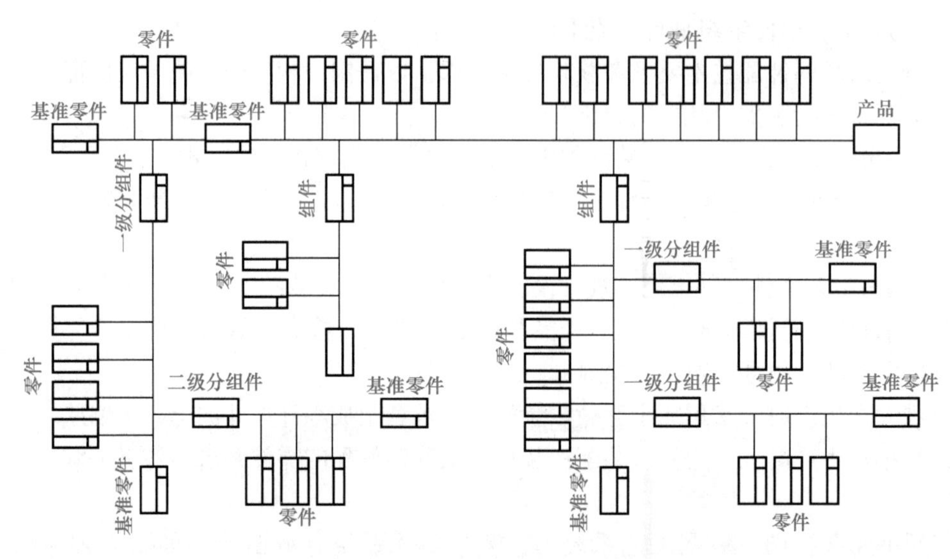

图 4.23　装配单元系统合成图

【知识拓展】

一、增材制造

增材制造(Additive Manufacturing，AM)俗称 3D 打印，融合了计算机辅助设计、材料加工与成型技术，以数字模型文件为基础，通过软件与数控系统将专用的金属材料、非金属材料及医用生物材料，按照挤压、烧结、熔融、光固化、喷射等方式逐层堆积，制造出实体物品的制造技术。与传统的、对原材料去除-切削、组装的加工模式不同，它是一种“自下而上”通过材料累加的制造方法，从无到有。这使得过去受到传统制造方式的约束，而无法实现的复杂结构件制造变为可能。

近 20 年来，AM 技术取得了快速的发展，“快速原型制造(Rapid Prototyping)”“三维打印(3D Printing)”“实体自由制造(Solid Free-form Fabrication)”之类各异的称谓分别从不同侧面反映了这一技术的特点。

增材制造技术是指基于离散-堆积原理，由零件三维数据驱动直接制造零件的科学技术体系。基于不同的分类原则和理解方式，增材制造技术还有快速原型、快速成型、快速制造、3D 打印等多种称谓，其内涵仍在不断深化，外延也不断扩展，这里所说的“增材制造”与“快速成型”“快速制造”意义相同(图 4.24)。

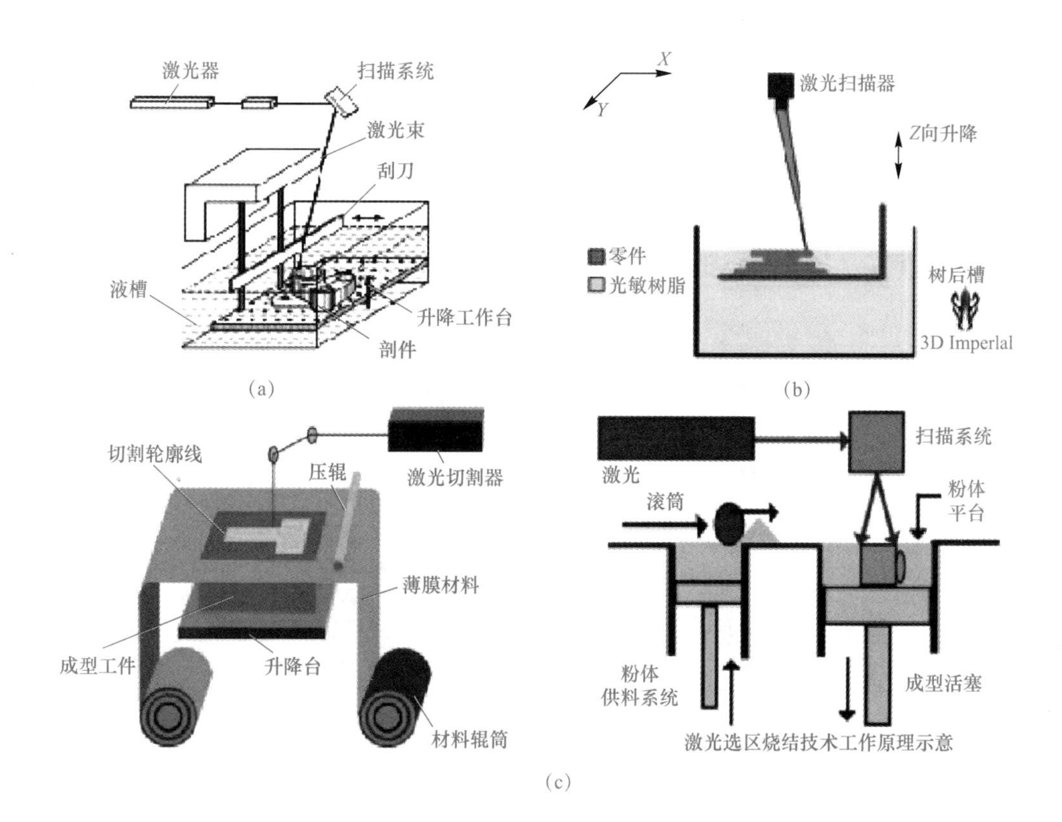

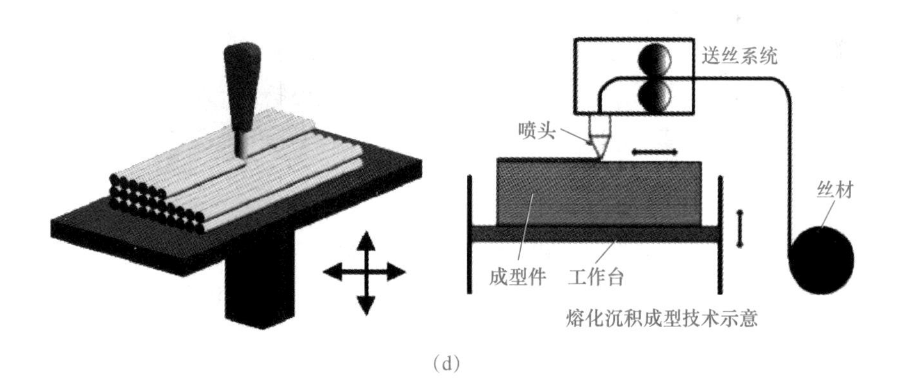

图 4.24　增材制造(续)

(a)光固化成型(SLA)；(b)层叠实体制造成型(LOM)；(c)激光选区烧结(SLS)vide；(d)FDM 熔融堆积

二、三维扫描

三维扫描是指集光、机、电和计算机技术于一体的高新技术，主要用于对物体空间外形和结构及色彩进行扫描，以获得物体表面的空间坐标。

它的重要意义在于能够将实物的立体信息转换为计算机能直接处理的数字信号，为实物数字化提供了相当方便快捷的手段。三维扫描技术能实现非接触测量，且具有速度快、精度高的优点。而且其测量结果能直接与多种软件接口，这使它在 CAD、CAM、CIMS 等技术应用日益普及的今天很受欢迎。

在发达国家的制造业中，三维扫描仪作为一种快速的立体测量设备，因其测量速度快、精度高、非接触、使用方便等优点而得到越来越多的应用。用三维扫描仪对手板、样品、模型进行扫描，可以得到其立体尺寸数据，这些数据能直接与CAD/CAM软件接口，在CAD系统中可以对数据进行调整、修补，再送到加工中心或快速成型设备上制造，可以极大地缩短产品制造周期(图4.25)。

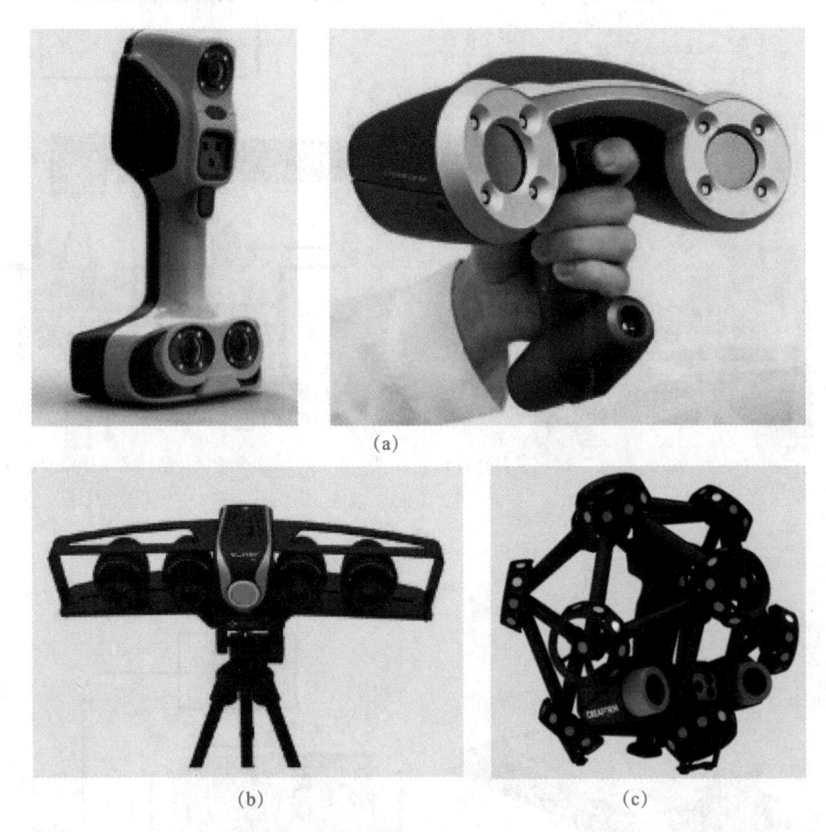

图4.25 三维扫描仪

(a)手持式三维扫描仪；(b)拍照式三维扫描仪；(c)球式三维扫描仪

1. 技术应用

三维扫描技术主要应用于以下几个方面：

(1)逆向工程实训室教学。

(2)逆向工程(RE)/快速成型(RP)。

(3)扫描实物，建立CAD数据；或是扫描模型，建立用于检测部件表面的三维数据。

(4)对于不能使用三维CAD数据的部件，建立数据。

(5)竞争对手产品与自己产品的确认与比较，创建数据库。

(6)使用由RP创建的真实模型，建立和完善产品设计。

(7)有限元分析的数据捕捉。

(8)检测(CAT)/CAE。

(9)生产线质量控制和产品元件的形状检测。如金属铸件和锻造、加工冲模和浇铸、塑料部件(压塑模、滚塑模、注塑模)、钢板冲压、木制品、复合及泡沫产品。

(10)文物的录入和电子展示。

(11)牙齿及畸齿矫正。

(12)整容及上颌面手术。

2. 种类

(1)折叠拍照式。

扫描范围：单面可扫描 400 mm×300 mm 面积，测量景深一般为 300~500 mm。

精度最高：0.007 mm。

优点：扫描范围大、速度快，精细度高，扫描的点云杂点少，系统内置标志点自动拼接并自动删除重复数据，操作简单，价格较低。

(2)折叠关节臂式。

扫描范围：4 m。

精度最高：0.016 mm。

优点：精度较高，测量范围理论上可达到无限。

(3)折叠三坐标(固定式)。

扫描范围：为指定型号的工作台面。

扫描精度最高：0.9 μm。

优点：精度较高，适合测量大尺寸物体，如整车框架。

缺点：扫描速度慢，需要花费较长时间。

(4)折叠激光跟踪式。

扫描范围：70 m。

扫描精度：0.003 mm。

优点：精度较高，测量范围大，可对建筑物这类的大型物体进行测量。

缺点：价格较高。

(5)折叠激光扫描式。

扫描范围：比较低。

优点：扫描速度快，便携，方便，适用于对精度要求不高的物体。

缺点：扫描精度较低。

【学习评价】

学习效果考核评价表

评价类型	权重	具体指标	分值	得分		
				自评	组评	师评
职业能力	65	能根据条件选择合理的装配方法	15			
		能选择合理的装配方法	25			
		能完成蜗轮蜗杆减速器的装配系统合成图	25			

续表

评价类型	权重	具体指标	分值	得分		
				自评	组评	师评
职业素养	20	坚持出勤，遵守纪律	5			
		协作互助，解决难题	5			
		按照标准规范操作	5			
		持续改进优化	5			
劳动素养	15	按时完成，认真填写记录	5			
		工作岗位“7S”处理	5			
		小组分工合理	5			
综合评价	总分					
	教师					

【相关习题】

1. 制作蜗轮蜗杆减速器的装配工艺卡片。
2. 简述三维扫描的工作原理。
3. 简述 3D 打印的工作原理。

课程记录单

<table>
<tr><td>姓名</td><td></td><td>班级学号</td><td></td><td>实施时间</td><td></td></tr>
<tr><td>课题名称</td><td colspan="3"></td><td>实施地点</td><td></td></tr>
<tr><td>序号</td><td>小组成员</td><td>负责内容</td><td>完成情况</td><td colspan="2">互评成绩</td></tr>
<tr><td>1</td><td></td><td></td><td></td><td colspan="2"></td></tr>
<tr><td>2</td><td></td><td></td><td></td><td colspan="2"></td></tr>
<tr><td>3</td><td></td><td></td><td></td><td colspan="2"></td></tr>
<tr><td>4</td><td></td><td></td><td></td><td colspan="2"></td></tr>
<tr><td>5</td><td></td><td></td><td></td><td colspan="2"></td></tr>
<tr><td>使用材料</td><td colspan="5"></td></tr>
<tr><td>预计解决问题</td><td colspan="5"></td></tr>
<tr><td>实施过程记录</td><td colspan="2"></td><td>实施过程
中发现问
题的思考</td><td colspan="2"></td></tr>
<tr><td>课程实施
结果</td><td colspan="2"></td><td>指导教师
成绩评定</td><td colspan="2"></td></tr>
</table>

参 考 文 献

[1]王茂元．机械制造技术[M]．北京：机械工业出版社，2008.
[2]于骏一，邹青．机械制造技术基础[M].2版．北京：机械工业出版社，2022.
[3]刘英．机械制造技术基础[M].3版．北京：机械工业出版社，2022.
[4]李长河．机械制造基础[M]．北京：机械工业出版社，2014.
[5]吴慧媛．机械制造技术[M]．西安：西安电子科技大学出版社，2006.
[6]陈明．机械制造工艺学[M]．北京：机械工业出版社，2013.
[7]兰建设．机械制造工艺与夹具[M]．北京：机械工业出版社，2004.
[8]陆龙福．机械制造技术[M]．哈尔滨：哈尔滨工业大学出版社，2012.
[9]赵宏力．机械加工工艺与装备[M]．北京：人民邮电出版社，2009.
[10]刘福库．机械制造技术基础[M]．北京：化学工业出版社，2009.
[11]赵世友，李跃中．机械制造技术基础[M]．北京：机械工业出版社，2023.